工业和信息化
精品系列教材

Ubuntu Linux
操作系统

第 3 版 | 微课版

陈杰 梁姝 / 主编

王莹莹 凌启东 张晓梅 钟小平 / 副主编

Ubuntu Linux
Operating System

人民邮电出版社
北 京

图书在版编目（ＣＩＰ）数据

Ubuntu Linux操作系统：微课版 / 陈杰，梁姝主编
. -- 3版. -- 北京：人民邮电出版社，2024.4
工业和信息化精品系列教材
ISBN 978-7-115-63200-5

Ⅰ. ①U… Ⅱ. ①陈… ②梁… Ⅲ. ①Linux操作系统
－高等学校－教材 Ⅳ. ①TP316.89

中国国家版本馆CIP数据核字(2023)第225954号

内 容 提 要

本书基于 Linux 操作系统的操作、管理和运维的实际需求，主要讲解 Linux 桌面操作系统 Ubuntu 的配置管理、桌面应用、编程和软件开发。本书共 12 章，内容包括 Ubuntu 概述、安装与基本操作，用户与组管理，文件与目录管理，磁盘存储管理，软件包管理，系统高级管理，Ubuntu 桌面应用，Shell 编程，C/C++编程，Java 与 Android 开发环境，PHP、Python 和 Node.js 开发环境，Ubuntu 服务器。

本书内容系统、全面，结构清晰，在内容编写方面注重难点分散、循序渐进；在文字叙述方面注重言简意赅、重点突出；在实例选取方面注重实用性和针对性。为强化实践性和可操作性，本书中的大部分知识点都有相应的操作示范，便于读者快速上手。

本书可作为高等院校计算机相关专业的教材，也可作为 Ubuntu 操作人员的参考书，以及各类培训班教材。

◆ 主　　编　陈 杰　梁 姝
　　副 主 编　王莹莹　凌启东　张晓梅　钟小平
　　责任编辑　赵　亮
　　责任印制　王　郁　焦志炜

◆ 人民邮电出版社出版发行　　　北京市丰台区成寿寺路 11 号
　　邮编　100164　电子邮件　315@ptpress.com.cn
　　网址　https://www.ptpress.com.cn
　　山东华立印务有限公司印刷

◆ 开本：787×1092　1/16
　　印张：17.75　　　　　　　2024 年 4 月第 3 版
　　字数：497 千字　　　　　　2024 年 12 月山东第 3 次印刷

定价：69.80 元

读者服务热线：(010)81055256　印装质量热线：(010)81055316
反盗版热线：(010)81055315
广告经营许可证：京东市监广登字 20170147 号

第3版前言 *PREFACE*

作为操作系统的后起之秀，Linux 继承了 UNIX 卓越的稳定性，它不仅功能强大，而且可以自由、免费使用，其市场份额不断增加，在操作系统领域占据着非常重要的地位。一方面，Linux 凭借其开放性和安全性优势，广泛应用于各类网络服务器平台；另一方面，随着桌面操作系统的不断发展和完善，越来越多的用户选择使用 Linux 作为日常桌面应用和软件开发的系统平台。Ubuntu 是目前比较流行的 Linux 桌面操作系统，其宗旨是为广大用户提供一个不断更新且相当稳定的，主要由自由、开源软件构建而成的系统平台。Ubuntu 提供了良好的用户体验，让用户在 PC 上便捷地使用 Linux 成为现实。许多国产操作系统与 Ubuntu 同源，因此，学好 Ubuntu 有助于读者过渡到国产操作系统的使用和运维，参与构建安全可控的信息技术体系。

党的二十大报告提出：我们要坚持教育优先发展、科技自立自强、人才引领驱动，加快建设教育强国、科技强国、人才强国，坚持为党育人、为国育才，全面提高人才自主培养质量，着力造就拔尖创新人才，聚天下英才而用之。本书全面贯彻党的二十大精神，落实"推进职普融通、产教融合、科教融汇，优化职业教育类型定位"要求，旨在培养掌握 Linux 操作系统管理和运维的应用型人才，既能服务国家战略，又能满足紧缺人才的需求。

本书根据 Ubuntu 操作系统的更新对第 2 版内容进行了修订、完善。修订内容主要包括：将 Ubuntu 版本从 18.04 LTS 升级到 22.04 LTS，根据新版本调整优化部分内容；增补部分内容，如文件访问控制列表、Ubuntu 安装 Windows 应用程序、系统启动配置、sed 和 awk 命令处理文本文件内容、Shell 系统运维等。为适应"互联网+"职业教育的发展需求，本书通过电子活页（共 32 个文档）补充知识点以丰富教学内容，并提供 PPT 课件、微课视频、补充习题、教学大纲和教案等教学资源，力求打造立体化、多元化的教材。读者可以登录人邮教育社区（www.ryjiaoyu.com）下载。

本书共 12 章，按照从基础到应用、开发的逻辑进行内容组织，主要包括 Ubuntu 的安装和基本使用、系统配置管理、桌面应用软件，以及编程与软件开发环境的搭建。第 1 章是基础部分，主要讲解 Linux 基本知识、Ubuntu 安装、图形用户界面与命令行的基本操作等。第 2 章~第 6 章介绍各类系统配置管理，涉及用户与组、文件与目录、磁盘存储、软件包，以及进程、系统和服务、任务调度和系统日志等高级管理，这些都是 Ubuntu 管理人员、操作人员和程序开发人员等需要掌握的基本技能。第 7 章简单介绍桌面应用的功能特性和基本使用。第 8 章讲解基本的 Linux 编程——Shell 编程。Shell 脚本适用于系统运维，这对于管理员来说非常重要。第 9 章~第 11 章讲解软件开发，涉及 C/C++、Java、PHP、Python 等主流程序开发语言和 Android、Node.js 开发环境，讲解重点不是如何编写程序，而是如何在 Ubuntu 操作系统中部署和使用软件开发环境，让读者掌握基本的应用开发流程。第 12 章专门讲解 Ubuntu 服务器的安装和配置管理，以及 LAMP 平台的安装和配置管理。考虑到 Linux 初学者，各章节还穿插介绍了一些必需的 Linux 概念和操作方法。

由于编者水平有限，书中难免存在不足之处，敬请广大读者批评指正。

编者
2024 年 3 月

二维码索引

续表

名称	图形	页码	名称	图形	页码
电子活页 8-1　调试 Shell 脚本		151	电子活页 12-1　在 Windows 系统中通过 PuTTY 远程管理 Ubuntu 服务器		254
电子活页 8-2　Shell 的数组		156	微课 1-1　创建 Ubuntu 虚拟机		8
电子活页 8-3　在 Shell 中使用 bc 进行浮点数运算		157	微课 1-2　安装 Ubuntu 桌面版		8
电子活页 8-4　在 awk 命令中使用 BEGIN 和 END 模块		171	微课 1-3　桌面环境基本操作		11
电子活页 9-1　Makefile 文件的高级特性		182	微课 1-4　桌面个性化设置		13
电子活页 9-2　基于 Qt 的图形用户界面编程		197	微课 1-5　使用仿真终端窗口		17
电子活页 10-1　使用 update-java-alternatives 管理 Java 版本		205	微课 1-6　使用文本模式		18
电子活页 10-2　手动安装 Eclipse		205	微课 2-1　使用 sudo 命令		30
电子活页 11-1　PHP 版本切换		234	微课 2-2　使用 su 命令		32
电子活页 11-2　Python 版本切换		235	微课 2-3　使用"用户和组"管理工具		34
电子活页 11-3　管理 Node.js 版本		246	微课 2-4　多用户登录与用户切换		41

续表

名称	图形	页码	名称	图形	页码
微课 3-1　使用文件访问控制列表		57	微课 5-6　源代码编译安装 Python		97
微课 3-2　典型的 ACL 设置		58	微课 6-1　管理控制进程		103
微课 4-1　使用 fdisk 进行分区管理		65	微课 6-2　理解 target 单元文件		110
微课 4-2　建立文件系统		68	微课 6-3　systemd 单元管理		111
微课 4-3　挂载文件系统		71	微课 6-4　systemd 单元文件管理		114
微课 4-4　使用磁盘管理器		74	微课 6-5　动态修改 GRUB 引导参数		122
微课 5-1　安装搜狗输入法		82	微课 6-6　系统启动进入特殊模式排除故障		123
微课 5-2　使用 apt 命令安装和管理软件包		84	微课 6-7　配置 anacron		125
微课 5-3　配置 APT 源		87	微课 6-8　创建和使用 systemd 单调定时器		128
微课 5-4　通过 PPA 源安装软件		89	微课 7-1　安装 Wine 环境		135
微课 5-5　使用 Snap 管理软件包		92	微课 7-2　使用 Wine 安装 Windows 版的腾讯 TIM		136

续表

名称	图形	页码	名称	图形	页码
微课 7-3　使用主控文档编辑大型文档		145	微课 10-5　基于 Android Studio 开发 Android 应用程序		217
微课 8-1　使用 sed 命令处理文本文件内容		168	微课 11-1　安装 LAMP 平台		224
微课 8-2　使用 awk 命令分析处理文本文件内容		169	微课 11-2　安装 Eclipse IDE for PHP Developers		228
微课 9-1　使用 Autotools 自动产生 Makefile 文件		183	微课 11-3　使用 Eclipse 开发 PHP 应用程序		229
微课 9-2　部署 GTK + 编程环境		188	微课 11-4　创建和管理虚拟环境		236
微课 9-3　使用 Glade 辅助设计界面		189	微课 11-5　使用 PyCharm 开发 Python 应用程序		239
微课 9-4　部署集成开发环境 Anjuta		192	微课 11-6　开发 Node.js 应用程序		246
微课 10-1　安装 JDK		201	微课 12-1　安装 Ubuntu 服务器		249
微课 10-2　Java 版本切换		203	微课 12-2　调整网络配置		252
微课 10-3　使用 Eclipse 开发 Java 应用程序		205	微课 12-3　通过 SSH 远程登录服务器		253
微课 10-4　安装部署 Android Studio		212	微课 12-4　基于 Web 界面远程管理 Ubuntu 服务器		254

续表

名称	图形	页码	名称	图形	页码
微课 12-5　创建逻辑卷		258	微课 12-8　在 Ubuntu 服务器上配置 Apache 虚拟主机		264
微课 12-6　动态调整逻辑卷容量		260	微课 12-9　在 Ubuntu 服务器上配置和管理 MySQL		265
微课 12-7　在 Ubuntu 服务器上配置 Apache		262			

目录 CONTENTS

第 12 章

Ubuntu 服务器 ·············· 249

第1章
Ubuntu概述、安装与基本操作

01

Linux 是操作系统的后起之秀，Ubuntu 是目前 Linux 桌面操作系统的优秀代表。本章是入门部分，将向读者介绍 Linux 和 Ubuntu 的基础知识，讲解 Ubuntu 的安装、桌面环境的基本操作和命令行的使用方法等。许多国产操作系统都是基于 Linux 内核开发的，尤其是一些国产桌面操作系统与 Ubuntu 同源，学习 Ubuntu 有助于读者掌握国产操作系统，参与构建安全可控的信息技术体系。

学习目标

① 了解什么是 Linux 和 Ubuntu，熟悉它们的特点和版本演变。

② 熟悉 Ubuntu 桌面版安装过程，掌握 Ubuntu 的安装方法。

③ 掌握 Ubuntu 桌面环境的基本操作，学会桌面个性化设置。

④ 掌握 Linux 命令行界面的基本使用，能通过命令行工具编辑文本文件。

1.1 Linux 与 Ubuntu

Linux 继承了 UNIX 系统卓越的稳定性，不仅功能强大，而且可以自由、免费使用，在桌面应用、服务器平台、嵌入式应用等领域形成了基于自身的产业环境，其市场份额不断增加。Ubuntu 是目前非常热门的一个 Linux 发行版本。

1.1.1 Linux 操作系统的发展

操作系统（Operating System，OS）是最基本、最重要的系统软件，用于管理系统资源，控制程序执行，改善人机界面，提供各种服务，合理组织计算机工作流程，为用户使用计算机提供良好的运行环境。起源于 UNIX 的 Linux 已经成为一种主流的操作系统，下面介绍 Linux 操作系统的产生和发展过程。

1. UNIX

UNIX 原本是针对小型机环境开发的操作系统，采用集中式分时多用户体系结构。经过不断发展，UNIX 成为可移植的操作系统，能够运行在各种计算机上，包括大型主机和巨型计算机，大大扩展了其应用范围。随着个人计算机（Personal Computer，PC）的迅速发展及其功能的不断增强，UNIX 的 PC 版面世，为 UNIX 在商业和办公应用方面开辟了新的市场。

UNIX 是一个强大的多用户、多任务操作系统，支持多种处理器架构。它的版本很多，大多数要与硬件相配套，其代表产品包括 HP-UX、IBM AIX 等。

UNIX 目前的商标权由国际开放标准组织（The Open Group）所拥有，只有符合单一 UNIX 规范的 UNIX 系统才能使用 UNIX 这个名称，否则只能称为类 UNIX（UNIX-like）。

2. GNU 与 GPL

UNIX 诞生之后，很多教育机构、大型企业都投入研究，并取得了不同程度的研究成果，从而导致了一些经济利益分配和版权问题。早期计算机程序的源码（Source Code，又称源代码）都是公开的，到 20 世纪 70 年代，源码开始对用户关闭，这就给程序员造成了不便，也限制了软件的发展。为此，UNIX 爱好者 Richard M.Stallman 提出开放源码（Open Source，简称开源）的概念，提倡大家共享自己的程序，让更多人参与校验，在不同的平台进行测试，以编写出更好的程序。目前热门的大数据基础架构 Hadoop、云计算管理平台 OpenStack、云原生容器平台 Kubernetes 等都是软件开源项目。

 提 示　　"坚持创新驱动发展"是我国全面塑造发展新优势的重要举措。我们要坚持创新在我国现代化建设全局中的核心地位，扩大国际科技交流合作，加强国际化科研环境建设，形成具有全球竞争力的开放创新生态。近年来，面向云原生、自动化和智能化，华为技术有限公司（以下简称华为）先后开源了 EdgeGallery、MindSpore、openEuler、openGauss、OpenHarmony 等多个平台级基础软件开源项目，这些项目被全球开发者广泛接受，有数百家企业加入项目社区。

Richard M.Stallman 在 1985 年创立了 GNU 与自由软件基金会（Free Software Foundation，FSF），其目标是创建一套完全自由的操作系统。GNU 是 "GNU's Not UNIX" 的递归缩写，其目的是开发出一套与 UNIX 相似而不是 UNIX 的操作系统。作为一个自由软件工程项目，所谓的"自由"（Free），并不是指免费，而是指对所有的用户来说使用软件是自由的，即用户在获取软件之后，可以进行修改，也可以进一步在不同的计算机平台上发布和复制。

为保证 GNU 软件可以自由使用、复制、修改和发布，所有 GNU 软件都有一份在禁止其他人添加任何限制的情况下，授权所有权利给任何人的协议条款。针对不同场合，GNU 包含以下 3 个协议条款。

- GNU 通用公共许可证（General Public License，GPL）。
- GNU 较宽松公共许可证（Lesser General Public License，LGPL）。
- GNU 自由文档许可证（GNU Free Documentation License，GFDL）。

其中，GNU GPL 使用最为广泛。GPL 的精神就是开放、自由，为优秀的程序员提供展现自己才能的平台，也使他们能够编写出自由、高质量、容易理解的软件。任何软件加上 GPL 授权之后，就成为自由软件，任何人均可获得，同时亦可获得其源代码。获得 GPL 授权后，任何人均可根据需要修改其源代码。除此之外，经过修改的源代码应回报给"网络社会"，供大家参考。

GPL 的出现为 Linux 的诞生奠定了基础。1991 年，林纳斯·托瓦兹（Linus Torvalds）按照 GPL 发布了 Linux，很快就吸引了专业人士加入 Linux 的开发，从而促进了 Linux 的快速发展。

3. POSIX

POSIX（Portable Operating System Interface，可移植操作系统接口）由 IEEE（Institute of Electrical and Electronics Engineers，电气电子工程师学会）、ISO（International Organization for Standardization，国际标准化组织）和 IEC（International Electrotechnical Commission，国际电工委员会）开发，是类 UNIX 操作系统接口集合的国际标准。该标准基于现有的 UNIX 实践和经验，对操作系

统服务接口进行标准化，以保证应用程序在源码层次的可移植性。为一个 POSIX 兼容的操作系统编写的程序，可以在任何其他兼容 POSIX 的操作系统上编译执行。POSIX 现在已经发展成为一个非常庞大的标准族，并不局限于 UNIX，还可用于一些其他操作系统，如 Windows、Linux 等都支持或者部分支持 POSIX 标准。

Linux 是一种起源于 UNIX，以 POSIX 标准为框架而发展起来的开源操作系统。Linux 在 POSIX 标准的指导下进行开发，因而能够与绝大多数 UNIX 系统兼容。

4. Minix

Minix 的名称源自英语 Mini UNIX，是一种基于微内核架构的类 UNIX 操作系统，由 Andrew S. Tanenbaum 发明。它最初发布于 1987 年，其全部源代码开放给大学教学和研究工作。2000 年改用 BSD（Berkeley Software Distribution，伯克利软件套件）授权，成为自由和开源软件。

全套 Minix 除了启动部分以汇编语言编写以外，其他大部分都用 C 语言编写，包括内核、内存管理和文件管理这 3 个部分。Linux 是其作者受到 Minix 的影响而开发的，但 Linux 和 Minix 在设计思想上大相径庭。Minix 在内核设计上采用微内核，而 Linux 与原始的 UNIX 一样采用宏内核。

5. Linux 的诞生

Linus Torvalds 设计 Linux 的目标是要开发可用于 Intel 386 或奔腾处理器的 PC 上，且具有 UNIX 全部功能的操作系统。1991 年 10 月 5 日，他在 comp.os.minix 上正式宣布 Linux 内核的诞生。1994 年，Linux 第一个正式版本 1.0 发布，随后通过 Internet 迅速传播。

Linux 是一套可通过 GNU GPL 免费获得的自由软件，用户不仅可以无偿地获取它及其源代码，以及大量的 Linux 应用程序代码，而且可以任意地修改和补充它们。Linux 能够在 PC 上实现全部的 UNIX 特性，具有多任务、多用户能力。Linux 正确的音标应该为['linəks]。

6. Linux 的发展

Linux 自诞生之后，发展迅速。一些机构和公司将 Linux 内核、源码以及相关应用软件集成为一个完整的操作系统，便于用户安装和使用，从而形成 Linux 发行版。这些发行版不仅包括完整的 Linux 操作系统，还包括文本编辑器、高级语言编译器等应用软件，以及 X Windows 图形用户界面（Graphical User Interface，GUI）。

Linux 在桌面应用、服务器平台、嵌入式应用等领域得到了良好发展，并形成了自己的产业环境，包括芯片制造商、硬件厂商、软件提供商等。

Linux 具有完善的网络功能和较高的安全性，继承了 UNIX 卓越的稳定性，在全球服务器平台上的市场份额不断增加。

在高性能计算集群（High-Performance Computing Cluster，HPCC）中，Linux 是无可争议的"霸主"，在全球排名前 500 的高性能计算机系统中，Linux 占了 90% 以上的份额。

云计算、大数据作为基于开源软件的平台，Linux 在其中占据了核心优势。Linux 基金会的研究结果表明，约 86% 的企业已经在使用 Linux 进行云计算、大数据平台构建。

在桌面操作系统领域，Windows 仍然是"霸主"，但是随着 Ubuntu 等注重桌面体验的发行版的不断发布，Linux 在桌面领域的市场份额正在逐步提升。

在物联网、车联网、嵌入式系统、移动终端等领域，Linux 占据着极高的份额。

1.1.2 分层设计的 Linux 体系结构

Windows 操作系统采用微内核体系结构和模块化设计，将对象分为用户模式层和内核模式层。用户模式层由一组组件（子系统）构成，用于将与内核模式组件有关的必要信息与其最终用户和应用程序隔离开来。内核模式层有权访问系统数据和硬件，能直接访问内存，并在被保护的内存区域中执行。

Linux 操作系统是采用单内核模式的操作系统，内核代码结构紧凑、执行速度快。内核是 Linux 操作系统的主要部分，它可实现进程管理、内存管理、文件管理、设备驱动和网络管理等功能，为核外的所有程序提供运行环境。

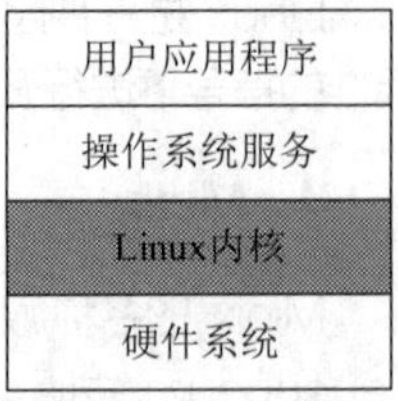

Linux 采用分层设计，层次结构如图 1-1 所示，包括 4 个层次。每层只能与它相邻的层通信，层次间具有从上到下的依赖关系，靠上的层依赖于靠下的层，但靠下的层并不依赖于靠上的层。各层介绍如下。

| 用户应用程序 |
| 操作系统服务 |
| Linux内核 |
| 硬件系统 |

图1-1 Linux 操作系统层次结构

• 用户应用程序：位于整个系统层次结构最顶层，是 Linux 操作系统上运行的用户应用程序集合。常见的用户应用程序有字处理应用程序、多媒体处理应用程序、网络应用程序等。

• 操作系统服务：位于用户应用程序与 Linux 内核之间，主要是指那些为用户提供服务且执行操作系统部分功能的程序，这些程序为应用程序提供系统内核的调用接口。X 窗口系统、Shell 命令解释系统、内核编程接口等就属于操作系统服务子系统。这一部分也称为系统程序。

• Linux 内核：靠近硬件系统的是 Linux 内核，即 Linux 操作系统常驻内存部分。Linux 内核是整个操作系统的核心，由它实现对硬件资源的抽象和访问调度。它为上层调用提供了一个统一的虚拟机接口，在编写上层程序时不需要考虑计算机使用何种类型的物理硬件，也不需要考虑临界资源问题。每个上层进程执行时就像它是计算机上的唯一进程一样，独占了系统的所有内存和其他硬件资源。但实际上，系统可以同时运行多个进程，由 Linux 内核保证各进程对临界资源的安全使用。所有运行在内核之上的程序可分为系统程序和用户程序两大类，但它们统统运行在用户模式下。内核之外的所有程序必须通过系统调用才能进入操作系统的内核。

• 硬件系统：包含 Linux 所使用的所有物理设备，如 CPU、内存、硬盘和网络设备等。

1.1.3 多种多样的 Linux 版本

Linux 的版本分为两种：内核版本和发行版。从技术角度看，Linux 是一个内核。内核指的是一个提供硬件抽象层、磁盘及文件系统控制、多任务等功能的系统软件。一个内核不是一套完整的操作系统。一套基于 Linux 内核的完整操作系统称为 Linux 操作系统，或 GNU/Linux。仅有 Linux 内核是难以直接使用的。为方便普通用户使用，很多厂商在 Linux 内核基础上开发了自己的操作系统，因此 Linux 的发行版非常丰富。

1. 内核版本

内核版本是指由内核小组开发并维护的系统内核的版本。内核版本也有两种不同的版本：实验版本和产品版本。实验版本会不断地增加新的功能，不断地修正 bug，从而衍生出产品版本，而产品版本不再增加新的功能，只是修正 bug。在产品版本的基础上衍生出一个新的实验版本，继续增加功能和修正 bug，不断循环。

内核版本的每一个版本号都是由 4 个部分组成的，具体格式如下。

[主版本].[次版本].[修订版本]-[附版本]

其中，主版本和次版本共同构成当前内核版本。次版本还可以表示内核类型，偶数说明是稳定的产品版本，奇数说明是开发中的实验版本。作为正式用途的网络操作系统，建议使用稳定版本的内核。

修订版本表示是第几次修正的内核。附版本是由 Linux 产品厂商所定义的版本编号，可以省略。

用户在登录 Linux 字符界面时，可以在提示信息中看到内核版本，也可以随时执行 uname -r 命令来查看系统的内核版本。例如，有一个内核的版本编号为 4.4.0-75-generic，那就说明：这个内核的主版本为 4；次版本为 4，是一个稳定的版本；修订版本为 0；厂商所定义的版本编号为 75；最后的 generic 表示通用版。

2. 发行版

对于操作系统来说，仅有内核是不够的，还需配备基本的应用软件。一些组织机构和公司将 Linux 内核、源码以及相关应用软件集成为一个完整的操作系统，便于用户安装和使用，从而形成 Linux 发行版。

Linux 的发行版通常包含一些常用的工具性的实用（Utility）程序，供普通用户日常操作和管理员维护操作使用。此外，Linux 操作系统还有成百上千的第三方应用程序可供选用，如数据库管理系统、文字处理系统、Web 服务器程序等。

发行版由发行商确定，知名的发行版有 Red Hat Linux、CentOS、Debian、SUSE、Ubuntu 等。发行版的版本号随着发行商的不同而不同。Red Hat Linux 和 Debian 是目前 Linux 发行版最重要的两大分支。

Red Hat Linux 是商业上运作最为成功的一个 Linux 发行套件，其普及程度很高，由 Red Hat 公司发行。目前 Red Hat Linux 分为两个系列：一个是 Red Hat Enterprise Linux（RHEL），Red Hat 公司提供收费技术支持和更新，适合服务器用户；另一个是 Fedora，它的定位是桌面用户，Fedora 是 Red Hat 公司新技术的实验场，许多新的技术都会在 Fedora CoreOs 中检验，如果稳定则会考虑加入 RHEL 中。值得一提的是，CentOS（Community Enterprise Operating System，社区企业操作系统）是使用 RHEL 源代码再编译的免费版，它继承了 Red Hat Linux 的稳定性，且提供免费更新，在服务器市场广受欢迎。

Debian（音标为['dɛbiən]）是迄今为止完全遵循 GNU 规范的 Linux 操作系统。Ubuntu 是 Debian 的一个改版，也是现在最流行的 Linux 桌面操作系统之一。接下来将重点介绍这两个发行版。

1.1.4　Ubuntu Linux

"Ubuntu"一词源于非洲南部的祖鲁语，发作"oo-boon-too"的音，音标为[ʊˈbʊntuː]，其含义是"人性""我的存在是因为大家的存在"，是非洲的一种传统价值观，类似我们的"仁爱"思想。中文音译为"乌班图"。Ubuntu 基于 Debian 发行版，大概每半年发布一个新版本。

1. Ubuntu 的父版本 Debian

Debian 是 Ubuntu 的一个父版本，于 1993 年 8 月由一名美国普渡大学学生伊恩·默多克（Ian Murdock）首次发布。Debian 是一个纯粹由自由软件组合而成的作业环境。系统中绝大部分基础工具来自 GNU 工程，因此，Debian 的英文全称为 Debian GNU/Linux。它并没有任何的营利组织支持，开发团队全部由来自世界各地的志愿者组成，官方开发者的总数就将近千名，而非官方的开发者亦为数众多。

Debian 以其坚守 UNIX 和自由软件的精神以及给予用户众多选择而闻名。它永远是自由软件，可以在网上免费获得。Debian 是极为精简的 Linux 发行版，操作环境干净，安装步骤简易，拥有方便的套件管理程序，可以让使用者易于寻找、安装、移除、更新程序或升级系统。它建有健全的软件管理制度，包括 bug 汇报、套件维护人等制度，让 Debian 所收集的软件品质位居其他 Linux 发行套件之上。它拥有庞大的套件库，使用者只需通过它自带的软件管理系统便可下载并安装套件。套件库分类清楚，使用者可以明确地选择安装自由软件、半自由软件或闭源软件。

Debian 的缺点主要表现在以下几个方面：

- 软件不能及时获得更新；

- 一些非自由软件不能得到很好的支持;
- 发行周期偏长。

有很多 Linux 发行版都继承自 Debian，典型的就是 Ubuntu，它继承了 Debian 的优点，集成了在 Debian 下经过测试的优秀自由软件，逐渐发展成为了一种主流的开源 GNU/Linux 操作系统。

2. Ubuntu 的诞生与发展

Ubuntu 由马克·沙特尔沃思（Mark Shuttleworth）创建，以 Debian GNU/Linux 不稳定分支为开发基础，其首个版本于 2004 年 10 月 20 日发布。Ubuntu 使用了 Debian 的大量资源，其开发人员作为贡献者也参与了 Debian 社区开发，还有许多热心人士也参与了 Ubuntu 的开发。2005 年 7 月，Mark Shuttleworth 与 Canonical 公司宣布成立 Ubuntu 基金会，以确保将来 Ubuntu 得以持续开发与获得支持。Ubuntu 的出现得益于 GPL，Ubuntu 也对 GNU/Linux 的普及，尤其是桌面系统普及做出了巨大贡献，使更多人共享开源成果。

Ubuntu 旨在为广大用户提供一个最新的、同时又相当稳定的，主要由自由软件组成的操作系统。它拥有强大的社区力量，用户可以方便地从社区获得帮助。

Ubuntu 主要提供 3 种官方版本，分别是用于 PC 的 Ubuntu 桌面版、用于服务器和云的 Ubuntu 服务器版和用于物联网设备和机器人的 Ubuntu Core。

Ubuntu 每半年发行一个新的版本，版本号由发布年月组成。例如第一个版本 4.10，代表是在 2004 年 10 月发布的。Ubuntu 会发行长期支持（Long-Term Support，LTS）版本，其更新维护的时间比较长，大约两年才推出一个正式的大改版版本。值得一提的是，自 Ubuntu 12.04 LTS 开始，桌面版和服务器版 LTS 均可获得 Canonical 公司为期 5 年的技术支持。Canonical 是一家全球性的软件公司，是 Ubuntu 支持服务的原厂提供商。企业可选择 Ubuntu 专家培训、支持或者咨询，但需要支付一定费用，以支持 Ubuntu 的持续发展。

每个发行版都提供相应的代号，代号的名称由两个单词组成，而且两个单词的第一个字母都是相同的，第一个单词为形容词，第二个单词为表示动物的名词。例如，Ubuntu 20.04 LTS 的代号为"Focal Fossa"，Ubuntu 22.04 LTS 的代号为"Jammy Jellyfish"。

1.1.5 Ubuntu 在国内的应用

鉴于 Ubuntu 在 Linux 桌面操作系统中的突出地位，国内选用 Ubuntu 桌面版的较多。Ubuntu 硬件支持好，入门容易。大部分 Linux 软件都提供了 Ubuntu 安装包，可以满足大多数项目的要求。国内有很多 Ubuntu 的镜像源，如阿里巴巴、网易、清华大学、中国科学技术大学等。Ubuntu 桌面版的国内用户主要有 Linux 初学者、软件开发人员，以及游戏爱好者。

电子活页 1-1 操作系统的国产化替代

由于历史传承和服务器厂商要求，国内 Linux 服务器版使用较多的是 Red Hat Linux 和 CentOS。CentOS 是一个基于 Red Hat 提供的源代码的企业级 Linux 发行版，国内许多用户选择 CentOS 来替代商业版的 RHEL。但 Red Hat 宣布放弃对 CentOS 8 的技术支持，力推商业版的 RHEL。开源的 CentOS Linux 改为 CentOS Stream，影响了原 CentOS 用户。这样，Ubuntu 服务器版的占有率呈日益增长态势。目前，阿里云和腾讯云都支持 Ubuntu。

为保证自主可控，确保信息安全，工业和信息化部大力支持基于 Linux 的国产操作系统的研发和应用，并倡导用户使用国产操作系统，国产操作系统的应用前景十分广阔。国产操作系统大部分都是基于 Linux 内核进行的二次开发。这是因为在超级计算机领域，Linux 具有绝对的领先优势；在桌面操作系统领域，Ubuntu 成为主流；在移动端，主流的 Android 系统也是基于 Linux 的。目前常用的 deepin、统信 UOS、银河麒麟等都是基于 Ubuntu 开发的。可见，学好 Ubuntu，对快速过渡到国产操作系统大有裨益。

提 示 近年来，我国加快实施一批具有战略性、全局性、前瞻性的国家重大科技项目，增强自主创新能力，其中包括国产操作系统研发。打造国产操作系统，有利于把信息产业的安全牢牢掌握在自己手里。目前的国产操作系统厂商，以银河麒麟、深度 deepin、华为鸿蒙为代表，带领国产操作系统快速发展。国产厂商在竞争中的市场话语权和占有率不断得到提高，而华为鸿蒙更是在"5G 时代"的物联网领域占据很大优势。

1.2 安装 Ubuntu

作为全球最流行且最有影响力的 Linux 开源系统之一，Ubuntu 自发布以来，在应用体验方面有较大幅度的提升。Ubuntu 22.04 LTS 是 Ubuntu 的第 9 个长期支持版本，本书重点以该版本为例展开讲解。

1.2.1 安装前的准备工作

安装之前要做一些准备工作，如获取 Ubuntu 安装包、准备硬件、了解 Linux 磁盘分区、准备安装环境等。

1. 获取 Ubuntu 安装包

这里选择 Ubuntu 22.04 LTS 桌面版，读者可以到 Ubuntu 官网下载该版本的 ISO 镜像文件，可以根据需要将其刻录成光盘。从 2022 年 4 月开始发布直到 2027 年 4 月的 5 年内，Canonical 公司将为其提供安全和软件的更新，这期间将至少会有 5 个维护性更新版本，本例使用的是第 1 个更新版本，ISO 镜像文件为 ubuntu-22.04.1-desktop-amd64.iso。

2. 准备硬件

硬件最低要求如下。
- 至少 2GHz 的双核处理器。
- 4GB 内存。
- 25GB 可用硬盘空间。
- DVD（Digital Versatile Disc，数字通用光碟）光驱或 USB（Universal Serial Bus，通用串行总线）端口，用于安装程序介质时使用。
- 确保计算机能够访问 Internet，以便在安装过程中在线下载软件包。

3. 了解 Linux 磁盘分区

刚开始使用 Linux 的读者应当了解 Linux 磁盘分区知识。磁盘在系统使用前都必须进行分区。Windows 操作系统使用盘符（驱动器标识符）来标明分区，如 C、D、E 等（A 和 B 表示软驱），用户可以通过相应的驱动器标识符访问分区。而 Linux 操作系统使用单一的目录树结构，整个系统只有一个根目录，各个分区以挂载（Mount）到某个目录的形式成为根目录的一部分。Linux 使用设备名称加分区编号来标明分区。SCSI（Small Computer System Interface，小型计算机系统接口）磁盘、SATA（Serial Advanced Technology Attuchment，串行先进技术总线附属）磁盘（串口硬盘）均可表示为"sd"，并且在"sd"之后使用小写字母表示磁盘编号，磁盘编号之后是分区编号，使用阿拉伯数字表示（主分区或扩展分区的分区编号为 1~4，逻辑分区的分区编号从 5 开始）。例如，第一块 SCSI 或 SATA 磁盘被命名为 sda，第二块为 sdb；第一块磁盘的第一个主分区表示为 sda1，第二个主分区表示为 sda2。

IDE（Integrated Drive Electronics，集成驱动电）磁盘使用"hd"表示，其表示方法同SCSI磁盘一样。

每个操作系统都需要一个主分区来引导，该分区存放着引导整个系统所需的程序文件。操作系统引导程序必须安装在用于引导的主分区中，而其主体部分可以安装在其他主分区或扩展分区中。要保证有足够的未分区磁盘空间来安装Linux操作系统。在Linux操作系统安装过程中，可以使用可视化工具进行分区。

4. 准备安装环境

通常下载ISO镜像文件之后，将其制作成光盘，直接用安装光盘的方式进行Ubuntu安装，这是最简单也是最常用的方法，推荐初学者使用这种方法。

为便于学习和实验，在Windows系统中利用虚拟机安装Ubuntu是一个不错的选择，读者可以充分利用虚拟机的快照功能来设置和切换不同的实验环境。这里推荐使用VMware Workstation虚拟机软件。首先，创建一台Ubuntu Linux虚拟机，配置好所需内存（建议至少4GB）和硬盘（建议60GB）。其次，提供Internet连接，最省事的方法是将网络模式选择为NAT（Network Address Translation，网络地址转换）。最后，将ISO镜像文件加载到虚拟光驱中，启动虚拟机即可开始安装。

微课1-1 创建
Ubuntu虚拟机

1.2.2 Ubuntu 安装过程

这里以通过虚拟机安装为例，介绍Ubuntu桌面版的安装过程。

（1）启动虚拟机（如果直接在物理计算机上安装，则先将计算机设置为从光盘启动，再将安装光盘插入光驱，重新启动），运行GNU GRUB（多操作系统启动管理器），出现图1-2所示界面，选择"Try or Install Ubuntu"，按<Enter>键。

（2）开始加载系统文件，稍后进入安装界面，在其左侧列表中选择语言类型，这里选择"中文(简体)"，如图1-3所示。

微课1-2 安装
Ubuntu桌面版

图1-2 GNU GRUB界面

图1-3 选择语言类型

（3）单击"安装Ubuntu"按钮，出现键盘布局界面，选择键盘布局，这里选择"Chinese"。

提示 Ubuntu 22.04 LTS桌面版安装过程要求屏幕分辨率较高，在VMware Workstation虚拟机上直接安装时默认分辨率不能满足要求，安装界面显示不完整，下方的按钮显示不全。这里采用的解决方案是按住<Windows>键⊞，拖动安装界面边界直至看到相关安装按钮。要进一步显示完整的安装界面，单击"后退"按钮即可。另一种解决方案是进入安装界面时单击"试用Ubuntu"按钮，启动Ubuntu试用系统，将分辨率设置为不低于1280px×768px，再运行安装程序进行安装。

（4）单击"继续"按钮，出现"更新和其他软件"界面，选择软件安装和更新的相关选项，这里选择"正常安装"和"安装 Ubuntu 时下载更新"。

（5）单击"继续"按钮，出现图 1-4 所示界面，选择安装类型。这里选择"清除整个磁盘并安装 Ubuntu"，还可以通过下方的"高级特性"来设置是否在安装过程中加密磁盘或使用 LVM（Logical Volume Manager，逻辑卷管理）。如果要保留磁盘其他分区或数据，应选择"其他选项"，可以创建或调整磁盘分区之后再安装。

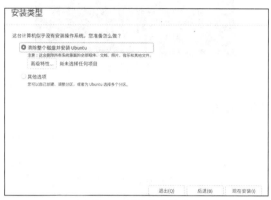

图1-4　选择安装类型

（6）单击"现在安装"按钮，出现"将改动写入磁盘吗"对话框，其中会显示自动创建的分区信息，提示是否将改动写入磁盘。若要自行调整，则单击"后退"按钮。这里单击"继续"按钮，确认将改动写入磁盘。

（7）单击"继续"按钮，出现"您在什么地方"的提示，选择所在时区，默认设置为"Shanghai"，可根据需要改为国内其他城市。

（8）单击"继续"按钮，出现图 1-5 所示界面，输入姓名和计算机名，设置一个用户名（本例的 cxz 表示初学者）及其密码，选择默认的登录方式"登录时需要密码"。

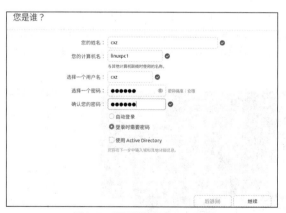

图1-5　设置计算机名和用户名

注意，支持使用 Active Directory（活动目录）登录是 Ubuntu 新版本的一项新特性。

（9）单击"继续"按钮，进入正式的安装界面，安装过程中需要在线下载软件包。

（10）安装完成后，出现"安装完毕，您需要重新启动计算机以使用新安装的系统"提示对话框，单击"现在重启"按钮。如果光驱中还有光盘（本例中为镜像文件），则会提示移除该介质，重启计算机。

（11）出现图 1-6 所示界面，单击用户名会出现相应的登录界面，输入密码，单击"登录"按钮，即可登录 Ubuntu。

图1-6　登录 Ubuntu

1.2.3　登录、注销与关机

在使用 Ubuntu 之前，用户必须登录，然后才可以使用系统中的各种资源。登录的目的就是使系统能够识别出当前的用户身份，当用户访问资源时就可以判断该用户是否具备相应的访问权限。登录是使用 Linux 系统的第一步。用户应该首先拥有该系统的一个账户作为登录凭证。

初次使用 Ubuntu 无法作为 root（超级管理员）登录系统。其他 Linux 发行版一般在安装过程中就可以设置 root 密码，用户可以直接用 root 账户登录，或者使用 su 命令转换到超级用户身份。而 Ubuntu 默认安装时并没有给 root 账户设置密码，也没有启用 root 账户，而是让安装系统时设置的第一个用户作为管理员，该用户可以通过 sudo 命令获得超级用户的所有权限。在图形用户界面中执行系统配置管理操作时，会提示输入用户（属于管理员账户）密码，类似于 Windows 中的用户账户控制。

用户首次登录时，界面中会启动初始化程序，首先显示在线账户设置，单击"跳过"按钮，进入其他设置界面，单击"前进"按钮，根据提示完成设置，单击"完成"按钮，进入图 1-7 所示的桌面环境。

注销就是退出某个用户的会话，是登录操作的反向操作。注销会结束当前用户的所有进程，但是不会关闭系统，也不影响系统上其他用户的工作。注销当前登录的用户，目的是以其他用户身份登录系统。单击桌面环境右上角的任一图标弹出状态菜单，再展开"关机/注销"子菜单，如图 1-8 所示，选择"注销"，执行注销并进入登录界面。

电子活页 1-2　安装和使用 open-vm-tools 工具

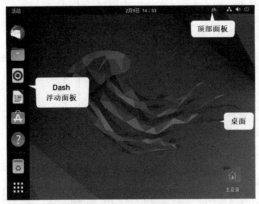

图1-7　Ubuntu 桌面环境

图1-8　状态菜单

如果要关机，打开系统状态菜单，展开"关机/注销"子菜单，选择其中的"关机"，弹出关机界面，单击"关机"按钮执行关机操作，如果不单击"取消"按钮，则系统将在 60s（默认设置）后自动关机。

1.3 熟悉 Ubuntu 桌面环境

Linux 比较流行的桌面环境是 GNOME 或 KDE。早期版本的 Ubuntu 使用 GNOME 桌面环境。Ubuntu 曾经以 Unity 作为默认的桌面环境，从 17.10 版本又开始改回 GNOME 桌面环境。Ubuntu 22.04 LTS 桌面版使用 GNOME 42 作为默认的桌面环境。Ubuntu 凭借其桌面环境而成为优秀的 Linux 桌面操作系统。使用 Ubuntu，首先要熟悉其桌面环境，之后可以根据需要定制桌面。

1.3.1 桌面环境基本操作

熟悉 Ubuntu 桌面环境的基本操作，首先要了解活动概览视图（Activities Overview）。

1. 使用活动概览视图

Ubuntu 桌面环境默认处于普通视图，单击界面左上角的"活动"按钮，或者按<Super>键，可在普通视图和活动概览视图之间来回切换。注意，<Super>键是指<Windows>键⊞。如图 1-9 所示，活动概览视图是一种全屏模式，提供从一个活动切换到另一个活动的多种途径。它会显示所有已打开的窗口的预览，以及收藏的应用程序和正在运行的应用程序的图标。另外，它还集成了搜索与浏览功能。

微课 1-3 桌面
环境基本操作

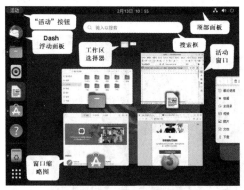

图 1-9 活动概览视图

处于活动概览视图时，顶部面板上的左上角"活动"按钮自动高亮显示。

在视图的左边可以看到 Dash 浮动面板，它就是一个收藏夹，放置常用的程序和当前正在运行的程序，单击其中的图标可以打开相应的程序，如果程序已经运行了会高亮显示（正在运行的程序有一个副本，就在其图标左侧显示一个红点，多个副本就有多个红点），单击图标会显示最近使用的窗口。也可以从 Dash 浮动面板中拖动图标到视图中，或者拖动到右边的任一工作区中。

切换到活动概览视图时，桌面上显示的是窗口概览视图，显示当前工作区中所有窗口的实时缩略图，其中只有一个是处于活动状态的窗口。每个窗口代表一个正在运行的图形用户界面应用程序。活动概览视图上部有一个搜索框，可用于查找主目录中的应用程序、设置及文件等。

工作区选择器位于活动概览视图搜索框下方，可用于切换到不同的工作区。

2. 启动应用程序

启动并运行图形用户界面应用程序的方法有很多，如下。

- 从 Dash 浮动面板中选择要运行的应用程序。对于经常使用的应用程序，可以将它添加到 Dash

浮动面板中。常用应用程序即使未处于运行状态，也会位于该面板中，以便快速访问。在 Dash 浮动面板图标上右击会显示一个菜单，允许选择任一运行应用程序的窗口，或者打开一个新的窗口。还可以按住<Ctrl>键，单击图标打开一个新窗口。

- 单击 Dash 浮动面板底部的"网格"按钮▦会显示应用程序概览视图，也就是应用程序列表，如图 1-10 所示。单击其中要运行的任何应用程序，或者将一个应用程序拖动到活动概览视图或工作区缩略图上，即可启动相应的应用程序。
- 打开活动概览视图后直接输入应用程序的名称，系统自动搜索该应用程序，并显示相应的应用程序图标，单击该图标即可运行该应用程序。如果没有出现搜索结果，先单击界面上部的搜索框，然后输入。
- 在终端窗口中执行命令来运行图形用户界面应用程序。

3. 在Dash浮动面板中添加/删除应用程序

进入活动概览视图，单击 Dash 浮动面板底部的"网格"按钮▦，右击要添加的应用程序，从快捷菜单中选择"添加到收藏夹"命令，或者直接拖动其图标到 Dash 浮动面板中。要从 Dash 浮动面板中删除应用程序，右击该应用程序，并选择"从收藏夹中移除"命令即可。

4. 窗口操作

在 Ubuntu 中运行图形用户界面应用程序时，都会打开相应的窗口，如图 1-11 所示。应用程序窗口的标题栏右上角通常会提供窗口关闭、窗口最小化和窗口最大化按钮；一般窗口都有菜单，默认菜单位于顶部面板左侧的菜单栏（要弹出下拉菜单）中；一般窗口也可以通过拖动其边缘来改变大小；多个窗口之间可以按<Alt>+<Tab>快捷键进行切换。

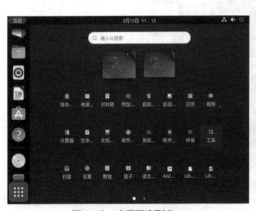

图1-10　应用程序列表

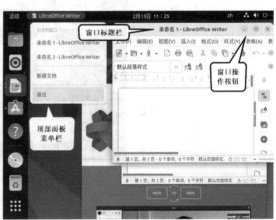

图1-11　窗口操作

5. 使用工作区

可以使用工作区将应用程序组织在一起。将应用程序放在不同的工作区中是组织和归类窗口的一种有效的方法。注意，在活动概览视图中才能显示和切换工作区，普通视图位于当前工作区。

可以使用鼠标或键盘切换工作区（默认仅有 2 个工作区）。进入活动概览视图后，在仅有 2 个工作区时，单击屏幕右侧另一个工作区的左边缘即可进入该工作区；当前工作区不是第 1 个工作区且为空白时，启动的应用程序或从其他工作区中拖放进来的应用程序，都会在当前工作区中运行并新增一个空白工作区；当有 3 个或 3 个以上工作区时，搜索框下面会显示工作区选择器以方便用户切换，如果某个工作区中的应用程序全部关闭后，则该工作区也会自动删除，直至减少到两个工作区为止。任何时候打开应用程序列表时，都会显示大尺寸的工作区选择器。

通过按<Page Up>或<Page Down>键也可在工作区之间切换。

在普通视图中启动的应用程序位于当前工作区。在活动概览视图中，可以通过以下方法使用工作区。

● 将 Dash 浮动面板中的应用程序拖放到右侧某工作区中，以在该工作区中运行该应用程序。

● 将当前工作区中某应用程序窗口的实时缩略图拖放到某工作区或工作区选择器中的工作区缩略图，使该应用程序窗口切换到目标工作区。

● 在工作区选择器中，可以将一个工作区中的应用程序窗口缩略图拖放到另一个工作区，使该应用程序切换到目标工作区中运行。

1.3.2　桌面个性化设置

用户在开始使用 Ubuntu 时，往往要根据自己的需求对桌面环境进行定制。大多数设置针对当前用户，不需要用户认证，而有关系统的设置则需要拥有 root 特权。在状态菜单中选择"设置"，或者在应用程序列表中单击"设置"按钮，打开图 1-12 所示的"设置"窗口，可执行各类系统设置任务。这里仅介绍部分常用的设置。

微课 1-4　桌面
个性化设置

图1-12　"设置"窗口

1. 显示设置

默认的显示分辨率为 1280px×800px，如果不能满足实际需要，则需要修改分辨率。在"设置"窗口中单击"显示器"，打开相应的设置界面，如图 1-13 所示。在"分辨率"下拉列表中选择所需的分辨率，然后单击"应用"按钮即可。也可以右击桌面，在快捷菜单中选择"显示设置"命令，打开相应的设置对话框设置分辨率。

2. 外观设置

外观设置涉及多项设置。在"设置"窗口中单击"外观"，打开相应的界面，除了设置样式、桌面图标之外，还可以进行"Dock"设置，即设置 Dash 浮动面板在屏幕上的位置、图标的大小等。

在"设置"窗口中单击"背景"，可以设置桌面背景；单击"辅助功能"，打开相应界面，可设置对比度、光标大小、是否缩放等，以及是否显示辅助功能菜单。

3. 锁屏设置

在"设置"窗口中单击"隐私"，打开隐私设置界面，单击"屏幕"，显示图 1-14 所示的锁屏设置界面，默认 5min 无操作将自动关闭屏幕并开启屏幕锁定功能，从挂起状态唤醒时需要密码。为方便测试和实验操作，初学者最好关闭锁屏功能。

4．输入法设置与输入法切换

这里重点介绍中文输入法的设置和切换。

（1）在设置面板中单击"区域与语言"，打开相应的界面，单击"管理已安装的语言"，弹出图 1-15 所示窗口，确认列表中包括"汉语(中国)"。如果不包括，单击"添加或删除语言"按钮，在弹出的对话框中勾选"中文(简体)"复选框，单击"应用"按钮，再单击"应用到整个系统"按钮，重启系统之后才能生效。

图1-13　显示设置界面　　　　　　　　　　图1-14　锁屏设置

（2）在"设置"窗口中单击"键盘"，打开图 1-16 所示的界面，其中会列出当前的输入法（输入源）。可以根据需要单击"+"按钮，添加其他输入法。单击"中文(智能拼音)"右侧的 **⋮** 按钮，在弹出的下拉列表中选择"首选项"命令，可以设置该输入法的首选项。

图1-15　语言支持设置　　　　　　　　　　图1-16　键盘设置

（3）设置输入源切换使用的快捷键。单击键盘设置界面中的"查看及自定义快捷键"，可以查看系统默认设置的各类快捷键并根据需要修改，这里单击"打字"，弹出图 1-17 所示的对话框，查看输入法切换的快捷键。

（4）测试输入法的切换。打开文本编辑器，根据提示按<Super>+<Space>快捷键进行输入法切换。

桌面顶部面板右上角会出现输入法按钮。切换到中文输入法时，右上角"zh"按钮变为"中"按钮。单击"中"按钮会弹出图 1-18 所示的中文输入法菜单，除了可以切换到英文输入法之外，还可以设置该中文输入法的选项。

图 1-17　输入源切换快捷键

图 1-18　中文输入法菜单

5. 网络设置

在"设置"窗口中单击"网络"，打开图 1-19 所示的界面，其中会列出已有网络接口的当前状态，默认的"有线"处于打开状态（可切换为关闭状态），单击其右侧的 ⚙ 按钮，弹出相应的对话框，可以根据需要查看或修改该网络连接设置。默认在"详细信息"选项卡中显示网络连接的详细信息。可以切换到其他选项卡查看和修改相应的设置，例如切换到"IPv4"选项卡，这里将默认的"自动(DHCP)"改为"手动"，并输入IP 地址和 DNS 信息，如图 1-20 所示。要使修改的设置生效，除了单击"应用"按钮之外，还需关闭网络连接，再开启网络连接（单击图 1-19 所示的开关按钮）。

电子活页 1-3　编译安装无线网卡驱动

电子活页 1-4　部分图形用户界面应用程序的使用

图 1-19　网络设置

图 1-20　网络连接的 IPv4 设置

还可以单击顶部面板右上角的任一图标弹出状态菜单，从中选择网络连接项，打开上述网络设置界面。

1.3.3　使用图形用户界面应用程序

Ubuntu 桌面版中常用的图形用户界面应用程序有文件管理器、Firefox 浏览器、gedit 文本编辑器等，这些应用程序的操作比较简单、直观。这里重点介绍一下应用程序的安装和更新。

在桌面 Dash 浮动面板中单击 按钮，打开 Ubuntu 软件中心，它类似于苹果商店（App Store），提供软件包供用户根据需要搜索、查询、安装和卸载应用程序。对于 Ubuntu 官方仓库中的软件包，可以通过该中心自动从后端的软件源中下载、安装。这是 Ubuntu 桌面版中最简单的安装方式，能让用户安装和卸载许多流行的软件包，非常适合初学者使用。新版本的 Ubuntu 软件中心具有新的界面，包含按照类别分类的应用程序视图以及"编辑之选"栏目。应用程序详情页面变得更加易读，重要的信息，例如总下载大小、评分、安全标记以及应用程序截图等，都以更可辨别的方式呈现。

这里简单介绍 Ubuntu 软件中心的使用方法。打开 Ubuntu 软件中心之后，用户可以通过关键字搜索想安装的软件包，或者通过分类浏览来选择要安装的软件包。找到要安装的软件包，这里以视频播放器应用程序 VLC 为例，单击它即可进入该软件包的详情页面，如图 1-21 所示。

此页面将给出应用程序截图和简要介绍，在其中还可以选择软件包来源，现在 Ubuntu 重点推荐的是 Snap 来源而不是传统的 APT 来源。单击其中的"安装"按钮，弹出图 1-22 所示的"需要认证"对话框，由于安装应用程序需要特权（root 特权），输入当前管理员账户的密码，单击"认证"按钮，获得授权后即开始安装应用程序。安装成功之后即可正常使用应用程序。

图1-21　要安装的软件包详情页面　　　　　　图1-22　"需要认证"对话框

通过 Ubuntu 软件中心可以查看已经安装的应用程序列表，单击窗口标题栏中的"已安装"按钮即可。此处也可以移除（卸载）应用程序。

Ubuntu 还支持应用程序自动更新。从应用程序列表中找到"软件和更新"并运行，切换到"更新"选项卡，可以设置系统更新选项，如图 1-23 所示。默认允许自动更新，如果有更新升级，会自动提醒可用的系统升级，自动打开"软件更新器"对话框，如图 1-24 所示，该对话框中会显示需要下载的软件包大小，单击"更新详情"，可以进一步查看需要更新的应用程序清单。如果需要更新，单击"立即安装"按钮即可。

图1-23　设置更新选项　　　　　　　　　图1-24　"软件更新器"对话框

1.4 Linux 命令行界面

使用命令行管理 Linux 操作系统是最基本和最重要的管理方式之一。到目前为止，很多重要的任务依然必须由命令行完成，而且对于相同的任务，由命令行来完成会比使用图形用户界面要简洁高效得多。使用命令行有两种方式，一种是在桌面环境中使用仿真终端窗口，另一种是使用文本模式登录到终端。

1.4.1 使用仿真终端窗口

可以在 Ubuntu 图形用户界面中使用仿真终端窗口（以下简称终端窗口）来执行命令行操作。该终端是一个终端仿真应用程序，提供命令行工作模式。在 Ubuntu 的 Dash 浮动面板中默认未提供终端仿真应用程序的图标，可以使用如下几种方法打开仿真终端控制台。

微课 1-5　使用
仿真终端窗口

- 使用<Ctrl>+<Alt>+<T>快捷键。这个快捷键适用于 Ubuntu 的各种版本。
- 从应用程序列表中找到"终端"程序并运行它。
- 进入活动概览视图，在搜索框中输入"终端"或"gnome-terminal"就可以搜索到"终端"程序，然后运行它。
- 右击桌面，或者在文件管理器中右击某目录，从弹出的快捷菜单中选择"在终端中打开"命令，将打开仿真终端窗口，并将当前目录切换到右击的目录。（如果右击的是桌面，则当前目录为用户主目录下"桌面"子目录，如 cxz@linuxpc1:~/桌面$。）

建议将终端仿真应用程序添加到 Dash 浮动面板中，以便今后通过快捷方式运行。终端窗口如图 1-25 所示，窗口中将显示一串命令提示符，它由 4 部分组成，具体格式如下。

当前用户名@主机名: 当前目录 命令提示符

图1-25　终端窗口

普通用户登录后，命令提示符为$；root 用户登录后，命令提示符为#。在命令提示符之后输入命令并执行即可执行相应的操作，执行的结果也显示在该窗口中。

这是一个图形用户界面的仿真终端窗口，用户可以通过相应的菜单很方便地修改终端的设置，如字符编码、字体颜色、背景颜色等。单击▤按钮弹出下拉菜单，选择"高级"命令，则可以选择几种典型的终端行列数（如 80×43、132×24）或者清除当前屏幕；选择"配置文件首选项"命令，可打开图 1-26 所示的对话框，通过丰富的选项进行更详细的设置。

可以根据需要打开多个终端窗口，还可以在已打开的终端窗口中单击▣按钮，打开多个标签页，如图 1-27 所示，每个标签页相当于一个子终端窗口。

按<F11>键可以开启终端窗口的全屏显示，再次按该键则退出全屏显示。可使用窗口操作按钮关闭终端窗口，也可在终端命令行中执行 exit 命令关闭当前终端窗口。注意，在终端窗口的命令行中不能进行用户登录和注销操作。

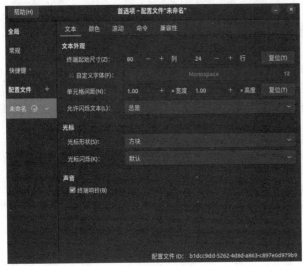

图1-26　查看和修改终端配置

图1-27　终端窗口中的标签页

1.4.2　使用文本模式

Ubuntu 桌面版启动之后直接进入图形用户界面，如果需要切换到文本模式（又称字符界面），需要登录 Linux 系统。

Linux 是一个真正的多用户操作系统，可以接受多个用户同时登录，而且允许一个用户进行多次登录，因为 Linux 与 UNIX 一样，提供了虚拟控制台（Virtual Console）的访问方式，允许用户在同一时间从不同的控制台多次登录。直接在 Linux 主机上登录称为从控制台登录，使用 Telnet、SSH 等工具通过网络登录 Linux 主机称为远程登录。在文本模式下，从控制台登录的界面称为终端（tty），又称文本控制台。

微课 1-6　使用
文本模式

在文本模式下，使用各种命令可以高效地完成管理和操作任务。

默认情况下，Ubuntu 桌面版共 6 个 tty（可以通过修改配置文件/etc/systemd/logind.conf 中的 NAutoTVs 和 ReserveTV 两个参数来调整 tty 的数量。NAutoVTs 用于指定自动启用的 tty@.service 数量，默认值6 表示 tty2~tty7；ReserveVT 用于指定不受 NAutoVTs 影响的 tty 序号）。tty1 仅是为用户提供交互登录的图形用户界面，每个用户登录之后就会占用后面一个未使用的 tty，要切换到文本控制台，也只能使用未占用的 tty。同一个用户只能登录一个图形用户界面，但是可以登录不同的文本控制台。注意，多用户登录图形用户界面时，可能会占用 tty7 以及之后的 tty。

如果没有任何用户登录图形用户界面，则按<Ctrl>+<Alt>+<F2/F3/F4/F5/F6>快捷键进入文本模式 tty（2~6）。如果有用户登录图形用户界面，则会依次占用未使用的 tty，没有其他用户登录时就是 tty2。如果再有一个用户通过图形用户界面成功登录，则会占用未使用的 tty，这样可用的文本控制台就少了一个。按<Ctrl>+<Alt>+<F7>快捷键不会返回图形用户界面，而是出现黑屏。下面演示文本模式的切换。

（1）启动 Ubuntu 桌面版，先登录图形用户界面，此时该用户占用了 tty2。

（2）按<Ctrl>+<Alt>+<F3>快捷键进入 tty3 并进行登录，如图 1-28 所示。

（3）按<Ctrl>+<Alt>+<F4>快捷键进入 tty4 并进行登录。

（4）按<Ctrl>+<Alt>+<F2>快捷键回到图形用户界面，打开终端窗口，执行 who 命令，查看当前系统上有哪些用户登录，可以发现登录的终端名称以 tty 开始，其中登录到图形用户界面的用户会在登录时间后面备注上终端名称，表示这是一个虚拟终端，如图 1-29 所示。

图1-28 文本控制台界面　　　　　　　　　图1-29 查看当前登录用户

安全起见，在文本模式下，用户输入的口令（密码）不在屏幕上显示，而且用户名和口令输入错误时只会给出一个"login incorrect"提示，不会明确地提示究竟是用户名错误还是口令错误。在文本模式下执行 logout 或 exit 命令即可注销，退出登录。

提示　　在图形用户界面的终端窗口中使用命令行操作比直接使用 Linux 文本模式要方便一些，既可打开多个终端窗口，又可借助图形用户界面来处理各种配置文件。建议初学者在桌面环境中使用终端窗口命令行，本书的操作实例是在终端窗口中完成的。

1.4.3 使用命令行关机和重启系统

通过直接关掉电源来关机是很不安全的做法。在文本模式下，用户可以使用专门的命令执行关机和重启系统操作。Ubuntu 中拥有管理员权限的用户就可以执行关机或重启命令。

执行 reboot 命令重启系统。通常执行 shutdown 命令来关机。shutdown 命令有很多选项，这里介绍常用的选项。例如，要立即关机，执行以下命令。

```
shutdown -h now
```

Linux 是多用户系统，在关机之前应通知所有登录的用户，如执行以下命令表示 10min 之后关机，并向用户给出提示。

```
shutdown +10 "System will shutdown after 10 minutes"
```

也可以使用 halt 命令关机，它实际调用的是 shutdown -h 命令。执行命令 halt 将停止所有进程，将所有内存中的缓存数据都写到磁盘上，待文件系统写操作完成之后，停止内核运行。它有一个选项-p 用于设置关闭电源，省略此选项表示仅关机而不切断电源。

还有一个关机命令 poweroff 相当于 halt –p 命令，它在关机的同时切断电源。

另外，shutdown –r 命令也可用于系统重启，其功能与 reboot 命令相同。

1.5　Shell 基础

学习 Linux 命令行操作，还要了解 Linux Shell，Shell 可以用来管理计算机的所有资源。

1.5.1　什么是 Shell

在 Linux 中，Shell 就是外壳的意思，是用户和系统交互的接口。如图 1-30 所示，它是提供用户与 Linux 内核进行交互操作的一种接口，用来接收用户输入的命令，并将其送到 Linux 内核去执行。

实际上 Shell 是一个命令解释器，拥有内置的 Shell 命令集。用户在命令提示符下输入的命令都由 Shell 先接收并进行分析，然后传给 Linux 内核执行。执行结果返回给 Shell，由它在屏幕上显示。不管命令执行结果如何，Shell 总是再次给出命令提示符，等待用户输入下一个命令。Shell 同时又是一种程序设计语言，允许用户编写由 Shell 命令组成的程序，这种程序通常称为 Shell 脚本或命令文件。

图1-30　Linux Shell 示意

总的来说，Linux Shell 主要提供以下几种功能。

* 解释用户在命令提示符下输入的命令。这是 Shell 最主要的功能。

* 提供个性化的用户环境，通常由 Shell 初始化配置文件（如.profile、.login 等）实现。

* 可用来编写 Shell 脚本，实现高级管理功能。

Shell 有多种不同版本，按照来源可以分为两大类型：一类是由贝尔实验室开发的，以 Bourne Shell（sh）为代表，与之兼容的有 Bourne Again Shell（bash）、KornShell（ksh）、Z Shell（zsh）；另一类是由美国加州大学伯克利分校开发的，以 C Shell（csh）为代表，与之兼容的有 TENEX C Shell（tcsh）。

Shell 本身是一个用 C 语言编写的程序，虽然不是 UNIX/Linux 内核的一部分，但它调用了系统核心的大部分功能来执行程序，以及建立文件并以并行方式协调各个程序的运行。因此，对于用户来说，Shell 是最重要的实用程序，是使用 UNIX/Linux 的"桥梁"，用户的大部分工作是通过 Shell 完成的。掌握 Shell，对使用 Linux 操作系统很关键。这里介绍 Shell 的基本用法，主要是与命令行使用相关的内容，Shell 编程将在第 8 章专门讲解。

1.5.2　使用 Shell

用户进入 Linux 命令行（切换到文本模式，或者在图形用户界面中打开终端）时，就已自动运行一个默认的 Shell 解释器（或称解析器）程序。用户看到 Shell 的命令提示符，在命令提示符后输入一串字符，Shell 将对这一串字符进行解释。输入的这一串字符就是命令行。

Ubuntu 默认使用的 Shell 解释器是 bash。使用以下命令查看当前使用的 Shell 解释器类型。

```
cxz@linuxpc1:~$ echo $SHELL
/bin/bash
```

bash 是 Bourne Again Shell 的缩写，是 Linux 标准的默认 Shell，其操作和使用非常方便。它基于 Bourne Shell，吸收了 C Shell 和 KornShell 的一些特性。bash 是 sh 的增强版本，完全兼容 sh，也就是说，用 sh 写的脚本可以不加修改地在 bash 中执行。

如果安装了多个 Shell 解释器，要改变当前 Shell 解释器，只需在命令行中输入 Shell 名称并按 <Enter>键即可。需要退出 Shell 解释器，执行 exit 命令即可。用户可以嵌套进入多个 Shell，然后使用 exit 命令逐个退出。

建议用户使用默认的 bash，如无特别说明，本书中的命令行操作例子都是在 bash 下执行的。bash 提供了几百个系统命令，尽管这些命令的功能不同，但它们的使用方式和规则都是统一的。

Shell 中除使用普通字符外，还可以使用特殊字符，应注意其特殊的含义和作用范围。在 Shell 中的引号有 3 种，即单引号、双引号和反引号。由单引号（'）标识的字符串视为普通字符串，包括空格、$、/、\等特殊字符。由双引号（"）标识的字符串，除$、\、单引号和双引号仍作为特殊字符并保留其特殊功能外，其他都视为普通字符。\是转义符，Shell 不会对其后面的字符进行特殊处理，要将$、\、单引号和双引号作为普通字符，在其前面加上转义符即可。由反引号（`）标识的字符串被 Shell 解释为命令行，在执行时首先执行该命令行，并以它的标准输出结果替代该命令行（反引号标识的部分，包括反引号）。

常见的其他符号有#（注释符号）、\（转义符，将特殊字符或通配符还原成一般字符）、|（分隔两个管道命令）、;（分隔多个命令）、~（用户的主目录）、$（引用变量）、&（将该符号前的命令放到后台执行），具体使用将在涉及有关功能时介绍。

1.5.3 环境变量

与 Windows 系统下需要配置环境变量一样，在 Linux 操作系统中，很多程序和脚本都通过环境变量获取系统信息、存储临时数据、进行系统配置。环境变量用来存储有关 Shell 会话和工作环境信息。例如设置 PATH 环境变量，当要求系统运行一个程序而没有提供它所在位置的完整路径时，系统除了在当前目录下面寻找此程序外，还会到 PATH 中指定的路径去寻找。Ubuntu 环境变量包括系统环境变量和用户环境变量这两种类型，前者对整个系统或所有用户都有效，是全局环境变量；后者仅对当前用户有效，是局部环境变量。

1. 查看环境变量

常用的环境变量有 PATH（可执行命令的搜索路径）、HOME（用户主目录）、LOGNAME（当前用户的登录名）、HOSTNAME（主机名）、PS1（当前命令提示符）、SHELL（用户当前使用的 Shell）等。

要引用某个环境变量，在其前面加上$。使用 echo 命令可以查看单个环境变量。例如：

```
echo $PATH
```

使用 env 命令可以查看所有环境变量。

使用 printenv 命令可以查看指定环境变量（不用加$引用）的值，例如：

```
printenv PATH
```

2. 临时设置环境变量

使用 export 命令临时设置的环境变量不会永久保存。例如：

```
export CLASS_PATH=./JAVA_HOME/lib:$JAVA_HOME/jre/lib
```

也可以通过直接赋值来添加或修改某个环境变量，此时环境变量前不用加上$，如默认历史命令记录数量为 1000，要修改它，只需在命令行中为其重新赋值。例如：

```
cxz@linuxpc1:~$ HISTSIZE=1010
cxz@linuxpc1:~$ echo $HISTSIZE
```

这些临时设置的环境变量只在当前的 Shell 环境中有效。

3. 通过配置文件设置环境变量

要使设置的环境变量永久保存，应当使用配置文件。Ubuntu 提供多种环境变量配置文件来定制环境变量。

（1）修改系统环境变量配置文件。

对于系统环境变量，可以使用配置文件/etc/environment 或/etc/profile 来设置。/etc/environment 用于设置整个系统的环境变量，与登录用户无关，适合为与用户环境无关的系统应用程序设置环境变量。而/etc/profile 用于设置所有用户的环境变量，与登录用户有关，只有用户登录的 Shell 启动时才会读取/etc/profile 中的环境变量，而非用户登录的 Shell 不会读取该文件。

在 Ubuntu（包括 Debain 系列的 Linux 发行版）系统中，当一个用户登录系统或使用 su 命令切换到另一个用户时，设置用户环境首先读取的文件就是/etc/profile。在读取/etc/profile 之后，登录系统时再读取/etc/environment 中的环境变量。修改这些文件之后，可以通过 source 命令使修改的环境变量在当前 Shell 环境下立即生效。例如：

```
source /etc/profile
source /etc/environment
```

需要注意的是，使用 source 命令后新的环境变量只能在当前的 Shell 环境下生效。要使改动的环境变量在其他 Shell 环境下生效，/etc/profile 修改后需要用户重新登录，/etc/environment 修改后则应重启系统。

不建议用户通过/etc/environment 来添加或修改环境变量，因为/etc/environment 是面向系统的，如果设置出了问题影响会很大，而/etc/profile 是面向系统用户的。

（2）修改用户环境变量配置文件。

设置用户环境变量的配置文件主要有以下3种。

~/.profile（~表示当前用户主目录）：每个用户都可使用该文件输入专用于当前用户的 Shell 环境变量。当用户登录时该文件仅执行一次。默认情况下，该文件设置一些环境变量，并执行用户的.bashrc 文件。该文件类似于/etc/profile，修改后也需要重新登录或重启系统才会生效。

~/.bashrc：该文件包含专用于当前用户的 bash 环境变量，每个用户都有一个这样的文件。当用户登录时或每次打开新的 bash 时，该文件就会被读取。修改该文件后重新打开一个 bash 即可生效。

/etc/bash.bashrc：该文件作用于每一个运行 bash 的用户。~/.bashrc 会调用/etc/bash.bashrc。当打开 bash 时，该文件就会被读取。修改该文件后任何用户打开一个新的 bash 即可生效。

总的来说，在 Ubuntu 中登录 Shell 时，各个环境变量配置文件的读取顺序为：

/etc/profile→/etc/environment→~/.profile→~/.bashrc→/etc/bash.bashrc

当每次退出 bash 时，要读取~/.bash_logout 中的设置。

修改用户环境变量配置文件之后，也需要通过 source 命令使其环境变量的变动在当前 Shell 环境下立即生效，例如：

```
source ~/.profile
source ~/.bashrc
```

如果同一个环境变量在用户环境变量配置文件和系统环境变量配置文件定义了不同的值，最终的值以用户环境变量为准。

1.6 Linux 命令行使用

Linux 命令包括内部命令和程序（相当于外部命令）。内部命令包含在 Shell 内部，而程序是存放在文件系统中某个目录下的可执行文件。Shell 首先检查命令是否是内部命令，如果不是，再检查是否是一个单独程序，然后由系统调用该命令并传给 Linux 内核，如果两者都不是就会报错。当然，就用户使用而言，没有必要关心某条命令是不是内部命令。

1.6.1 命令语法格式

用户进入命令行界面（Command Line Interface，CLI）时，可以看到一个 Shell 命令提示符（管理员为#，普通用户为$），命令提示符标识命令行的开始，用户可以在它后面输入任何命令及其选项（Option）和参数（Argument）。输入命令必须遵循一定的语法规则，命令行中输入的第 1 项必须是命令的名称，从第 2 项开始是命令的选项或参数，各项之间必须由空格或制表符隔开。具体格式如下。

命令提示符　命令名称　选项　参数

有的命令不带任何选项和参数。Linux 命令行严格区分大小写，命令名称、选项和参数都是如此。

（1）选项。选项是包括一个或多个字母的代码，前面有一个连字符"-"，主要用于改变命令执行动作的类型。例如，如果没有任何选项，ls 命令只能列出当前目录中所有文件和子目录的名称；而使用-l 选项的 ls 命令，将列出文件和子目录列表的详细信息。

使用一个命令的多个选项时，可以简化输入。例如，将命令 ls -l -a 简写为 ls -la。

对于由多个字符组成的选项（长选项格式），前面必须使用"--"，如 ls --directory。

有些选项既可使用短选项格式，又可使用长选项格式，例如 ls -a 与 ls --all 意义相同。

（2）参数。参数通常是命令的操作对象，大多数命令可使用参数。例如，不带参数的 ls 命令只能列出当前目录下的文件和子目录，而使用参数可列出指定目录或文件中的文件和子目录。例如：

```
cxz@linuxpc1:~$ ls snap
firefox  snapd-desktop-integration  snap-store
```

使用多个参数的命令必须注意参数的顺序。有的命令必须带参数。

同时带有选项和参数的命令，通常选项位于参数之前。

1.6.2 命令行基本用法

1. 编辑修改命令行

命令行实际上是一个可编辑的文本缓冲区，在按<Enter>键前，可以对输入的内容进行编辑，如删除字符、删除整行、插入字符等。这样，用户在输入命令的过程中出现错误，无须重新输入整个命令，只需利用编辑操作，即可改正错误。在命令行输入过程中，按<Ctrl>+<D>快捷键将提交一个文件结束符以结束键盘输入。

2. 调用历史命令

用户执行过的命令保存在一个命令缓存区中，称为命令历史表。默认情况下，bash 可以存储 1000 个历史命令。用户可以查看自己的历史命令，根据需要重新调用历史命令，以提高命令行使用效率。

按<↑><↓>键，便可以在命令行界面上依次显示已经执行过的各条命令，用户可以修改并执行这些命令。

如果命令非常多，可使用 history 命令列出最近用过的所有命令，其显示结果中为历史命令加上数字编号。如果要执行其中某一条命令，可输入"!编号"来执行该编号对应的历史命令。

3. 自动补全命令

bash 具有命令自动补全功能，当用户输入了命令、文件名的一部分时，按<Tab>键就可将剩余部分补全；如果不能补全，再按一次<Tab>键就可获取与已输入部分匹配的命令或文件名列表，供用户从中选择。这个功能可以减少不必要的输入错误，非常实用。

4. 一行多条命令和命令行续行

在一个命令行中可以使用多个命令，用分号";"将各个命令隔开。例如：

```
ls -l;pwd
```

也可在几个命令行中输入一个命令，用反斜杠"\"将一个命令行持续到下一行。例如：

```
ls -l -a \
```

5. 强制中断命令执行

在执行命令的过程中，可按<Ctrl>+<C>快捷键强制中断当前执行的命令或程序。例如，当屏幕上产生大量输出，或者等待时间太长，或者进入不熟悉的环境时，就可立即中断命令执行。

6. 获得联机帮助

Linux 命令非常多，许多命令有各种选项和参数，在具体使用时要善于利用相关的帮助信息。Linux 操作系统安装有联机手册（Man Page），为用户提供命令和配置文件的详细介绍，是用户的重要参考资料。使用 man 命令显示联机手册，基本用法如下：

```
man [选项] 命令名或配置文件名
```

执行该命令会显示相应的联机手册，它提供基本的交互控制功能，如翻页查看。执行命令 q 即可退出 man 命令。

对于 Linux 命令，也可使用选项 --help 来获取某命令的帮助信息，如要查看 cat 命令的帮助信息，可执行 cat --help 命令。

1.6.3 命令行输入与输出

与 DOS 类似，Shell 程序通常会自动打开 3 个标准文档：标准输入文档（stdin）、标准输出文档（stdout）和标准错误输出文档（stderr）。其中，stdin 一般对应终端键盘，stdout 和 stderr 对应终端屏幕。进程从 stdin 中获取输入内容，将执行结果信息输出到 stdout，如果有错误信息，同时输出到 stderr。大多数情况下，使用标准输入输出作为命令的输入输出，但有时可能要改变标准输入输出，这就涉及重定向和管道。

1. 输入重定向

输入重定向主要用于改变命令的输入源，让输入不要来自键盘，而来自指定文件。具体格式如下。

```
命令 < 文件名
```

例如，wc 命令用于统计指定文件包含的行数、字数和字符数，直接执行不带参数的 wc 命令，等用户输入内容之后，按<Ctrl>+<D>快捷键结束输入才会对输入的内容进行统计。而执行下列命令，可通过文件为 wc 命令提供统计源。

```
zxp@LinuxPC1:~$ wc < /etc/protocols
  64  474 2932
```

2. 输出重定向

输出重定向主要用于改变命令的输出，让标准输出不要显示在屏幕上，而写入指定文件。具体格式如下。

```
命令 > 文件名
```

例如，ls 命令可在屏幕上列出文件列表，但不能保存列表信息。要将结果保存到指定的文件，可使用输出重定向。下列命令将当前目录中的文件列表信息写到指定的文件中。

```
ls > /home/zxp/myml.lst
```

如果写入已有文件，则将该文件重写（覆盖）。要避免重写破坏原有数据，可选择追加功能，将>改为>>。下列命令将当前目录中的文件列表信息追加到指定文件的末尾。

```
ls >> /home/zhongxp/myml.lst
```

以上是对标准输出来讲的，至于标准错误输出的重定向，只需要换一种符号，将>改为 2>，将>>改为 2>>。将标准输出和标准错误输出重定向到同一文件，使用符号&>。

3. 管道

管道用于将一个命令的输出作为另一个命令的输入，使用符号"|"来连接命令。可以将多个命令依次连接起来，前一个命令的输出作为后一个命令的输入。具体格式如下。

```
命令1 | 命令2 … | 命令 n
```

在 Linux 命令行中，管道操作非常实用。例如，以下命令将 ls 命令的输出结果提供给 grep 命令进行搜索。

```
ls | grep "ab"
```

在执行输出内容较多的命令时，可以通过管道使用 more 命令进行分页显示，例如：

```
cat /etc/log/messages | more
```

4. 命令替换

命令替换与重定向有些类似，不同的是，命令替换将一个命令的输出作为另一个命令的参数，具体格式如下。

```
命令 1 '命令 2'
```

其中，命令 2 的输出作为命令 1 的参数。注意，这里的引号是反引号，被它标识的内容将作为命令执行，执行的结果作为命令 1 的参数。例如，以下命令将 pwd 命令列出的目录作为 cd 命令的参数，执行结果仍停留在当前目录下。

```
cd 'pwd'
```

1.6.4 执行 Shell 脚本

Shell 脚本是指使用 Shell 提供的语句所编写的命令文件，又称 Shell 程序。它可以包含任意从键盘输入的 Linux 命令。Shell 脚本最基本的功能就是汇集一些在命令行输入的连续指令，将它们写入脚本，然后直接执行脚本来启动一连串的命令行指令，如用脚本定义防火墙规则或者执行批处理任务。如果经常用到相同执行顺序的操作命令，可以将这些命令写成脚本，以后要进行同样的操作时，只要在命令行输入该脚本名即可。执行 Shell 脚本有多种方式，可以参见第 8 章的详细介绍。

1.7　使用文本编辑器

Linux 操作系统配置需要编辑配置文件，配置文件是一种文本文件。另外，还有源代码文件等其他文本文件需要编辑。在图形用户界面中编辑这些文件很简单，通常使用 gedit，它类似于 Windows 记事本。作为管理员，往往要在文本模式下操作，这就需要熟练掌握命令行文本编辑器。这里介绍两个主流的命令行文本编辑器 Vim 和 nano。

1.7.1　Vim 编辑器

Vi 是一个功能强大的文本模式全屏幕编辑器，也是 UNIX/Linux 平台上最通用、最基本的文本编辑器之一，Ubuntu 提供的版本为 Vim，Vim 相当于 Vi 的增强版本。掌握 Vim 对于管理员来说是必需的。普通用户要将编辑的文件保存到个人主目录之外的目录中，需要 root 特权，这时就要使用 sudo 命令，如 sudo vi。要修改一些配置文件，往往需要使用 sudo 命令。

1. Vim 操作模式

Vim 分为以下 3 种操作模式，代表不同的操作状态，熟悉这一点尤为重要。

- 命令模式（Command Mode）：输入的任何字符都作为命令（指令）来处理。
- 插入模式（Insert Mode）：输入的任何字符都作为插入的字符来处理。
- 末行模式（Last line Mode）：执行文件级或全局性操作，如保存文件、退出编辑器、设置编辑环境等。

命令模式下，可控制屏幕光标的移动、编辑行（删除、移动、复制），输入相应的命令可进入插入模式。进入插入模式的命令有以下 6 个。

- a：从当前光标位置右边开始输入下一个字符。
- A：从当前光标所在行的行尾开始输入下一个字符。
- i：从当前光标位置左边开始输入下一个字符。
- I：从当前光标所在行的行首开始输入下一个字符。

- o：从当前光标所在行新增一行并进入插入模式，光标移到新的一行行首。
- O：从当前光标所在行上方新增一行并进入插入模式，光标移到新的一行行首。

从插入模式切换到命令模式，只需按<ESC>键。

命令模式下输入"："并按<Enter>键切换到末行模式，从末行模式切换到命令模式，也只需按<ESC>键。

如果不知道当前处于哪种模式，可以直接按<ESC>键进入命令模式。

2. 打开 Vim 编辑器

在命令行中执行 Vi 命令即可进入 Vim 编辑器。Vim 编辑器如图 1-31 所示。这里没有指定文件名，将打开一个新文件，保存时需要给出一个明确的文件名。如果指定文件名，如 vi filename，将打开指定的文件。如果指定的文件名不存在，则打开一个新文件，保存时使用该文件名。

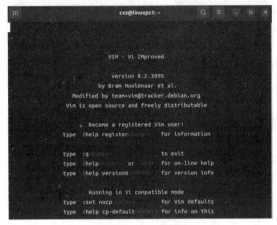

图 1-31　Vim 编辑器

3. 编辑文件

刚进入 Vim 时处于命令模式下，不要急着用<↑><↓><←><→>键移动光标，而是要执行 a、i、o 中的任一命令（用途前面有介绍）进入插入模式，正式开始编辑。

在插入模式下，只能进行基本的字符编辑操作，可使用键盘按键（非 Vim 命令）输入、删除、退格、插入、替换、移动光标、翻页等。

其他一些编辑操作，如整行操作、区块操作等，需要按<ESC>键回到命令模式中进行。实际应用中，插入模式与命令模式之间的切换非常频繁。下面列出常见的 Vim 编辑命令。

（1）移动光标。可以直接用键盘上的<↑><↓><←><→>键来上下左右移动，但正规的 Vim 用法是用小写英文字母 h、j、k、l，分别控制光标左、下、上、右移一格。其他常用的光标操作如下：

- 按<Ctrl>+<b>快捷键上翻一页，按<Ctrl>+<f>快捷键下翻一页；
- 按<0>键光标移到所在行行首，按<$>键光标移到所在行行尾，按<w>键光标跳到下个单词开头；
- 按<gg>（两个键名连写表示连按键，下同）键移到文件第一行，按<G>键移到文件最后一行，按<ng>键（n 为数字，下同），移到文件第 n 行。

（2）删除。

- 字符删除：按<x>键向后删除一个字符；按<nx>键，向后删除 n 个字符；按<X>键向前删除一个字符；按<nX>键，向前删除 n 个字符。
- 行删除：按<dd>键删除光标所在行；按<ndd>键，从光标所在行开始向下删除 n 行。

（3）复制。

- 字符复制：按<y>键复制光标所在字符，按<yw>键，复制光标所在处到单词末尾的字符。
- 行复制：按<yy>键复制光标所在行；按<nyy>键，复制从光标所在行开始往下的 n 行。

（4）粘贴。删除和复制的内容都将放到内存缓冲区。使用 p 命令将缓冲区内的内容粘贴到光标所在位置。

（5）查找字符串。

- /字符串：按</>键，输入要查找的字符串，按<Enter>键向下查找字符串。
- ?字符串：按<?>键，输入要查找的字符串，按<Enter>键向上查找字符串。

（6）撤销或重复操作。如果误操作一个命令，按<u>键撤销本次操作。按<.>键可以重复执行上一次操作。

4. 保存文件和退出 Vim

保存文件和退出 Vim 要进入末行模式才能操作。

- :w filename：将文件存入文件名为 filename 的文件中。
- :wq：将文件以当前文件名保存并退出 Vim 编辑器。
- :w：将文件以当前文件名保存并继续编辑。
- :q：退出 Vim 编辑器。
- :q!：不保存文件，强行退出 Vim 编辑器。
- qw：保存文件并退出 Vim 编辑器。

5. 其他全局性操作

在末行模式下还可执行以下操作。

- 列出行号：输入 set nu，按<Enter>键，在文件的每一行前面都会列出行号。
- 跳到某一行：输入数字，按<Enter>键，就会跳到该数字指定的行。
- 替换字符串：输入"范围/字符串 1/字符串 2/g"，将文件中指定范围字符串 1 替换为字符串 2，g 表示替换不必确认；如果 g 改为 c，则在替换过程中需要确认是否替换。范围使用"m,n s"的形式表示从 m 行到 n 行；对于整个文件，则可表示为"1,$s"。

6. 多文件操作

要将某个文件内容复制到另一个文件中当前光标处，可在末行模式下执行命令: r filename。Filename 表示的文件内容将复制进来。要同时打开多个文件，启动时加上多个文件名作为参数，如 vi filename1 filename2。打开多个文件之后，在末行模式下可以执行命令:next 和:previous 在文件之间切换。

1.7.2　nano 编辑器

nano 编辑器是一个字符终端的文本编辑器，比 Vi/Vim 编辑器要简单得多，比较适合 Linux 初学者使用。执行 nano 命令打开文本文件之后即可直接编辑。与使用 Vim 编辑器一样，普通用户要编辑位于个人主目录之外的文件需要 root 授权，即使用 sudo 命令。例如，这里执行 sudo nano /etc/hosts 命令来编辑 hosts 文件（设置主机 IP 地址与主机名的映射），如图 1-32 所示。

快捷键中的^表示<Ctrl>键，如^O 表示<Ctrl>+<O>快捷键；M-表示<Alt>键，如 M-U 表示<Alt>+<U>快捷键。

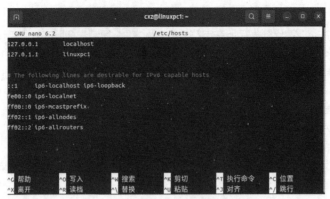

图1-32　nano 编辑器

　提 示　　nano 编辑器采用的是一种特殊的终端用户界面（Terminal User Interface，TUI）。TUI 又被称为文本用户界面（Text-based User Interface），在 TUI 中显示的是文本，其中的所谓图形也是通过文本字符实现的。TUI 在终端中提供了一种非常基本的图形交互方式，拥有更佳的视觉效果，用户可以使用鼠标和键盘与应用程序进行交互。TUI 应用程序实质上仍然是命令行界面应用程序。

1.8　习题

1. 什么是 GNU GPL？它对 Linux 有何影响？
2. 简述 Linux 的体系结构。
3. 简述 Linux 内核版本与发行版。
4. 简述 Ubuntu 与 Debian 的关系。
5. 活动概览视图有什么作用？
6. 为什么要学习命令行？
7. 什么是 Shell，它有什么作用？
8. 环境变量分为哪两种类型？如何设置环境变量？
9. 简述命令行命令语法格式。
10. 管道有什么作用？
11. 安装 Ubuntu 桌面版。
12. 熟悉 Ubuntu 桌面环境的基本操作。
13. 切换到 Linux 文本模式，在虚拟控制台中登录，然后切换回图形用户界面。
14. 打开终端窗口，练习命令行的基本操作。
15. 使用 Vim 编辑器编辑一个文本文件，熟悉其基本的编辑方法。

第2章
用户与组管理

02

作为一种多用户操作系统，Ubuntu 支持多个用户同时登录系统，并能响应每个用户的需求，用户的身份决定了其资源访问权限。用户账户（Account）用于用户身份验证、授权资源访问、审核用户操作。可以对用户进一步分组以简化管理工作。用户与组管理是一项重要的系统管理工作，本章将向读者详细介绍如何创建和管理用户账户与组账户。在 Ubuntu 中可通过命令行工具来创建和管理用户与组，也可使用图形用户界面工具来完成相应工作。用户与组管理涉及信息安全，我们应贯彻总体国家安全观，遵守各项安全保密规定。

学习目标

(1) 熟悉 Linux 用户与组账户及其类型，了解用户与组配置文件。

(2) 理解 Ubuntu 的超级用户权限，掌握管理员账户获得 root 特权的方法。

(3) 熟练使用图形用户界面工具管理和操作用户与组账户。

(4) 熟练使用命令行工具管理和操作用户与组账户。

2.1 用户与组概述

Ubuntu 是一个多用户、多任务的分时操作系统，任何一个用户要获得系统的使用权，都必须拥有一个用户账户。用户账户代表登录和使用系统的身份。用户可以是一个或多个组的成员。

2.1.1 Linux 用户账户及其类型

在操作系统中，每个用户对应一个账户。用户账户是用户的身份标识（相当于通行证），通过账户用户可登录某台计算机，访问已经被授权访问的资源。每个用户账户都可以有自己的主目录（Home Directory，又译为"家目录"）。主目录或称主文件夹，是用户登录后首次进入的目录。Linux 通常将用户账户分为以下 3 种类型。

1. 超级用户

超级用户（Super User）就是根账户 root，可以执行所有任务，可以在系统中不受限制地执行任何操作。root 账户具有最高的系统权限，它类似于 Windows 中的管理员账户，但是比 Windows 中的管理员账户的权限更高，一般情况下不要直接使用 root 账户。

2. 系统用户

系统用户（System User）是系统本身或应用程序使用的专门账户。其中，供服务使用的又称服务账户。它并没有特别的权限，通常又分为两种，一种是由 Linux 安装时自行建立的系统用户，另一种是用户自定义的系统用户。Windows 中用于服务的特殊内置账户 Local System（本地系统）、Local Service（本地服务）、Network Service（网络服务）等与 Linux 用户有些相似。

3. 普通用户

普通用户（Regular User）又称常规用户，一般指实际用户。此类用户登录 Linux 后，不执行管理任务，主要使用文字处理、收发电子邮件等日常应用。

Linux 使用用户 ID（User ID，UID）作为用户账户的唯一标识。在 Ubuntu 中，root 账户的 UID 为 0；系统用户的 UID 范围为 1~999；普通用户的 UID 默认从 1000 开始顺序编号（早期的 Linux 发行版很多是从 500 开始编号的）。注意，nobody 是系统预置特殊账号，其 UID 为 65534，其权限非常低，一般用于实现来宾账户，其目的是让任何人都能登录 Linux。nobody 就是一个普通用户，没有特权，但也有人将其归入系统用户。

2.1.2　Ubuntu 的超级用户权限与管理员

1. Ubuntu 的超级用户权限解决方案

作为 Linux 的发行版，Ubuntu 与 Linux 一样，系统中具有最高权限的 root 账户可以对系统做任何事情，这对系统安全性来说可能是一种严重威胁。大多数 Linux 发行版安装完毕都会要求设置两个用户账户的密码，一个是 root 账户，另一个是用于登录系统的普通用户，并且允许 root 账户直接登录系统，这样 root 账户的任何误操作都有可能带来灾难性后果。

然而，许多系统的配置和管理操作需要 root 特权，如安装软件、添加或删除用户与组、添加或删除硬件和设备、启动或禁止网络服务、执行某些系统调用、关闭和重启系统等，为此 Linux 提供了特殊机制，让普通用户可以临时具备 root 特权。一种方法是用户执行 su 命令（不带任何参数）将自己提升为 root 特权（需要提供 root 密码），另一种方法是使用命令行工具 sudo 临时使用 root 身份执行程序，执行完毕后自动返回普通用户状态。

2. Ubuntu 管理员

Ubuntu（包括其父版本 Debian）默认禁用 root 账户，在安装过程中不提供 root 账户设置，而只设置一个普通用户，并且让系统安装时创建的第一个用户自动成为 Ubuntu 管理员，这是 Ubuntu 的一大特色。

电子活页 2-1　启用 root 账户

Ubuntu 将普通用户进一步分为两种类型：标准用户和管理员。Ubuntu 管理员是指具有管理权限的普通用户，有权删除用户、安装软件和驱动程序、修改日期和时间，或者进行一些可能导致计算机不稳定的操作。标准用户不能进行这些操作，只能修改自己的个人设置。

Ubuntu 管理员主要执行系统配置管理任务，但不能等同于 Windows 管理员，其权限比标准用户高，比超级管理员则要低很多。工作中需要超级用户权限时，管理员可以通过 sudo 命令获得超级用户的所有权限。

2.1.3　使用 sudo 命令

微课 2-1　使用 sudo 命令

Ubuntu 默认禁用 root 账户，所有需要 root 特权的操作都可用 sudo 命令来代替。通常情况下，在 Ubuntu 中，用户看到的是普通用户命令提示符$，当需要执行 root 特权的命令（会给出相应提示）时，需要在命令前加 sudo，根据提示输入正确的密码后，Ubuntu 将会执行该条命令，该用户就好像是超级用户一样。sudo 命令用于切换用户身份执行命令，具体格式如下。

```
sudo [选项] <命令> ...
```

它允许当前用户以 root 或其他普通用户的身份来执行命令，使用选项-u 指定用户要切换的身份，默认为 root 身份。在/etc/sudoers 配置文件中指定 sudo 用户及其可执行的特权命令，默认情况下，root 用户可以在任何主机上以任何用户身份执行任何命令，管理员（属于 sudo 组）可以执行 sudo 命令。Ubuntu 安装时创建的第一个用户会自动加入 sudo 组。直接执行某些命令可能会提示需要 root 特权，例如：

```
cxz@linuxpc1:~$ cat /etc/sudoers
cat: /etc/sudoers: 权限不够
```

通常，直接使用 sudo 命令加上要执行的命令的格式，如查看/etc/sudoers 配置文件内容时，就需要 root 特权，可执行以下命令，根据提示输入当前用户的登录密码即可（部分注释已译为中文）。

```
cxz@linuxpc1:~$ sudo cat /etc/sudoers
[sudo] cxz 的密码:                    #此处输入 cxz 用户的密码
# 此文件必须以 root 身份使用 visudo 命令进行编辑
# 建议在/etc/sudoers.d/文件增加定义而不是直接修改此文件
Defaults env_reset
Defaults mail_badpass
Defaults secure_path="/usr/local/sbin:/usr/local/bin:/usr/sbin:
/usr/bin:/sbin:/bin:/snap/bin"
# 此处可以包括主机别名定义、用户别名定义、命令别名定义
# 以下为用户特权定义
root ALL=(ALL:ALL) ALL
# admin 组成员可以获得 root 特权
%admin ALL=(ALL) ALL
#允许 sudo 组成员执行任何命令
%sudo    ALL=(ALL:ALL) ALL
#includedir /etc/sudoers.d
```

分析/etc/sudoers 配置文件内容可知，必须以 root 身份使用 visudo 命令来修改该文件，即执行以下命令打开该配置文件进行编辑。

```
sudo visudo
```

该文件的主要功能是定义用户特权。用户特权定义的具体格式如下。

```
用户 登录的主机=(可以变换的身份) 可以执行的命令
```

第 1 项表示拥有特权的用户账户，当其为组账户时，前面加上符号"%"。第 2 项表示在何处执行特权操作，可以使用 ALL 表示所有计算机。第 3 项表示使用 sudo 命令可以变换到什么身份，可以使用"用户:组"的格式表示，ALL 表示所有用户或组。第 4 项表示能够执行特权操作的命令，ALL 表示任何命令，命令部分可以附带一些其他选项，如 NOPASSWD: ALL 表示执行任何命令都不需要密码。

普通用户要使用 sudo 命令，要么加入 sudo 组，要么在 sudo 配置文件中加入许可。例如，打开"设置"窗口，使用内置的用户账户管理创建一个名为 zhong 的普通用户并为其设置密码。然后切换到该用户登录系统，打开终端窗口执行以下命令。

```
zhong@linuxpc1:~$ sudo halt
[sudo] zhong 的密码:
zhong 不在 sudoers 文件中。此事将被报告。
```

用户 zhong 不是管理员，未加入 sudo 组，所以不能执行 sudo 命令。

在 Ubuntu 中还可以通过执行 sudo -i 命令暂时切换到 root 身份登录。根据提示输入用户密码后变更为 root 登录，可以看到超级用户命令提示符#，当执行完相关的命令后，执行 exit 命令回到普通用户状态（命令提示符变为$）。整个过程示范如下。

```
cxz@linuxpc1:~$ sudo -i
[sudo] cxz 的密码:
root@LinuxPC1:~#                              #此时执行需要最高权限的命令
root@LinuxPC1:~# exit
注销
cxz@linuxpc1:~$
```

Ubuntu 的 sudo 命令的超时时间默认为 5min。也就是说，执行 sudo 时用户输入密码进行认证之后，5min 内再次执行 sudo 命令不用进行认证。如果要改变这个超时设置，执行 sudo visudo 命令，打开 /etc/sudoers 配置文件，找到 "Defaults env_reset" 行，在该语句后面加入 ",timestamp_timeout=x"，x 为超时时间的分钟数，例如 Defaults env_reset, timestamp_timeout=10。另外，可将该值设置为-1，这样在注销或退出终端之前系统都会记住 sudo 密码。要强制取消免密码，可执行 sudo -k 命令结束密码的有效期限，或者执行 sudo -K 命令彻底删除相应的时间戳，这样就又要求执行 sudo 命令输入密码。

提 示 Ubuntu 安装过程中创建的第一个用户会自动作为管理员，在命令行中需要具备 root 特权时，可以使用 sudo 命令。在图形用户界面中执行系统管理任务时，往往也需要 root 特权，一般会弹出认证对话框，要求输入当前管理员账户的密码，认证通过后才能执行相应任务。有的图形用户界面软件会提供锁定功能，执行需要 root 特权的任务时先要通过用户认证来解锁。

2.1.4 使用 su 命令

使用 su 命令临时改变用户身份，可让一个普通用户切换为超级用户或其他用户，并可使其临时拥有所切换用户的权限，切换时需输入用户的密码；也可从超级用户切换为普通用户，临时以低权限身份处理事务，切换时无须输入目标用户的密码。具体格式如下。

微课 2-2 使用
su 命令

```
su [选项] [用户名]
```

在大多数 Linux 版本中，使用不带任何参数的 su 命令会使用户获得 root 特权，前提是需要提供 root 密码。由于 Ubuntu 限制严格，默认不提供 root 密码，也就不能直接使用 su 命令获得 root 特权，而必须使用 sudo 命令来获得 root 特权。要临时变成 root 身份，可以执行 sudo su root 命令，前提是当前用户具备 sudo 命令权限（当前用户属于 sudo 组即可），此时需要输入当前用户的密码。root 用户切换到任何用户身份都无须提供密码，而普通用户切换为其他普通用户身份，需要输入目标用户的密码。下面通过示例进行验证。

```
cxz@linuxpc1:~$ sudo su root
[sudo] cxz 的密码:
root@linuxpc1:/home/cxz# exit
exit                             # 执行 exit 命令退出当前用户身份，返回原用户身份
cxz@linuxpc1:~$ sudo su root       # 再次切换到 root 身份
root@linuxpc1:/home/cxz# su zhong #有 root 特权，可使用 su 命令切换回其他用户身份且无须密码
zhong@linuxpc1:/home/cxz$ su cxz
密码:                             # zhong 为普通用户身份，需输入 cxz 的密码进行身份切换
cxz@linuxpc1:~$ su zhong
密码:                             # cxz 为普通用户身份，需输入 zhong 的密码进行身份切换
zhong@linuxpc1:/home/cxz$exit
exit
cxz@linuxpc1:~$
```

2.1.5 组账户及其类型

组是一类特殊账户，是指具有相同或者相似特性的用户集合，又称用户组，也有称为"组群"或"群

组"的。将权限赋予某个组，组中的成员用户即自动获得这种权限。如果一个用户属于某个组，该用户就具有在该组执行各种任务的权利和能力。可以向一组用户而不是每一个用户分配权限。

用户与组属于多对多的关系。一个组可以包含多个不同的用户。一个用户可以同时属于多个组，其中某个组为该用户的主要组（Primary Group），其他组为该用户的次要组。主要组又称初始组（Initial Group），实际上是用户的默认组（也是私有组），当用户登录系统之后，立刻就拥有该组的相关权限。在 Ubuntu 中创建用户账户时，会自动创建一个同名的组作为该用户的主要组（默认组）。

与用户账户类似，组账户分为超级用户组（Superuser Group）、系统组（System Group）和普通用户组。Linux 也使用组 ID（Group ID，GID）作为组账户的唯一标识。超级组名为 root，其 GID 为 0，只是不像 root 用户一样具有超级权限。系统组由 Linux 操作系统本身或应用程序使用，GID 范围为 1~999。普通用户组由管理员创建，在 Ubuntu 中 GID 默认从 1000 开始。

2.1.6　用户与组配置文件

在 Linux 中，用户账户、用户密码、组信息均存放在不同的配置文件中。无论是使用图形用户界面工具还是使用命令行工具来创建和管理用户账户和组账户，都会将相应的信息保存到配置文件中，这两种工具之间没有本质的区别，主要是操作界面不同。

1. 用户配置文件

Linux 用户账户及其相关信息（除密码之外）均存放在/etc/passwd 配置文件中。由于所有用户对该文件均有读取的权限，因此密码信息并未保存在该文件中，而是保存在/etc/shadow 文件中。

（1）用户账户配置文件/etc/passwd。该文件是文本文件，可以直接查看。这里从该文件中提出部分记录进行分析。

```
cxz@linuxpc1:~$ cat /etc/passwd
root:x:0:0:root:/root:/bin/bash
daemon:x:1:1:daemon:/usr/sbin:/usr/sbin/nologin
bin:x:2:2:bin:/bin:/usr/sbin/nologin
# 此处省略
cxz:x:1000:1000:cxz,,,:/home/cxz:/bin/bash
zhong:x:1001:1001:zhong,,,:/home/zhong:/bin/bash
```

除了使用文本编辑器查看之外，还可以使用 cat 等文本文件显示命令在控制台或终端窗口中查看。如果需要从中查找特定的信息，可结合管道操作使用 grep 命令来实现。

该文件中一行定义一个用户账户，每行均由 7 个字段构成，各字段值之间用冒号分隔，每个字段均标识该账户某方面的信息。具体格式如下。

账户名:密码:UID:GID:注释:主目录:Shell

各字段说明如下。

- 账户名是用户名，又称登录名，最长不超过 32 个字符，可使用下画线和连字符。
- 密码使用×表示，因为/etc/passwd 文件不保存密码信息。
- UID 表示用户账户的编号。
- GID 用于标识用户所属的主要组。
- 注释可以是用户全名或其他说明信息（如电话号码等）。
- 主目录是用户登录后首次进入的目录，这里必须使用绝对路径。
- Shell 是用户登录后所使用的一个命令行界面。Ubuntu 默认使用的是/bin/bash，如果该字段的值为空，则表示使用/bin/bash。如果要禁止用户账户登录 Linux，只需将该字段设置为/shin/nologin 即可。例如，对于系统账户 ftp 来说，一般只允许它登录和访问文件传送协议（File Transfer Protocol，FTP）服务器，不允许它登录 Linux 操作系统。

如果要临时禁用某个账户，可以在/etc/passwd文件中的该账户记录行前加上星号（*）。

（2）用户密码配置文件/etc/shadow。安全起见，用户真实的密码采用MD5加密算法加密后，保存在/etc/shadow配置文件中，该文件需要用户具有root特权才能修改，shadow组成员可以读取，其他用户被禁止访问该文件。可以使用sudo cat /etc/shadow命令直接查看，这里从该文件中挑出几行进行分析。

```
root:!:19397:0:99999:7:::
daemon:*:19213:0:99999:7:::
cxz:$y$j9T$/I86j67JUXr6jl3sFgebq/$gDErTdUom3xUU6sIljkeLHJk5u1mAn3NDjp.gxYEv98:19397:0:99999:7:::
zhong:$y$j9T$UTnFcev/ja9cmkvVZ44s20$SueYByf.bso28LSx8bQZa/C9Pt7QLrzyoAySN/.1hp1:19405:0:99999:7:::
```

/etc/shadow配置文件也是每行定义和保存一个账户的相关信息。每行均由9个字段构成，各字段值之间用冒号分隔。具体格式如下。

账户名:密码:最近一次修改:最短有效期:最长有效期:过期前警告期:过期日期:禁用:保留用于未来扩展

第2个字段存储的是加密后的用户密码。该字段值如果为空，表示没有密码；如果为!!，则表示密码已被禁用（锁定）。第3个字段用于记录最近一次修改密码的日期，这是相对日期格式，即从1970年1月1日到修改日期的天数。第7个字段记录的密码过期日期也是这种格式，如果值为空，则表示永不过期。第4个字段表示密码在多少天内不允许修改，0表示随时修改。第5个字段表示多少天后必须修改密码。第6个字段表示密码过期之前多少天开始发出警告信息。

2. 组配置文件

组账户的基本信息存放在/etc/group配置文件中，而关于组管理的信息（组密码、组管理员等）则存放在/etc/gshadow文件中。

（1）组账户配置文件/etc/group。该文件是文本文件，可以直接查看。这里从该文件中挑出几行进行分析。

```
root:x:0:
daemon:x:1:
cxz:x:1000:
sambashare:x:135:cxz
zhong:x:1001:
```

每个组账户在/etc/group配置文件中占用一行，并且用冒号分为4个字段，具体格式如下。

组名:组密码:GID:组成员列表

在该文件中，用户的主要组不会将该用户作为成员列出，只有用户的次要组才会将其作为成员列出。例如，zhong的主要组是zhong，但zhong组的成员列表中并没有该用户。

（2）组账户密码配置文件/etc/gshadow。该文件用于存放组的加密密码。每个组账户在/etc/gshadow配置文件中占用一行，并且用冒号分为4个字段，具体格式如下。

组名:加密后的组密码:组管理员:组成员列表

2.2 使用图形用户界面工具管理用户与组

为便于直观地管理用户与组，Ubuntu提供了相应的图形用户界面工具。

2.2.1 创建和管理用户账户

1. 使用"用户账户"管理工具

Ubuntu内置一个名为"用户账户"的管理工具，该工具能够创建用户、设置密码和删除用户。下面示范新建用户账户的步骤。

微课2-3 使用"用户和组"管理工具

（1）打开"设置"窗口，单击"用户"，打开图2-1所示的界面，其中会列出当前已有的用户账户。

（2）由于涉及系统管理，需要root特权，更改设置功能默认处于锁定状态，单击"解锁"按钮，弹出"需要认证"对话框，输入当前登录用户的密码，单击"认证"按钮。

（3）单击右上角的"添加用户"按钮，弹出图2-2所示的对话框，选择账号类型，设置要添加用户的全名和用户名（账户名称）。

创建Ubuntu用户可以选择账号类型：标准和管理员。输入用户全名时，系统将根据全名自动选择用户名。可以保留自动生成的用户名，也可以根据需要修改用户名。

图2-1　用户账户管理界面

图2-2　添加用户

（4）完成用户设置后，单击"添加"按钮。新创建的用户账户如图2-3所示。

（5）单击"密码"右侧的"下次登录时设置"按钮，弹出图2-4所示的对话框，默认没有设置密码，需要在下次登录时设置。如果选择"现在设置密码"，则可以马上设置或修改密码。设置完毕后关闭该对话框。

图2-3　新创建的用户账户

图2-4　更改账户密码

提示　　我们应贯彻总体国家安全观，增强密码安全意识，遵守《中华人民共和国密码法》的规定，规范密码应用和管理，保障网络与信息安全，维护国家安全和社会公共利益，保护公民、法人和其他组织的合法权益，为推进国家安全体系和能力现代化贡献力量。

（6）设置用户自动登录，只需设置相应的开关即可。

对于已有的用户账户，可以查看用户的账户类型、登录历史和上次登录时间等，还可以设置登录选项（密码登录和自动登录）。管理员账户可以删除现有的用户账户，从账户列表中选择要删除的用户，单击用户账户管理界面右下角的"移除用户"按钮，弹出提示对话框，可以选择是否同时删除该账户的主目录、电子邮件目录和临时文件等。

2. 使用"用户和组"管理工具

Ubuntu 内置的"用户账户"管理工具仅支持创建或删除账户以及设置密码，不支持组管理，也不支持用户权限设置。可以安装图形化系统管理工具 gnome-system-tools 来解决这些问题。安装具体方法是在命令行中执行以下命令：

```
sudo apt install gnome-system-tools
```

安装好该工具后，单击 Dash 浮动面板底部的"网格"按钮▦，显示应用程序概览视图，选择"用户和组"程序（或者搜索"用户和组"管理工具）并运行。该管理工具界面如图 2-5 所示。添加或删除用户就不再介绍了，这里主要介绍一下用户的设置。

例如，在该界面左侧列表中选择要设置的用户账户，右侧会显示其基本信息。单击"账户类型"右侧的"更改"按钮（首次使用将要求用户认证），打开图 2-6 所示的对话框，设置账户类型。默认类型为"自定义"，可以更改为"管理员"或"桌面用户"（相当于前面提到的标准用户）。

图 2-5 "用户和组"管理工具

图 2-6 更改用户账户类型

还可以对用户账户进行高级设置。在图 2-5 所示界面左侧列表中选择要设置的用户账户，单击"高级设置"按钮，打开相应的对话框，切换到"用户权限"选项卡，如图 2-7 所示，可以设置用户权限。切换到"高级"选项卡，如图 2-8 所示，可以设置用户的高级选项，包括主目录、默认使用的 Shell、所属主组（默认组或主要组）以及用户 ID，还可以禁用账户。

图 2-7 设置用户权限

图 2-8 设置用户高级选项

2.2.2 创建和管理组账户

Ubuntu 内置的"用户账户"管理工具不支持组账户管理，可以考虑改用"用户和组"管理工具。打开"用户和组"管理工具（见图 2-5），单击"管理组"按钮，打开图 2-9 所示的对话框，会显示现有的组账户（其中很多是内置的系统组），可以添加、删除组，或者设置组的属性。添加或删除组需要超级管理员权限（管理员需要经过用户认证）。

添加组账户的对话框如图 2-10 所示，需要设置组名和组 ID，根据需要选择组成员。图 2-10 所示是在组中添加用户作为组成员。组属性设置界面与添加组账户界面类似，用于修改组的基本设置（组名和组 ID）、添加组成员。

图 2-9　设置组账户

图 2-10　添加组账户

Ubuntu 安装过程中创建的第一个用户账户为管理员。除了属于以它自己命名的主要组外，它还属于 adm、cdrom、sudo、dip、plugdev、lpadmin、sambashare 等系统组。

2.3　使用命令行工具管理用户与组

命令行工具是 Linux 工业标准。Ubuntu 提供了若干命令行工具，用于管理用户与组。不过，添加、修改或删除用户与组账户，需要超级管理员权限。

2.3.1　管理用户账户

1. 查看用户账户

Linux 没有提供直接查看用户账户的命令，可以通过查看用户配置文件/etc/passwd 来解决。该文件包括所有的用户，如果要查看特定用户，可以用文本编辑器打开该配置文件后进行搜索；也可以在命令行中执行文件显示命令，并通过管道操作使用 grep 命令来查找，例如：

```
cxz@linuxpc1:~$ cat /etc/passwd | grep zhong
zhong:x:1001:1001:zhong,,,:/home/zhong:/bin/bash
```

这将列出用户的所有信息，如果只需查看全部用户列表，可以考虑使用文本分析工具 awk。例如执行以下命令会列出所有的用户名。

```
awk -F':' '{ print $1}' /etc/passwd
```

2. 添加用户账户

在 Ubuntu 中添加用户可使用 Linux 通用命令 useradd，具体格式如下。

```
useradd [选项] <用户名>
```

该命令的选项较多，例如-d 用于指定用户主目录；-m 表示创建用户主目录-g 用于指定该用户所属主要组（组名或 GID 均可）；-G 用于指定用户所属其他组列表，各组之间用逗号分隔；-r 用于指定创建一个系统账户，创建系统账户时不会创建主目录，其 UID 也会有限制；-s 用于指定用户登录时所使用的 Shell，默认为/bin/sh；-u 用于指定新用户的 UID。

如果没有指定上述选项，系统则根据 etc/default/useradd 配置文件中的定义为新建用户账户提供默认值。Linux 还利用/etc/skel 目录作为模板为新用户初始化主目录。/etc/skel 目录一般存放用户主目录结构和启动文件，这个目录由 root 特权控制，当管理员添加用户时，/etc/skel 目录下的文件和目录会自动复制到新添加的用户的主目录下。/etc/skel 目录下的文件都是隐藏文件，也就是类似.file 格式的文件。可通过修改、添加、删除/etc/skel 目录下的文件，来为用户提供一个统一的、标准的、默认的用户环境。另一个配置文件/etc/login.defs 也影响用户的创建，用于设置用户系统登录和密码策略的默认值，控制用户登录、密码过期、密码强度要求等行为。

下面是一个创建用户账户的简单例子。在创建一个名为 tester 的用户账户的同时，创建并指定主目录 home/tester，创建私有用户组（即主要组）tester，将登录 Shell 指定为/bin/bash，自动赋值一个 UID。

```
cxz@linuxpc1:~$ sudo useradd -m tester  -s /bin/bash
[sudo] cxz 的密码:
cxz@linuxpc1:~$ cat /etc/passwd | grep tester
tester:x:1003:1004::/home/tester:/bin/bash
```

默认情况下，创建用户账户的同时也会创建一个与用户名同名的组账户，该组作为用户的主要组（默认组）。

该命令支持的选项较多，其中常用的如下。

```
useradd [-g 默认组] [-b 默认主目录] [-f 账户过期禁用] [-e 过期日期] [-s 默认 Shell]
```

需要注意的是，使用 useradd 命令时可以通过选项-p 为用户账户提供密码，但是该密码不是用户登录所使用的密码，而是对该密码加密之后所生成的密文。

执行 useradd 命令时加上选项-D 可以显示或更改默认的 useradd 配置，也就是 etc/default/useradd 文件中的设置参数。下面的例子用于显示默认的 useradd 配置。

```
zxp@linuxpc1:~$ useradd -D
GROUP=100                    #默认的用户组
HOME=/home                   #把用户的主目录建在/home 中
INACTIVE=-1                  #是否启用账户过期禁用（对应/etc/shadow 的"禁用"字段），-1 表示不启用
EXPIRE=                      #账户终止日期（对应/etc/shadow 的"过期日期"字段），不设置表示不启用
SHELL=/bin/sh                #所用 Shell 类型，注意默认的 Shell 为 sh
SKEL=/etc/skel               #新建用户目录的模板存放位置
CREATE_MAIL_SPOOL=no         #是否创建电子邮箱
```

这些参数决定了添加用户时的默认设置。选项-D 也可以通过指定其他选项值来修改默认的 useradd 配置。

Ubuntu 还特别提供一个 adduser 命令用于创建用户账户，其选项使用长格式。添加一个普通用户（非管理员）的格式如下。

```
adduser [--home 用户主文件夹] [--shell SHELL] [--no-create-home（无主文件夹）] [--uid
UID] [--firstuid ID] [--lastuid ID] [--gecos GECOS] [--ingroup 用户组 | --gid GID]
[--disabled-password（禁用密码）] [--disabled-login（禁止登录）] [--encrypt-home] 用户名
```

该命令执行过程中可提供交互对话，便于用户按照提示设置必要的用户账户信息，这样可以不带选项就设置密码等。

```
cxz@linuxpc1:~$ sudo adduser xiaoliu
[sudo] cxz 的密码:
正在添加用户"xiaoliu"...
正在添加新组"xiaoliu" (1005)...
```

```
正在添加新用户"xiaoliu" (1004) 到组"xiaoliu"...
创建主目录"/home/xiaoliu"...
正在从"/etc/skel"复制文件...
新的 密码：
重新输入新的 密码：
passwd: 已成功更新密码
正在改变 xiaoliu 的用户信息
请输入新值，或直接按<Enter>键以使用默认值
# 此处省略
```

添加一个管理员的具体格式如下。

```
adduser --system [--home 用户主文件夹] [--shell SHELL] [--no-create-home （无主文件夹）]
[--uid UID] [--gecos GECOS] [--group | --ingroup 用户组 | --gid GID] [--disabled-password
（禁用密码）] [--disabled-login （禁止登录）] 用户名
```

3. 管理用户账户密码

创建用户时如果没有设置密码，账户将处于锁定状态，此时用户账户将无法登录系统。可到
/etc/shadow 文件中查看，密码部分为！。例如：

```
cxz@linuxpc1:~$ sudo cat /etc/shadow | grep tester
tester:!:19405:0:99999:7:::
```

可使用 passwd 命令为用户设置密码，具体格式如下。

```
passwd [选项] [用户名]
```

普通用户只能修改自己账户的密码或查看密码状态。如果不提供用户名，则表示是当前登录的用户。
只有拥有 root 特权才有权管理其他用户的账户密码。

下面讲解其主要用法。

（1）设置账户密码。设置密码后，原密码将自动被覆盖。接上例，为新建用户 tester 设置密码：

```
cxz@linuxpc1:~$ sudo passwd tester
新的 密码：
重新输入新的 密码：
passwd: 已成功更新密码
```

用户登录密码设置后，就可使用它登录系统了。切换到虚拟控制台，尝试利用新账户登录，以检验
能否登录。

（2）账户密码锁定与解锁。使用带-l 选项的 passwd 命令可锁定账户密码，具体格式如下。

```
passwd -l 用户名
```

密码一经锁定将导致该账户无法登录系统。使用带-u 选项的 passwd 命令可解除锁定。

（3）查询密码状态。使用带-S 选项的 passwd 命令可查看某账户的当前状态。

（4）删除账户密码。使用带-d 选项的 passwd 命令可删除密码。账户密码删除后，将不能登录系
统，除非重新设置。

4. 修改用户账户

对于已创建的用户账户，可使用 usermod 命令来修改其各项属性，包括用户名、主目录、用户组、
登录 Shell 等，具体格式如下。

```
usermod [选项] 用户名
```

大部分选项与添加用户所用的 useradd 命令的相同，这里重点介绍几个不同的选项。使用-l 选项改
变用户名：

```
usermod -l 新用户名 原用户名
```

使用-L 选项锁定账户，临时禁止该用户登录：

```
usermod -L  用户名
```

如果要解除账户锁定，使用-U 选项即可。

另外，可以使用命令 chfn 来更改用户的个人信息，如真实姓名、电话号码等。具体格式如下。

```
chfn [选项] [用户名]
```

选项-f 表示全名（真实姓名），-h 表示家庭电话号码，-w 表示办公电话号码。

5. 删除用户账户

要删除用户账户，可使用 userdel 命令来实现，具体格式如下。

```
userdel [-r] 用户名
```

如果使用选项-r，则在删除该账户的同时，一并删除该账户对应的主目录和电子邮件目录。

注意，userdel 不允许删除正在使用（已经登录）的用户账户。

另一个用户删除命令 deluser 在 Ubuntu 中使用较多。其中，选项--remove-home 表示同时删除用户的主目录和电子邮箱目录；--remove-all-files 表示删除用户拥有的所有文件；--backup 表示删除前将文件备份；--backup-to <DIR>用于指定备份的目标目录（默认是当前目录）；--system 表示只有当该用户是系统用户时才删除。

2.3.2 管理组账户

组账户的创建和管理与用户账户类似，由于它涉及的属性比较少，因此非常容易掌握。Linux 没有提供直接查看组列表的命令，这一功能可以通过执行查看组配置文件命令/etc/group 来实现，其操作方法同上述用户的查看。

1. 创建组账户

创建组账户的 Linux 通用命令是 groupadd，具体格式如下。

```
groupadd [选项] 组名
```

使用选项-g 可自行指定组的 GID。

使用选项-r，则创建系统组，其 GID 值小于 500。若不带此选项，则创建普通组。

与创建用户账户一样，Ubuntu 还特别提供一个 addgroup 命令用于创建组账户，其选项使用长格式，该命令执行过程中可提供交互对话。添加一个普通用户组的格式如下。

```
addgroup [--gid ID] 组名
```

添加一个管理员用户组的格式如下。

```
addgroup --system [--gid GID] 组名
```

2. 修改组账户

组账户创建后可使用 groupmod 命令对其相关属性进行修改，主要是修改组名和 GID 值，具体格式如下。

```
groupmod [-g GID] [-n 新组名] 组名
```

3. 删除组账户

删除组账户使用 groupdel 命令来实现，具体格式如下。

```
groupdel 组名
```

要删除的组账户不能是某个用户账户的主要组，否则将无法删除；若要删除，则应先删除引用该组的成员账户，然后删除组。

另一个组账户删除命令 delgroup 在 Ubuntu 中使用较多。其中，选项--system 表示只有当该用户组是系统组时才删除；--only-if-empty 表示只有当该用户组中无成员时才删除。

4. 管理组成员

groups 命令用于显示某用户所属的全部组，如果没有指定用户名，则默认为当前登录用户，例如：

```
~$ groups
zxp adm cdrom sudo dip plugdev lpadmin sambashare
~$ groups wang
wang : wang
```

要查看某个组有哪些组成员，需要查看/etc/group 配置文件，其每一个条目的最后一个字段就是组成员用户列表。

可以使用 gpasswd 命令将用户添加到指定的组，使其成为该组的成员，具体格式如下。

```
gpasswd -a 用户名 组名
```

使用以下命令可以将某用户从组中删除：

```
gpasswd -d 用户名 组名
```

使用以下命令可以将若干用户设置为组成员（添加到组中）：

```
gpasswd -M 用户名,用户名,... 组名
```

另外，还可以使用 adduser 命令将用户添加到组中，使用 deluser 命令将用户从组中删除，具体格式如下。

```
adduser 用户名 组名
deluser 用户名 组名
```

2.3.3 其他用户管理命令

1. 查看用户和组信息

执行 id 命令可以查看指定用户或当前用户的信息，包括 UID 和 GID 等，用法如下。

```
id [选项] [用户名]
```

微课 2-4 多用户
登录与用户切换

如果不提供用户名，将显示当前登录的用户的信息。如果指定用户名，将显示该账户的信息。例如，查看当前登录用户信息：

```
cxz@linuxpc1:~$ id
用户 id=1000(cxz) 组 id=1000(cxz) 组=1000(cxz),4(adm),24(cdrom),27(sudo),30(dip),
46(plugdev),122(lpadmin),134(lxd),135(sambashare),1003(test)
```

2. 查看登录用户

在多用户工作环境中，每个用户可能都在执行不同的任务。要查看当前系统上有哪些用户登录，可以使用 who 命令，例如：

```
cxz@linuxpc1:~$ who
cxz       tty2         2023-02-27 10:00 (tty2)
```

管理员还可以使用 last 命令查看系统的历史登录情况。要查看系统的历史登录记录，可以直接执行 last 命令；要查看某个用户的历史登录记录，可以在 last 命令后加上用户名。

长期运行的系统上可能有很多历史登录记录，可以在 last 命令中加入选项列出指定的行数。例如，要查看最近 3 次登录事件，可以执行以下命令：

```
cxz@linuxpc1:~$ last -3
cxz       tty2         tty2             Mon Feb 27 10:00   still logged in
reboot    system boot  5.19.0-32-generi Mon Feb 27 09:59   still running
cxz       tty2         tty2             Fri Feb 24 15:03 - down   (02:37)
```

使用 who 命令只能看到系统上有哪些用户登录，而要监视用户的具体工作，可以使用 w 命令查看用户执行的进程。例如：

```
cxz@linuxpc1:~$ w
 11:00:05 up  1:00,  1 user,  load average: 0.18, 0.18, 0.18
USER     TTY      来自          LOGIN@   IDLE   JCPU   PCPU WHAT
cxz      tty2     tty2          10:00    1:00m  0.05s  0.04s /usr/libexec/gn
```

3. 多用户登录与用户切换

Linux 可以同时接受多个用户登录。这里介绍一下图形用户界面下的多用户登录和用户切换操作。对于多用户登录，在图形用户界面登录时会列出具有登录权限的用户列表，供登录时选择，如图 2-11 所示。登录之后，单击右上角的任一图标弹出状态菜单，选择"关机/注销"，展开状态菜单，如图 2-12 所示，选择"切换用户"会转到图 2-11 所示的界面，选择要切换的用户账户，根据提示输入登录密码即可切换到另一个用户界面。注意，在 Ubuntu 桌面版中，文本模式只能占用 tty（2~6），如果 tty（2~6）全部被文本模式占用（只要切换文本模式就会占用，与在该模式下是否登录无关），图形用户界面登录会顺次占用 tt7 及以及之后的 tty。用户登录图形用户界面之后，可以按<Ctrl>+<Alt>+<F*n*>（*n* 为其所占用的 tty 的序号）快捷键切换该用户登录的图形用户界面。

图 2-11　多用户登录

图 2-12　切换用户

2.4　习题

1. Linux 用户一般分为哪几种类型？
2. Ubuntu 管理员与普通用户相比，有什么特点？
3. Ubuntu 管理员如何获得 root 特权？
4. 如何让普通用户能够使用 sudo 命令？
5. 用户和组配置文件有哪些？各有什么作用？
6. 安装"用户和组"管理工具，然后使用它添加一个用户和一个组。
7. 使用 Ubuntu 的 adduser 命令创建一个用户账户。
8. 使用命令行工具查看用户所属组，将用户添加到组中，再将用户从组中删除。
9. 利用配置文件来查看用户和组信息。

第 3 章
文件与目录管理

03

在操作系统中，文件与目录管理是一项基本的系统管理工作。Linux 操作系统使用与 Windows 操作系统不一样的目录结构。对于多用户、多任务的 Linux 操作系统来说，文件与目录权限管理必不可少。权限管理是信息安全工作的重要环节，有助于加强网络和数据安全保障体系建设。本章介绍文件与目录的基础知识和管理方法，让读者掌握 Ubuntu 命令行和图形用户界面的文件与目录操作和管理技能。Linux 虽然是开源操作系统，但是其使用文件系统层次标准来统一配置目录结构。在文件与目录管理工作中要强化标准意识，遵循文件与目录命名规范，这也体现了依法依规的重要性。

学习目标

① 熟悉 Linux 目录结构，了解 Linux 文件类型。

② 熟练使用文件管理器和命令行进行目录操作。

③ 熟练使用文件管理器和命令行进行文件操作。

④ 理解文件和目录权限，掌握文件权限管理操作。

3.1 Linux 文件与目录概述

文件是 Linux 处理信息的基本单位，所有软件都以文件形式进行组织。目录是包含许多文件项目的一类特殊文件，每个文件都登记在一个或多个目录中。目录也可看作文件夹，包括若干文件或子文件夹。

3.1.1 Linux 目录结构

Linux 的目录结构与 Windows 的不一样，它没有驱动器盘符的概念，不存在 C 盘、D 盘等，所有的文件和目录都"挂在一棵目录树上"，磁盘、光驱都作为特定的目录挂在目录树上，其他设备也作为特殊文件挂在目录树上，这些目录和文件都有着严格的组织结构。

1. Linux 目录树

Linux 使用树形结构来分级、分层组织和管理文件，最上层是根目录，用"/"表示。在 Linux 中，所有的文件与目录都由根目录开始，然后分出一个个分支，一般将这种目录配置方式称为目录树（Directory Tree）。目录树的主要特性如下。

- 目录树的起始点为根目录。
- 每一个目录不仅可以使用本地分区的文件系统，也可以使用网络上的文件系统。
- 每一个文件在目录树中的文件名（包含完整路径）都是独一无二的。

路径指定一个文件在分层的树形结构（即文件系统）中的位置，可采用绝对路径，也可采用相对路径。绝对路径为由根目录"/"开始的文件名或目录名称，例如/home/czx/.bashrc；相对路径为相对于当前路径的文件名或目录名称，例如../../home/cxz/等，开头不是根目录的就属于相对路径。相对路径是以当前所在路径的相对位置来表示的。

除了根目录之外，还要注意几个特殊的目录，具体说明如表3-1所示。

表3-1　Linux的特殊目录

目录	说明	目录	说明
/	根目录	-	上一次工作目录
.	当前目录	~	当前登录用户的主目录
..	上一层目录	~用户名	特定用户账户的主目录

Windows 中每个磁盘分区（卷）都有一个独立的根目录，有几个分区就有几棵目录树，如图3-1所示。它们之间的关系是并列的，各分区采用盘符（如C、D、E等）进行区分和标识，通过相应的盘符访问分区。每个分区的根目录用反斜杠（\）表示。

Linux 使用单一的目录树结构，整个系统只有一个根目录，如图3-2所示，各个分区被挂载到目录树的某个目录中，通过访问挂载点目录，即可实现对这些分区的访问。根目录用正斜杠（/）表示。

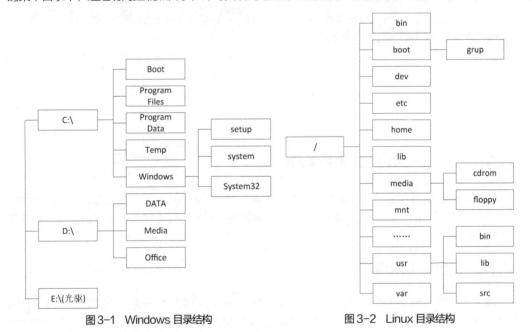

图3-1　Windows 目录结构　　　　图3-2　Linux 目录结构

2. 文件与目录的命名规范

在 Linux 中，文件和目录的名称由字母、数字和其他符号组成，应遵循以下规范。

- 目录或文件名长度可以达到 255 个字节。
- 包含完整路径名称及目录（/）的完整文件名长度可以达到 4096 个字节。
- 严格区分大小写。

- 可以包含空格等特殊字符，但必须使用引号；不可以包含字符"/"。还应避免使用特殊字符，如：、、*、?、>、<、;、&、!、[、]、|、\、'、"、`、(、)、{、}等。
- 同类文件应使用同样的扩展名。

3.1.2　Linux 目录配置标准——FHS

Linux 的开发人员和用户比较多，制定一个固定的目录配置标准有助于对系统文件和不同的用户文件进行统一管理。因此出现了文件系统层次标准（Filesystem Hierarchy Standard，FHS）。

FHS 规范了在根目录下面各个主要目录应该放置什么样的文件。FHS 定义了两个规范。第 1 个是根目录下面的各个目录应该放置什么文件，例如/etc 应该放置配置文件，/bin 与/sbin 则应该放置可执行文件等。第 2 个则是针对/usr 及/var 这两个目录的子目录来定义的，例如/var/log 应该放置系统登录文件。/usr/share 应该放置共享数据等。

FHS 仅定义出最顶层（/）及其子层（/usr、/var）的目录内容应该放置的文件，在其他子目录层级内用户可以自行配置。

Linux 使用规范的目录结构，系统安装时就已创建了完整而固定的目录结构，并指定了各个目录的作用和存放的文件类型。Linux 常用的目录如表 3-2 所示。

表 3-2　Linux 常用的目录

目录	用途
/bin	存放用于系统管理维护的常用、实用命令文件
/boot	存放用于系统启动的内核文件和引导装载程序文件
/dev	存放设备文件
/etc	存放系统配置文件，如网络配置、设备配置、X Window 系统配置等
/home	各个用户的主目录，其中的子目录名称为各用户名
/lib	存放动态链接共享库（其作用类似于 Windows 里的.dll 文件）
/media	为光盘、软盘等设备提供的默认挂载点
/mnt	为某些设备提供的默认挂载点
/root	root 用户主目录。不要将其与根目录混淆
/proc	系统自动产生的映射。查看该目录中的文件可获取有关系统硬件运行的信息
/sbin	存放系统管理员或者 root 用户使用的命令文件
/usr	存放应用程序和文件
/var	保存经常变化的内容，如系统日志、输出等

为便于明确区分目录和文件，有人习惯在目录名后面加上符号"/"，如/var/。

3.1.3　Linux 文件类型

在介绍文件类型之前，先介绍一下文件结构。Linux 文件无论是一个程序、一个文档、一个数据库，还是一个目录，操作系统都会赋予文件相同的结构，具体包括以下两部分。

- 索引节点：又称 I 节点，是在文件结构中包含文件信息的一个记录，这些信息包括文件权限、文件所有者、文件大小等。
- 数据：文件的实际内容，可以为空，也可以非常多，并且有自己的结构。

可以将 Linux 文件分为以下 4 种类型。

1. 普通文件

普通文件也称为常规文件，包含各种长度的字符串。Linux 内核对这些文件没有进行结构化，只是将其作为有序的字符序列提交给应用程序，由应用程序自己组织和解释这些数据。这类文件包括文本文件、数据文件和可执行的二进制程序等。

2. 目录文件

目录文件是一种特殊文件，利用它可以构成文件系统的分层树形结构。目录文件也包含数据，但与普通文件不同的是，内核对这些数据进行结构化，即它是由成对的"索引节点号/文件名"构成的列表。索引节点号是检索索引节点表的索引，索引节点中存有文件的状态信息。文件名是给一个文件分配的文本形式的字符串，用来标识该文件。在一个指定的目录中，任何两个子项（子目录或文件）都不能有同样的名字。

将文件添加到一个目录中时，该目录的大小会增大，以便容纳新的文件名。当删除文件时，目录的大小并未减小，内核对该目录做上特殊标记，以便下次添加一个文件时重新使用它。每个目录文件中至少包括两个条目：".."表示上一级目录，"."表示该目录本身。

3. 设备文件

设备文件是一种特殊文件，除了存放在文件索引节点中的信息外，它们不包含任何数据。系统利用它们来标识各个设备驱动器，内核使用它们与硬件设备通信。设备文件又可分为两种类型：字符设备文件和块设备文件。

Linux 将设备文件置于/dev 目录下，系统中的每个设备在该目录下都有一个对应的设备文件，并有一些命名约定。例如，串口 COM1 的文件名为/dev/ttyS0，/dev/sda 对应第一个 SCSI 硬盘（或 SATA 硬盘），/dev/sda5 对应第一个 SCSI 硬盘（或 SATA 硬盘）第 1 个逻辑分区，光驱表示为/dev/cdrom，软驱表示为/dev/fd0 等。Linux 还提供伪设备（实际上不存在的）文件，如/dev/null、/dev/zero 等。

4. 链接文件

链接文件是一种特殊文件，提供对其他文件的参照。它们存放的数据是文件系统中指向文件的路径。当使用链接文件时，内核自动访问其所指向的文件路径。例如，当需要在不同的目录中使用相同文件时，可以在一个目录中存放该文件，在另一个目录中创建一个指向该文件（目标）的链接，然后通过这个链接来访问该文件，这就避免了重复占用磁盘空间，而且也便于同步管理。

链接文件有两种类型，分别是符号链接（Symbolic Link）和硬链接（Hard Link），符号链接又称软链接（Soft Link）。

符号链接类似于 Windows 中的快捷方式，其内容是指向原文件的路径。原文件删除后，符号链接就失效了；删除符号链接并不影响原文件。

硬链接是对原文件建立的别名。建立硬链接后，即使删除原文件，硬链接也会保留原文件的所有信息。因为实质上原文件和硬链接是同一个文件，二者使用同一个索引节点，所以无法区分原文件和硬链接。与符号链接不同，硬链接和原文件必须在同一个文件系统上，而且不允许链接至目录。

提 示　　使用 ls -l 命令以长格式列出目录时，每一行第 1 个字符代表文件类型。其中，-表示普通文件，d 表示目录文件，c 表示字符设备文件，b 表示块设备文件，l 表示符号链接。

3.2　Ubuntu 目录操作

在 Ubuntu 中，可以通过图形用户界面操作目录，有些目录操作还需要使用命令行完成，而且无论是执行效率，还是功能丰富性，使用命令行操作目录都更有优势。

3.2.1　使用文件管理器进行目录操作

Ubuntu 桌面环境使用的文件管理器与 Windows 资源管理器类似，用于管理计算机中的文件和系统，也将目录称作"文件夹"。单击 Dash 浮动面板上的■按钮，即可打开相应的文件管理器，执行文件和文件夹的浏览和管理任务。

要创建文件夹的用户必须对所创建的文件夹的父文件夹具有写权限。一般用户只能对自己的主目录（用户文件夹）进行全权操作。如图 3-3 所示，Ubuntu 支持通过快捷菜单操作文件夹。

图 3-3　Ubuntu 文件管理器

系统根目录（"计算机"节点）下的大多数文件夹的创建和修改权限属于 root 特权，在图形用户界面的文件管理器中无权操作，除非以 root 身份登录，而在命令行中则可以临时切换到 root 身份进行操作。

3.2.2　使用命令行进行目录操作

在命令行中操作目录非常灵活。就权限问题而言，一般创建、修改、删除目录需要使用 sudo 命令临时切换到 root 身份，否则将提示权限不够。文件和目录权限将在 3.4 节详细介绍。

1. 创建目录

mkdir 命令用于创建由目录名命名的目录。如果在目录名前面没有加任何路径，则在当前目录下创建；如果给出了一个存在的路径，将会在指定的路径下创建。具体格式如下。

```
mkdir [选项] 目录名
```

例如，使用以下命令在自己的主目录之外的位置创建一个目录：

```
cxz@linuxpc1:~$ sudo mkdir /usr/test1
[sudo] cxz 的密码：
```

在用户自己的主目录中创建目录，不需要用 sudo 命令。

另外，选项-p 表示要建立的目录的父目录尚未建立，将同时创建父目录。

2. 删除目录

当目录不再被使用时或者磁盘空间已到达使用限定值时，就需要删除失去使用价值的目录。使用 rmdir 命令从一个目录中删除一个或多个空的子目录。具体格式如下。

```
rmdir [选项] 目录名
```

选项-p 表示递归删除目录，当子目录被删除后父目录为空时，父目录也一同被删除。如果父目录是非空目录，则会保留下来。

3. 修改工作目录

修改工作目录命令如下。

（1）cd命令。cd命令用来修改工作目录。当不带任何参数时，返回用户的主目录。具体格式如下。

```
cd [目录名]
```

（2）pwd命令。pwd命令用于显示当前工作目录的绝对路径，该命令没有任何选项或参数。

4. 显示目录内容

ls命令用于显示指定目录的内容。具体格式如下。

```
ls [选项] [目录或文件]
```

默认情况下，输出条目按字母顺序排列。如果没有给出参数，则显示当前目录下所有子目录和文件的信息。其选项及含义如下。

- -a：显示所有的文件，包括以"."开头的文件。
- -c：按文件修改时间排列。
- -i：在输出的第1列显示文件的索引节点号。
- -l：以长格式显示文件的详细信息。输出的信息分成多列，依次是文件类型与权限、链接数、文件所有者、所属组、文件大小、建立或最近修改的时间、文件名。
- -r：按逆序显示ls命令的输出结果。
- -R：递归显示指定目录的各个子目录中的文件。

至于目录的复制、删除和移动的用法请参见3.3.2节命令行文件操作。

3.3 Ubuntu 文件操作

与目录相比，文件操作的功能更为丰富。

3.3.1 使用文件管理器进行文件操作

在Ubuntu桌面环境中使用文件管理器进行文件操作。打开文件管理器，执行文件浏览和管理任务。

要创建文件的用户必须对所创建的文件所在的文件夹具有写权限。一般用户只能在自己的主目录（用户文件夹）中进行文件操作。Ubuntu支持快捷菜单操作，如图3-4所示。

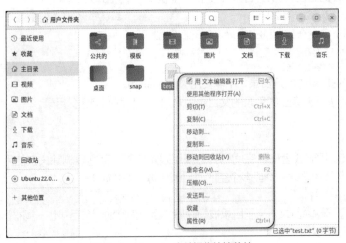

图3-4 Ubuntu 文件操作快捷菜单

在默认情况下，除了用户主目录，其他位置普通用户无权进行文件创建、删除和修改操作，除非以root 身份登录。而在命令行中可以临时切换到 root 身份进行操作。

如果权限允许，在文件管理器中找到相应的文本文件，可直接使用 gedit 编辑器打开来查看其内容。

3.3.2 使用命令行进行文件操作

在命令行中操作文件非常灵活。就权限问题而言，一般创建、修改、删除文件需要使用 sudo 命令临时切换到 root 身份，否则将提示权限不够。查看文件一般对权限要求较低。

电子活页 3-1 使用
whereis 和 locate
命令查找文件

1. 创建文件

使用 touch 命令可以创建文件。具体格式如下。

```
touch [选项]... 文件...
```

如果指定的文件不存在，则会生成一个空文件，除非提供选项-c 或-h。

如果指定的文件存在，该命令会将其访问时间和修改时间更改为当前时间。选项-a 表示只将文件存取时间修改为当前时间；-d 表示将文件的存取和修改时间格式改为 yyyymmdd；-m 表示仅将文件修改时间修改为当前时间。使用 touch 命令可以同时创建和处理多个文件。下面给出创建两个空文件的例子。

```
cxz@linuxpc1:~$ touch myfile01 myfile2              # 同时创建两个空文件
cxz@linuxpc1:~$ ls -l my*                           # 查看这两个文件的详细信息
-rw-rw-r-- 1 cxz cxz 0  2月 22 14:28 myfile01
-rw-rw-r-- 1 cxz cxz 0  2月 22 14:28 myfile2
```

2. 显示文件内容

显示文件内容有以下命令。

（1）cat 命令。cat 命令用于连接文件并输出到标准输出设备上，常用来显示文件内容。具体格式如下。

```
cat [选项] ... [文件]...
```

该命令有两项功能：一是用来显示文件的内容，它依次读取由参数所指定的文件，将它们的内容输出到标准输出设备上；二是用来连接两个或多个文件，如 cat f1 f2>f3，表示将文件 f1 和 f2 的内容合并起来，然后通过输出重定向符>将它们的内容存入文件 f3。

（2）more 命令。如果文件太长，用 cat 命令只能看到文件最后一页，而用 more 命令可以逐页显示。more 命令具体格式如下。

```
more [选项] <文件>...
```

该命令一次显示一屏文本，满屏后显示停下来，并且在屏幕的底部出现一个提示信息，给出已显示的该文件的百分比。

（3）less 命令。less 命令也用来分页显示文件内容，但功能比 more 命令更强大，具体格式如下。

```
less [选项] <文件>...
```

less 命令的功能比 more 更灵活。例如，用<Page Up><Page Down>键可以向前、向后移动一页，用<↑>　<↓>光标键可以向前、向后移动一行。

（4）head 命令。head 命令用于在屏幕上显示文件的开头若干行或若干字节。具体格式如下。

```
head [选项]... [文件]...
```

选项-n（n 为行数值）用于指定从文件开头显示的行数，默认为 10 行。例如：

```
cxz@linuxpc1:~$ head -3  /etc/passwd
root:x:0:0:root:/root:/bin/bash
daemon:x:1:1:daemon:/usr/sbin:/usr/sbin/nologin
bin:x:2:2:bin:/bin:/usr/sbin/nologin
```

选项-c 后跟参数用于指定从文件开头显示的字节数。例如：

```
zxp@LinuxPC1:~$ head -c 50  /etc/passwd
root:x:0:0:root:/root:/bin/bash
```

字节数表示可以使用单位，如 b 表示 512B，kB 表示 1000B，K 表示 1024B。

可以同时显示多个文件，文件名列表以空格分开，显示每个文件之前先显示文件名。

如果没有指定文件，或指定文件为"-"，将从标准输入读取数据。

（5）tail 命令。tail 命令用于在屏幕上显示指定文件的末尾若干行或若干字节，与 head 命令正好相反，具体格式如下。

```
tail [选项]... [文件]...
```

选项或参数用法请参见 head 命令。行数由参数值来确定，显示行数的默认值为 10，即显示文件的最后 10 行内容。

（6）od 命令。od 命令用于按照特殊格式查看文件内容。具体格式如下。

```
od [选项]... [文件]...
```

od 命令将指定文件以八进制形式（默认）转储到标准输出。如果指定了多于一个的文件参数，程序会自动将输入的内容整合为列表并以同样的形式输出。如果没有指定文件，或指定文件为"-"，将从标准输入读取数据。

3. 查找文件内容

grep 命令用来在文本文件中查找指定模式的单词或短语，并在标准输出上显示包括指定字符串模式的所有行。具体格式如下。

```
grep [选项]... 模式 [文件名]...
```

此命令功能强大，这里先介绍基本用法。

grep 命令在指定文件中搜索特定模式（PATTERN）及搜索特定主题等方面用途很大。可以将要搜索的模式看作一些关键词，查看指定的文件中是否包含这些关键词。如果没有指定文件，就从标准输入中读取。在正常情况下，每个匹配的行都被显示在标准输出上。如果要搜索的文件不止一个，则在每一行输出之前加上文件名。

可以使用选项对匹配方式进行控制。如选项-i 表示忽略大小写，-x 表示强制整行匹配，-w 表示强制关键字完全匹配，-v 表示排除匹配的行。下面给出一个例子。

```
cxz@linuxpc1:~$ grep -i 'syslog' /etc/passwd
syslog:x:104:111::/home/syslog:/usr/sbin/nologin
```

搜索的结果中关键词"syslog"会被标红显示。

还可以使用选项对查找结果输出进行控制。如选项-m 表示定义多少次匹配后停止搜索，-n 表示指定输出的同时输出行号，-H 表示为每一匹配项输出文件名，-r 表示在指定目录中进行递归查询。

4. 比较文件内容

比较文件内容有以下命令。

（1）comm 命令。该命令用于对两个已经排好序的文件进行逐行比较，只显示它们共有的行。具体格式如下。

```
comm [选项]... 文件1 文件2
```

选项-1 表示不显示仅在文件 1 中存在的行，选项-2 表示不显示仅在文件 2 中存在的行，选项-3 表示不显示在 comm 命令输出中的第 1 列、第 2 列和第 3 列。

（2）diff 命令。diff 命令用于逐行比较两个文件，列出它们的不同之处，并且提示为使两个文件一致需要修改哪些行。如果两个文件完全一样，则该命令不显示任何输出。具体格式如下。

```
diff [选项] 文件1 文件2
```

5. 对文件内容进行排序

sort 命令用于对文本文件的各行进行排序。具体格式如下。

```
sort [选项]... [文件]...
```

sort 命令将逐行对指定文件中的所有行进行排序，并将结果显示在标准输出上。如果不指定文件名或者使用 "-" 表示文件，则排序内容来自标准输入。

6. 统计文件内容

wc 命令用于统计出指定文件的字节数、字数、行数，并输出结果。具体格式如下。

```
wc [选项]... [文件名]...
```

如果没有给出文件名，则从标准输入读取数据。如果多个文件一起进行统计，则最后给出所有指定文件的总统计数。

wc 命令输出列的顺序和数目不受选项顺序和数目的影响，具体格式如下。

```
行数 字数 字节数 文件名
```

选项-c 表示统计字节数，-l 表示统计行数，-w 表示统计字数。

7. 查找文件

Ubuntu 提供多种文件查找命令。常用的是 find 命令。此命令用于在目录结构中搜索满足查询条件的文件并执行指定操作，具体格式如下。

```
find [路径...] [匹配表达式]
```

find 命令会从左向右分析各个参数，然后依次搜索目录。find 命令将在 "_" "(" ")" 或者 "!" 前面的字符串视为待搜索的文件，将在这些符号后面的字符串视为参数选项。如果没有设置路径，那么 find 命令会搜索当前目录；如果没有设置参数选项，那么 find 命令默认提供-print 选项，即将匹配的文件输出到标准输出。

find 命令功能非常强大。复杂的匹配表达式由下列部分组成：操作符、选项、测试表达式以及动作。

选项包括位置选项和普通选项。它针对整个查找任务，而不是仅仅针对某一个文件，其结果总是返回 true（真）。例如，选项-depth 可以使 find 命令先匹配所有的文件，再在子目录中查找；-regextype 用于选择要使用的正则表达式类型；-follow 表示查找过程中遇到符号链接就跟踪至链接所指向的文件。

测试表达式针对具体的一个文件进行匹配测试，返回 true 或者 false（假）。例如，选项-name 表示按照文件名查找文件，-user 表示按照文件所有者来查找文件，-type 用于指定查找某一类型的文件（b 表示块设备文件、d 表示目录、c 表示字符设备文件，l 表示符号链接，f 表示普通文件）。

动作（Action）则表示对某一个文件进行某种动作，返回 true 或者 false。常见的动作就是输出到屏幕（-print）。

上述 3 部分又可以通过操作符（Operator）组合在一起形成更大、更复杂的表达式。操作符按优先级排序，包括圆括号 "( )"、"非" 运算符（! 或-not）、"与" 运算符（-a 或-and）、"或" 运算符（-o 或-or）、并列符号逗号（,）等。未指定操作符时默认使用 -and。

例如，查找当前目录下（波浪号 "~" 代表了用户的主目录$HOME）文件扩展名为 txt 的文件，可执行以下命令：

```
find ~ -name "*.txt" -print
```

find 命令使用动作-exec 可以对查找到的文件调用外部命令进行处理。注意，其语法格式比较特殊，外部命令之后需要用 "{}\;" 结尾，必须由一个 ";" 结束。通常，Shell 都会对 ";" 进行处理，所以用 "\;" 防止出现这种情况。注意，右花括号 "}" 和 "\" 之间有一个空格，具体格式如下。

```
find [路径…] [匹配表达式] -exec 外部命令 {} \;
```

在下面的例子中将 find 命令与 grep 命令组合使用。首先通过 find 命令匹配所有文件名为"passwd*"的文件，例如 passwd、passwd.old、passwd.bak，然后执行 grep 命令，看看在这些文件中是否存在一个名为 "wang" 的用户。

```
cxz@linuxpc1:~$ sudo find /etc -name "passwd*" -exec grep "wang" {} \;
wang:x:1002:1002:wang,,,:/home/wang:/bin/bash
```

Ubuntu 中常用的文件查找命令还有 whereis 和 locate，前者用于从特定目录中查找符合条件的源代码文件、二进制文件或联机手册文件，后者用于查找文件，比 find 命令的搜索速度快。

8. 复制、删除和移动文件（目录）

复制、删除和移动文件（目录）有以下命令。

（1）cp 命令。该命令用于将源文件或目录复制到目标文件或目录中。具体格式如下。

```
cp [选项] 源文件或目录 目标文件或目录
```

如果参数中指定了两个以上的文件或目录，且最后一个是目录，则 cp 命令视最后一个为目标目录，并将前面指定的文件和目录复制到该目录下；如果最后一个不是已存在的目录，则 cp 命令将给出错误信息。

（2）rm 命令。该命令可以删除一个目录中的一个或多个文件和目录，也可以将某个目录及其下属的所有文件和子目录删除。具体格式如下。

```
rm [选项]... [文件]...
```

对于链接文件，该命令只是删除链接文件，而原文件保持不变。

（3）mv 命令。该命令用来移动文件或目录，还可在移动的同时修改文件或目录名。具体格式如下。

```
mv [选项] 源文件或目录 目标文件或目录
```

选项-i 表示交互模式，当目录中已存在同名的目标文件时，用覆盖方式写文件，但在写入之前给出提示。选项-f 表示在目标文件已存在时，不给出任何提示。

9. 创建链接文件

创建链接文件的命令是 ln，该命令可在文件之间创建链接。创建符号链接的具体格式如下。

```
ln -s 目标（原文件或目录） 链接文件
```

创建硬链接的具体格式如下。

```
ln 目标（原文件） 链接文件
```

链接的对象可以是文件，也可以是目录。如果链接指向目录，那么用户就可以利用该链接直接进入被链接的目录，而不用给出到达该目录的一长串路径。

10. 文件压缩与解压缩

用户经常需要对计算机系统中的数据进行备份。如果直接保存数据会占用很大的空间，所以常常需要压缩文件，以节省存储空间。另外，通过网络传输压缩文件也可以减少传输时间。在以后需要使用存放在压缩文件中的数据时，必须先将它们解压缩。相关命令如下。

（1）gzip 命令。gzip 命令用于对文件进行压缩和解压缩。它用 Lempel-Ziv 编码减小命名文件的大小，被压缩的文件扩展名是.gz。具体格式如下。

```
gzip [选项] 压缩文件名/解压缩文件名
```

（2）unzip 命令。unzip 命令用于对 WinZip 格式的压缩文件进行解压缩。具体格式如下。

```
unzip [选项] 压缩文件名
```

（3）tar 命令。tar 命令用于对文件和目录进行压缩，或者对压缩包进行解压缩。具体格式如下。

```
tar [选项] 文件或目录名
```

3.4 管理文件和目录权限

对于多用户、多任务的 Linux 来说，文件和目录的权限管理非常重要。考虑到目录是一种特殊文件，这里将文件和目录权限统称为文件权限。文件权限是指对文件的访问控制，决定哪些用户和哪些组对某文件（或目录）具有哪种访问权限。对文件权限的修改包括两个方面：修改文件所有者和用户对文件的访问权限，这是传统的权限组合方案。除此之外，还可以使用文件访问控制列表（Access Control List，ACL）来实现更复杂的文件权限控制。

 提 示 我国先后出台实施的《中华人民共和国网络安全法》《中华人民共和国数据安全法》《中华人民共和国个人信息保护法》等法律法规，对加强重点领域安全能力建设、实现数字经济健康发展、依法保障数据安全等具有重要意义。实施文件和目录的权限管理是贯彻这些法律法规的重要举措，也是建立数据分类分级保护制度的有效办法。

3.4.1　文件权限组合

Linux 将文件访问者身份分为 3 个类别：所有者（Owner）、所属组（Group）和其他用户（Other）。对于每个文件，又可以为这 3 类用户指定 3 种访问权限：读（Read）、写（Write）和执行（Execute）。

1. 文件访问者身份

文件访问者身份是指文件权限设置所针对的用户和组，有以下 3 个类别。

● 所有者：每个文件都有它的所有者，又称属主。在默认情况下，文件的创建者为其所有者。所有者对文件具有所有权，是一种特别权限。

● 所属组：指文件所有者所属的组（简称属组），可为该组指定访问权限。在默认情况下，文件的创建者的主要组为该文件的所属组。

● 其他用户：指文件所有者和所属组，以及 root 之外的所有用户。通常，其他用户对于文件总是拥有最低的权限，甚至没有任何权限。

2. 文件访问权限

对于每个文件，针对 3 类身份的用户可指定以下 3 种不同级别的访问权限。

● 读：读取文件内容或者查看目录。

● 写：修改文件内容或者创建、删除文件。

● 执行：执行文件或者允许使用 cd 命令进入目录。

这样，就形成了 9 种具体的访问权限。

3. 文件权限组合

为所有者、所属组和其他用户这 3 类身份的用户赋予读、写和执行这 3 种不同级别的访问权限，就形成了一个包括 9 种具体访问权限的文件权限组合，如图 3-5 所示。

图 3-5　文件权限组合

具体的权限都包括在文件（目录）属性中，可以通过查看文件属性来详细查看。通常，使用 ls -l 命令显示文件详细信息。这里给出一个文件详细信息的示例并进行分析。

```
-rw-rw-r--   1   cxz      cxz      148  2月 23 08:47   test.txt
```
[文件类型与权限] [链接] [所有者] [所属组] [文件大小] [修改日期] [文件名]

上述文件详细信息共 7 个字段，第 1 个字段表示文件类型与权限，共 10 个字符，格式如下。

字符1	字符2~4	字符5~7	字符8~10
文件类型	所有者权限	所属组权限	其他用户权限

其中，第 1 个字符表示文件类型，接下来的字符以 3 个为一组，分别表示文件所有者、所属组和其他用户的权限，每一类用户的 3 种文件权限用 r、w 和 x 分别表示读、写和执行，这 3 种权限的位置不会改变，如果没有某种权限，则在相应权限位置用-表示。

第 2 个字段表示该文件的链接数目，1 表示只有一个硬链接。

第 3 个字段表示这个文件的所有者。

第 4 个字段表示这个文件的所属组。

后面 3 个字段分别表示文件大小、修改日期和文件名。

3.4.2 变更文件访问者身份

可以根据需要变更文件的所有者和所属组。

1. 变更所有者

文件所有者可以变更，即将所有权转让给其他用户，变更所有者需要 root 特权。root 账户拥有控制一台计算机的完整权限，并具有最高权限，能够对系统进行任何配置、管理和修改，也可以查看、修改和删除所有用户的文件。前面用过的 sudo 命令实际上就是一种权限管理命令，让管理员用户利用 root 身份来执行各种命令，为管理系统提供了方便。

使用 chown 命令可以变更文件所有者，使其他用户对文件具有所有权，具体格式如下。

```
chown [选项]... [所有者][:[组]] 文件...
```

使用选项-R 进行递归变更，即目录连同其子目录下的所有文件的所有者都变更。

执行 chown 命令需要 root 特权，需要使用 sudo 命令。例如，以下命令将 news 的所有者改为 wang。

```
sudo chown wang news
```

2. 变更所属组

使用 chgrp 命令可以变更文件的所属组，具体格式如下。

```
chgrp [选项]... 所属组 文件...
```

使用选项-R 可以连同子目录中的文件一起变更所属组。执行 chgrp 命令也需要 root 特权。

还可以使用 chown 命令同时变更文件所有者和所属组，具体格式如下。

```
chown [选项] [新所有者]: [新的所属组] 文件列表
```

3.4.3 设置文件权限

root 账户和文件所有者可以修改文件权限，也就是为不同用户或组指定相应的访问权限。使用 chmod 命令来修改文件权限，具体格式如下。

```
chmod [选项]... 模式[,模式]... 文件名...
```

使用选项-R 表示递归设置指定目录下所有文件的权限。模式表示文件权限的表达式，有字符和数字两种表示方法，相应的使用方法也不尽相同。

对于不是文件所有者的用户来说，需要 root 特权才能执行 chmod 命令修改权限，因此也需要使用 sudo 命令。

1. 文件权限用字符表示

文件权限用字符表示时，需要具体操作符号来修改权限，+表示增加某种权限，−表示撤销某种权限，=表示指定某种权限（同时会取消其他权限）。对于用户类别，所有者、所属组和其他用户分别用字符 u、g、o 表示，全部用户（包括 3 类用户）则用 a 表示。权限类型用 r（读）、w（写）和 x（执行）表示。下面给出几个例子。

```
chmod g+w,o+r /home/wang/myfile      #给所属组用户增加写权限，给其他用户增加读权限
chmod go-r /home/wang/myfile         #同时撤销所属组和其他用户对该文件的读权限
chmod a=rx /home/wang/myfile         #对所有用户赋予读和执行权限
```

2. 文件权限用数字表示

文件权限用数字表示时，将权限读（r）、写（w）和执行（x）分别用数字 4、2 和 1 表示，没有任何权限则表示为 0。每一类用户的权限用其各项权限的和表示（结果为 0~7 的数字），依次为所有者（u）、所属组（g）和其他用户（o）的权限。这样，以上所有 9 种权限就可用 3 个数字来统一表示。例如，754 表示所有者、所属组和其他用户的权限依次为[4+2+1]、[4+0+1]、[4+0+0]，转化为字符表示就是 rwxr-xr--。

要使文件 myfile 的所有者拥有读写权限，所属组用户和其他用户只能读取，命令如下：

```
chmod 644 myfile
```

这也等同于：

```
chmod u=rw-,go=r-- myfile
```

电子活页 3-2　使用 namei 命令查看文件权限

> **提示**　namei 命令可以列出文件路径中的所有成分（包括符号链接、文件、目录等）的信息，包括权限、所有者和所属组等，常常用来排查文件权限问题。

3.4.4　设置默认的文件权限

默认情况下，管理员新创建的普通文件的权限被设置为 rw-r--r--，用数字表示为 644，即所有者有读写权限，所属组用户和其他用户仅有读权限；新创建的目录权限为 rwxr-xr-x，用数字表示为 755，即所有者拥有读写和执行权限，所属组用户和其他用户仅有读和执行权限。默认权限是通过 umask（掩码）来实现的，该掩码用数字表示，实际上是文件权限码的"补码"。创建目录的最大权限为 777，减去 umask 值（如 022），就得到目录创建默认权限（如 777−022=755）。由于文件创建时不能具有执行权限，因而创建文件的最大权限为 666，减去 umask 值（如 022），就得到文件创建默认权限（如 666−022=644）。

电子活页 3-3　设置特殊权限

可使用 umask 命令来查看和修改 umask 值。例如，不带参数显示当前用户的 umask 值：

```
cxz@linuxpc1:~$ umask
0002                                 # 最前面的 0 可忽略
```

这是普通用户的默认 umask 值。root 账户的默认 umask 值为 0022。注意，在使用 4 个数字表示的权限中，第 1 位表示的是特殊权限。特殊权限共 3 种：suid、sgid 和 sticky。

可以使用参数来指定要修改的 umask 值，如执行命令 umask 022。

3.4.5　在图形用户界面中管理文件和文件夹权限

在图形用户界面中可以通过查看或修改文件和文件夹（目录）的属性来管理其权限，可以为所有者、

所属组和其他用户设置访问权限。

以用户文件夹（主目录）中的一个文件夹的权限设置为例。打开文件管理器，右击要设置权限的文件夹，选择"属性"命令，打开相应对话框，显示该文件夹的基本信息，切换到图 3-6 所示的"权限"选项卡，其中分别列出所有者、所属组和其他用户的当前权限。要修改权限，可以在"访问"下拉列表中选择所需的权限。Ubuntu 对文件夹可以设置以下 4 种权限。

- 无：没有任何访问权限（不能对所有者设置此权限）。
- 只能列出文件：可列出文件清单。
- 访问文件：可以查看文件，但是不能做任何更改。
- 创建和删除文件：这是最高权限。

文件夹下的文件或子文件夹默认继承上级文件夹的权限，还可以个别定制权限。单击图 3-6 所示"更改内含文件的权限"按钮，弹出相应的对话框，查看或设置其所包含的文件和文件夹的权限。

与文件夹相比，Ubuntu 文件的访问权限表示略有差别，如图 3-7 所示，包括以下 4 种权限。

- 无：没有任何访问权限（不能对所有者设置此权限）。
- 只读：可打开文件查看内容，但是不能做任何更改。
- 读写：打开和保存文件。
- 执行：允许作为程序可执行文件。

图 3-6　文件夹权限设置

图 3-7　文件权限设置

只有文件所有者或 root 账户才有权修改文件权限。Ubuntu 默认禁用 root 账户，在命令行中可使用 sudo 命令获取 root 特权，而图形用户界面中的文件管理器不支持 root 授权，这给文件权限的管理带来了不便。例如，管理员可以查看自己主目录之外的文件或目录的权限，但不能修改，否则将给出"不是所有者，所以不能更改权限"的提示。当然，如果以 root 身份登录系统，使用文件管理器操作文件和文件夹，基本上不受任何限制。

3.4.6　使用文件访问控制列表管理文件权限

3.4.1 节介绍的文件权限组合不能实现复杂的文件权限管理。例如，要将一个文件的读权限和写权限分别授予两个不同的用户，或者一个用户和一个组的组合，文件权限组合就无法实现，使用访问控制列表（Access Control List，ACL）则可以实现。

1. 什么是 ACL

与传统的文件权限主要针对某一类用户设置权限不同，ACL 可以针对单个用户、单个文件或目录设置读、写和执行权限。也就是说，除了文件的所有者、所属组和其他用户身份之外，ACL 还可以为特定的用户或特定的组设置文件和目录的权限，实现更灵活的权限管理。ACL 实质上是传统的文件权限之外所需的局部权限设置。作为对传统文件权限机制的补充，ACL 能够满足特殊权限设置的需要。

ACL 分两种，一种是访问 ACL，针对文件和目录进行设置；另一种是默认 ACL，只能针对目录进行设置。如果目录中的子目录或文件没有设置 ACL，它就会继承该目录的默认 ACL。如果针对其中的子目录或文件设置了 ACL，则它们不再继承该目录的默认 ACL。

使用 ACL 的前提是系统提供 ACL 支持和安装了 ACL 管理工具。Linux 内核 2.6 及以上版本都提供 ACL 支持。Ubuntu 默认已安装 ACL 管理工具 getfacl 和 setfacl，可以分别用于获取和设置 ACL。

2. ACL 规则

ACL 规则是由具体的 ACL 条目所定义的权限。具体的 ACL 条目格式如表 3-3 所示。

表 3-3　ACL 条目格式

ACL 条目格式	用途
[u[ser]:]uid [:perms]	指定用户的权限，如果未指定 UID，则用户为文件所有者
g[roup]:gid [:perms]	指定用户组的权限，如果未指定 GID，则用户组为文件所属组
o[ther] [:] [:perms]	指定文件所有者和所属组之外的其他用户的权限
m[ask][:] [:perms]	指定默认的有效权限

ACL 条目开头部分是表示权限类型的标记（Tag），可用全称（如 user），也可用简称（如 u）。在 user 或 group 后面可以指定用户名或组名，如果不指定，则是针对文件所有者或所属组设置的 ACL。末尾部分的 perms 是指具体的权限，采用 rwx（读、写、执行）的组合形式。

可见，ACL 也是对所有者、所属组或其他用户设置权限的。其中的 mask 比较特殊，表示有效权限掩码，设置的是文件的最大权限（阈值），用户或组的 ACL 实际权限都是与 mask 所设置的最大权限进行 "与" 运算的结果，结果不会超过 mask 权限值。例如，针对某文件的 ACL 设置，如果 mask 权限值为 r--，而用户 wang 的权限值为 rw-，则 wang 对该文件拥有的实际权限为 r--。ACL 与传统的文件权限组合叠加使用，为用户或组设置的 ACL 权限超出 mask 规定的权限范围的部分会被系统屏蔽。

3. 设置 ACL 的命令

setfacl 命令用于管理文件的 ACL，具体格式如下。

```
setfacl [选项]  [权限条目]   文件 ...
```

主要选项说明如下。

-m：更改文件的 ACL，不可与选项-x 同用。

-M：从文件中读取 ACL 条目以更改信息。

-x：根据文件中的 ACL 删除条目。

-X：从文件中读取 ACL 条目并删除。

-b：删除所有的 ACL 条目。

-k：删除默认 ACL。

-n：不重新计算有效权限掩码。

-R：递归操作子目录，其子目录会继承其权限，需要与-m、-x 等结合使用。

-d：为目录添加默认 ACL，需要与选项-m 结合使用，仅对目录操作有效。

-test：测试模式，并不实际修改 ACL。

微课 3-1　使用文件访问控制列表

下面示范该命令的基本操作。首先创建一个测试用的目录。

```
cxz@linuxpc1:~$ sudo mkdir /testacl
```

然后为用户 cxz 单独设置该目录的 ACL。

```
cxz@linuxpc1:~$ sudo setfacl  -m  u:cxz:rwx  /testacl
```

最后使用ls -ld命令查看该目录信息，其中权限部分最后的"+"表示已经设置了ACL。

```
cxz@linuxpc1:~$ ls -ld /testacl
drwxrwxr-x+ 2 root root 4096 2月 24 17:03 /testacl
```

4. 获取 ACL 的命令

getfacl 命令用于获取并显示 ACL，具体格式如下。

```
getfacl  [选项]  文件 ...
```

主要选项说明如下。

-a: 仅显示文件 ACL。

-c: 不显示注释表头。

-d: 仅显示默认的 ACL。

-e: 显示所有的有效权限。

-E: 显示无效权限。

-R: 递归显示子目录的 ACL。

-t: 使用制表符分隔的输出格式。

-n: 显示数字形式的用户或组标识。

-p: 不去除路径前的"/"符号。

下面查看上述示例所设置的目录的 ACL 信息。

```
cxz@linuxpc1:~$ getfacl /testacl
getfacl: 从绝对路径名尾部去除" / "字符。
# file: testacl              # 文件（目录）名
# owner: root                # 文件所有者
# group: root                # 文件所属组
user::rwx                    # 文件所有者具有读、写、执行权限
user:cxz:rwx                 # 用户 cxz 具有读、写、执行权限
group::r-x                   # 文件所属组具有读和执行权限
mask::rwx                    # 最大有效权限为读、写、执行
other::r-x                   # 其他用户具有读和执行权限
```

条目中的用户或组为空，则代表是为当前文件所有者或所属组设置的 ACL。

显示结果中的第 2~4 行是 ACL 表头注释信息，加上选项-c 则会忽略这些注释信息。

接下来进一步示范几种典型的 ACL 设置。

微课 3-2 典型的
ACL 设置

5. 递归设置 ACL

递归是指父目录在设置 ACL 时，所有的子文件和子目录也会拥有相同的 ACL。

（1）创建测试用的文件。由于前面已经为 cxz 设置/testacl 的 ACL，无须 sudo 命令即可在其中创建文件。

```
cxz@linuxpc1:~$ touch /testacl/file01
```

（2）查看该文件的 ACL，可以发现其并未继承父目录/testacl 的 ACL。

```
cxz@linuxpc1:~$ getfacl -c /testacl/file01
getfacl: 从绝对路径名尾部去除" / "字符。
user::rw-
group::rw-
other::r--
```

（3）递归设置/testacl 的 ACL。

```
cxz@linuxpc1:~$ sudo setfacl  -Rm  u:cxz:rwx  /testacl
```

（4）再次查看该文件的 ACL，发现设置有与父目录相同的 ACL。

```
cxz@linuxpc1:~$ getfacl -c /testacl/file01
getfacl: 从绝对路径名尾部去除" / "字符。
user::rw-
user:cxz:rwx                        # cxz 用户的 ACL
group::rw-
mask::rwx                           # 用户或组能够拥有的最大权限
other::r--
```

6. 目录继承 ACL 设置

为确保在目录中创建的子目录和文件继承特定的 ACL，需要为该目录设置默认 ACL。如果给父目录设置了默认 ACL，那么父目录中所有新建的子目录或文件都会继承父目录的 ACL。

（1）创建另一个测试用的目录。

```
cxz@linuxpc1:~$ sudo mkdir /newacl
```

（2）为该目录添加默认 ACL。

```
cxz@linuxpc1:~$ sudo setfacl -dm u:cxz:rwx /newacl
```

（3）查看该目录的 ACL。

```
cxz@linuxpc1:~$ getfacl -c /newacl
getfacl: 从绝对路径名尾部去除" / "字符。
user::rwx
group::r-x
other::r-x
default:user::rwx                   # 增加了默认 ACL
default:user:cxz:rwx
default:group::r-x
default:mask::rwx
default:other::r-x
```

（4）在该目录中创建一个子目录。

```
cxz@linuxpc1:~$ sudo mkdir -p /newacl/dir01
```

（5）查看该子目录的 ACL，可以发现其已经完全继承父目录的默认 ACL。

```
cxz@linuxpc1:~$ getfacl -c /newacl/dir01
getfacl: 从绝对路径名尾部去除" / "字符。
user::rwx
user:cxz:rwx
group::r-x
mask::rwx
other::r-x
default:user::rwx
default:user:cxz:rwx
default:group::r-x
default:mask::rwx
default:other::r-x
```

以上结果表明，在有默认权限的目录下新建子目录时，子目录除了会继承基本的 ACL 之外，还会继承默认 ACL。

7. 文件继承 ACL 设置

只有目录才能有默认 ACL，文件本身没有默认 ACL，文件继承父目录的权限并得出有效权限。

（1）将当前目录切换到/newacl/dir01 子目录下，创建一个测试用的文件。

```
cxz@linuxpc1:~$ cd /newacl/dir01
cxz@linuxpc1:/newacl/dir01$ touch file001
```

（2）查看该文件的 ACL，发现其部分继承父目录的 ACL。

```
cxz@linuxpc1:/newacl/dir01$ getfacl -c file001
```

```
user::rw-
user:cxz:rwx        #effective:rw-  与 mask 值进行"与"运算得出的有效权限
group::r-x          #effective:r--  与 mask 值进行"与"运算得出的有效权限
mask::rw-           #用户或组能够拥有的最大权限
other::r--
```

由于父目录设置有可供继承的默认 ACL，这里的显示结果中增加了 effective 信息，表示实际的有效权限，用户或组设置的实际权限都是与 mask 最大权限"与"运算的结果。不过 mask 对文件访问者身份为其他用户（other）的权限没有任何影响。可以使用 setfacl 命令手动更改 mask 权限，例如，更改目录 mask 值为 r-x 的命令如下。

```
setfacl -m m:rx 目录
```

需要注意的是，如果子目录或文件在为父目录设置默认 ACL 之前就已经创建，则不会继承父目录的默认 ACL，子目录的下级子目录和文件也不会继承。

3.5 习题

1. Linux 目录结构与 Windows 的有何不同？
2. Linux 目录配置标准有何规定？
3. Linux 文件有哪些类型？
4. 关于文件显示的命令主要有哪些？
5. 什么是 ACL？为什么要使用 ACL？
6. 使用文件管理器浏览、查找和操作文件和文件夹。
7. 在命令行中创建一个目录，然后删除。
8. 使用 grep 命令查找文件内容。
9. 使用 find 命令查找文件。
10. 使用 ls –l 命令查看文件属性，并进行分析。
11. 使用 chown 命令更改文件所有者。
12. 使用字符形式修改文件权限。
13. 使用数字形式修改文件权限。
14. 将 umask 值改为 002，请计算出目录和文件创建的默认权限。
15. 设置目录继承 ACL 并进行测试。

第 4 章

磁盘存储管理

04

文件与目录都需要存储到各类存储设备中，磁盘是最主要的存储设备之一。操作系统必须以特定的方式对磁盘进行操作。用户通过磁盘管理建立原始数据存储，然后借助文件系统将原始数据存储转换为能够存储和检索数据的可用格式。本章在介绍 Linux 磁盘存储基础知识的基础上，重点介绍 Ubuntu 磁盘与文件系统的操作，包括磁盘分区、建立文件系统挂载和使用文件系统以及外部存储设备等。

学习目标

① 了解 Linux 磁盘分区和文件系统的概念，掌握磁盘和分区命名方法。

② 熟练使用命令行工具管理磁盘分区，以及创建、挂载和维护文件系统。

③ 学会使用图形用户界面工具管理磁盘分区和文件系统。

④ 熟悉外部存储设备文件的挂载和使用。

4.1 Linux 磁盘存储概述

磁盘用来存储需要永久保存的数据，常见的磁盘包括硬盘、光盘、闪存（Flash Memory，如 U 盘、CF 存储卡、SD 存储卡）等。这里的磁盘主要是指硬盘。磁盘在系统中被使用前都必须进行分区，然后对分区格式化，这样才能用来保存文件和数据。

4.1.1 磁盘数据组织

首先要了解磁盘的数据是如何组织的。

1. 磁盘寻址方式

不同的物理存储设备，其物理地址编码是不同的。物理块地址（Physical Block Address，PBA）是硬盘出厂时最原始的寻址机制。逻辑块地址（Logical Block Address，LBA）是描述计算机存储设备上数据所在区块的通用机制，它抽象了存储设备硬件结构，为存储设备提供了统一的寻址方式。LBA 将所有的区块都统一编号，按照从 0 到某个最大值排列，这样只用一个序数就确定了一个唯一的物理存储地址。而在数据转换存储的过程中，LBA 是基于 PBA 换算出来的有序寻址方式。

传统的硬盘驱动器（Hard Disk Drive，HDD）的数据可以直接覆盖，因此 LBA 与 PBA 的关系是一一对应的、固定不变的。新型的固态盘（Solid State Disk，SSD）则比较复杂，原因是 SSD 使用的存储介质与非型闪存需要先擦除才能写入，读写以页为单位，擦除以块（多个页组成）为单位，导致 LBA 和 PBA 的关系不再是固定不变的。SSD 需要闪存转换层（Flash Translation Layer，FTL）来维护 LBA 和 PBA 的映射表，以配合现有的文件系统。

2. 低级格式化

所谓低级格式化，就是将空白磁盘划分出柱面和磁道，再将磁道划分为若干个扇区，每个扇区又划分出标识区、间隙（Gap）区和数据区等。目前所有硬盘厂商在其产品出厂前，已经对硬盘进行了低级格式化处理。低级格式化是物理级的，对硬盘有损伤，会影响磁盘寿命。如果硬盘已有物理坏道，则低级格式化会使损伤更严重，加快其报废的速度。

低级格式化适合 HDD，而 SSD 的原理完全不同，低级格式化对 SSD 来说没有意义。

3. 磁盘分区

磁盘必须先进行分区，建立文件系统后，才可以存储数据。分区也有助于更有效地使用磁盘空间。每一个分区在逻辑上都可以视为一个磁盘。

每一个磁盘都可以划分若干分区，每一个分区有一个起始扇区和终止扇区，中间的扇区数量决定了分区的容量。分区表用来存储这些磁盘分区的相关数据，如每个磁盘分区的起始地址、结束地址、是否为活动磁盘分区等。

HDD 分区的磁道是物理隔离的，对一个分区的访问不会读写另一个分区所在的磁道。而 SSD 全部使用电路操作，全盘读写性能都是一致的，一般不用分区，即使分区，各分区之间也没有真正的物理隔离。

4. 高级格式化

磁盘分区在作为文件系统使用之前还需要进行初始化，并将记录数据结构写到磁盘上，这个过程就是高级格式化，实际上就是在磁盘分区上建立相应的文件系统，对磁盘的各个分区进行磁道的格式化，在逻辑上划分磁道。平常所说的格式化就是指高级格式化。高级格式化与操作系统有关，不同的操作系统有不同的格式化程序、不同的格式化结果、不同的磁道划分方法。当一个磁盘分区被格式化之后，就可以被称为卷（Volume）。

 提示　术语"分区"和"卷"通常可互换使用。就文件系统的抽象层来说，卷和分区的含义是相同的。分区是硬盘上由连续扇区组成的一个区域，需要进行格式化才能存储数据。硬盘上的卷是经过格式化的分区或逻辑驱动器。另外，还可将一个物理磁盘看作一个物理卷（Physical Volume，PV）。

4.1.2　Linux 磁盘设备命名

在 Linux 中，设备文件名用字母表示不同的设备接口，例如字母 a 表示第 1 个接口，字母 b 表示第 2 个接口，磁盘设备也不例外。

IDE 硬盘（包括光驱设备）由内部连接来区分，最多可以连接 4 台设备。/dev/hda 表示第 1 个 IDE 通道（IDE1）的主（Master）设备，/dev/hdb 表示第 1 个 IDE 通道的从（Slave）设备。按照这个规则，/dev/hdc 和/dev/hdd 为第 2 个 IDE 通道（IDE2）的主设备和从设备。

原则上 SCSI、SAS、SATA、USB 硬盘（包括 SSD）的设备文件名均以/dev/sd 开头。这些设备命名依赖于设备 ID，不考虑遗漏的 ID。例如，3 个 SCSI 设备的 ID 分别是 0、2、5，其设备名分别是

/dev/sda、/dev/sdb 和/dev/sdc；如果再添加一个 ID 为 3 的设备，则这个设备将以/dev/sdc 来命名，ID 为 5 的设备将改称为/dev/sdd。一般情况下 SATA 硬盘类似于 SCSI 硬盘，在 Linux 中用类似/dev/sda 这样的设备名表示。

NVMe 是较新的硬盘接口，Linux 内核从 3.3 版本开始支持这种接口。一个 NVMe 控制器可以连接多个 NVMe 磁盘。NVMe 控制器用字符串 nvme 表示，从 0 开始编号；NVMe 磁盘用字母 n 表示，并从 1 开始编号。第 1 个控制器连接的第 1 个和第 2 个硬盘分别命名为/dev/nvme0n1 和/dev/nvme0n2，以此类推。

4.1.3 Linux 磁盘分区

与 Windows 一样，磁盘在 Linux 中也必须先进行分区，建立文件系统后，才可以存储数据。

1. 分区样式：MBR 与 GPT

磁盘分区可以采用不同类型的分区表，分区表类型决定了分区样式。目前，Linux 主要使用 MBR（Master Boot Record）和 GPT（GUID Partition Table）两种分区样式。MBR 磁盘分区如图 4-1 所示，最多可支持 4 个主分区，可通过扩展分区来支持更多的逻辑分区，在 Linux 中将该分区样式又称为 msdos。这样一个 MBR 磁盘最多有 4 个主分区，或者 3 个主分区加一个扩展分区。

一个 GPT 磁盘内最多可以创建 128 个主分区，不必创建扩展分区或逻辑分区。MBR 磁盘分区的容量限制是 2TB，GPT 磁盘分区可以突破 MBR 的 2TB 容量限制，特别适合用作大于 2TB 的硬盘分区。GPT 磁盘分区如图 4-2 所示。一个 GPT 磁盘可以分为两大部分：保护 MBR 和 EFI（Extensible Firmware Interface，可扩展固件接口）。保护 MBR 只有 0 号扇区，在这个扇区中包含一个 DOS 分区表，分区表内只有一个表项，这个表项描述了一个类型值为 0xEE 的分区，大小为整个磁盘的大小。保护 MBR 只是为了兼容，让仅支持 MBR 的程序也可以正常运行。EFI 才是 GPT 磁盘分区所在位置。

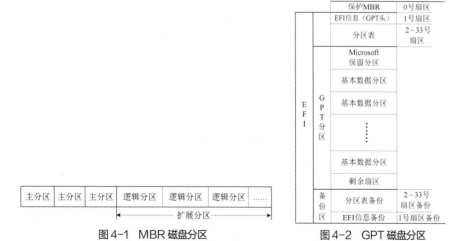

图 4-1　MBR 磁盘分区　　　　图 4-2　GPT 磁盘分区

可以将现有的 MBR 磁盘转换为 GPT 磁盘。也可以将 GPT 磁盘转换为 MBR 磁盘，不过如果磁盘有数据，则这种转换会发生数据丢失。

2. 磁盘分区命名

在 Linux 中，磁盘分区命名需要在磁盘设备命名的基础上加上分区编号。这样，IDE 硬盘分区采用

/dev/hd*xy* 这样的形式命名，SCSI、SAS、SATA、USB 硬盘分区采用/dev/sd*xy* 这样的形式命名，其中 *x* 表示设备编号（从 a 开始），*y* 表示分区编号（从 1 开始）。

Linux 为 MBR 磁盘分配 1～16 的编号，也意味着每一个这样的磁盘最多有 16 个分区，主分区（或扩展分区）占用前 4 个编号（1～4），而逻辑分区占用 5～16 共 12 个编号。例如，第 1 块 SCSI 硬盘的主分区为 sda1，扩展分区为 sda2，扩展分区下的第 1 个逻辑分区为 sda5（从 5 开始才用来为逻辑分区命名）。

NVMe 硬盘的分区命名在磁盘设备命名的基础上用 p 表示，编号从 1 开始。例如，/dev/nvme0n1 磁盘的第 1 个分区名称为/dev/nvme0n1p1。

4.1.4　Linux 文件系统

目录结构是操作系统中管理文件的逻辑方法，对用户来说是可见的。而文件系统是磁盘或分区上文件的物理存放方法，对用户来说是不可见的。文件系统是操作系统在磁盘上组织文件的方法，也就是保存文件信息的方法和数据结构。

不同的操作系统使用的文件系统格式不同。Linux 文件系统格式主要有 ext2、ext3、ext4 等。Linux 还支持 XFS、HPFS、ISO 9660、Minix、NFS、VFAT（FAT16、FAT32）等文件系统格式。现在的 Ubuntu 版本使用 ext4 作为其默认文件系统格式。

ext 是 Extented File System（扩展文件系统）的简称，一直是 Linux 首选的文件系统格式。在过去较长一段时间里，ext3 是 Linux 操作系统的主流文件系统格式，Linux 内核自 2.6.28 版本开始正式支持新的文件系统格式 ext4。

作为 ext3 的改进版，ext4 修改了 ext3 中部分重要的数据结构，以提供更佳的性能和可靠性，以及更为丰富的功能。ext4 的英文全称是 Fourth Extended File System，即第 4 代扩展文件系统。ext4 引入现代文件系统中流行的 Extent 文件存储方式，以取代 ext2/3 使用的块映射（Block Mapping）方式。ext4 属于大型文件系统，支持最高容量为 1EB（1048576TB）的分区、最大尺寸为 16TB 的单个文件。ext4 向下兼容 ext3 与 ext2，可将 ext3 和 ext2 的文件系统挂载为 ext4 分区。

对企业级应用来说，性能最为重要，特别是面对高并发大量、小型文件这种情况。Ubuntu 服务器可以考虑改用 XFS 文件系统来满足这类需求。XFS 是专为超大分区及大文件设计的，它支持最高容量为 18EB 的分区、最大尺寸为 9EB 的单个文件。

4.1.5　磁盘分区规划

在安装 Ubuntu 的过程中，可以使用内置的可视化工具进行磁盘分区。系统安装完成后，可能需要添加新的磁盘并创建新的分区，或者调整现有磁盘的分区，这都需要使用磁盘分区工具。磁盘分区需要根据应用需求、磁盘容量来确定分区规划方案。

1. Linux 分区类型：Linux 与 Linux Swap

Linux 分区涉及分区类型，分区类型规定了分区上面的文件系统格式。Linux 支持多种文件系统格式，包括 FAT32、FAT16、NTFS、HP-UX 等。Linux（以前称为 Linux Native）和 Linux Swap 是 Linux 特有的分区类型。

Linux 分区是存放系统文件的地方，是最基本的 Linux 分区，用于承载 Linux 文件系统。可以将 Linux 安装在一个或多个类型为 Linux 的磁盘分区中。

Linux Swap 分区是 Linux 暂时存储数据的交换分区，主要用于保存物理内存上暂时不用的数据，在需要的时候再调进内存。可以将其理解为与 Windows 的虚拟内存一样的技术。

2. 规划磁盘分区

理论上，在磁盘空间足够时可以建立任意数量的分区（挂载点），但在实际应用中很少需要大量分区。规划磁盘分区，需要考虑磁盘的容量、系统的规模与用途、备份空间等。

虽然整个 Linux 操作系统可以使用一个单一的大分区，但是实际应用中建议采用多分区方案。

为提高可靠性，系统磁盘可以考虑增加一个引导分区（/boot）。引导分区包含操作系统的内核和在启动过程中所要用到的文件。引导分区不是必需的，如果没有创建引导分区，引导文件就安装在根分区（/）中。但是，单独的引导分区可以保证根分区出现问题时系统依然能够启动。

如果磁盘空间很大或者安装有多个磁盘，可以按用途划分多个分区，如/home 分区主要用于存放个人数据，/usr 分区用于存放 Linux 软件，/tmp 分区用于存放临时文件等。

分区无论是在系统磁盘上，还是在非系统磁盘上，都要挂载到根目录下才能使用。

4.1.6　磁盘分区工具

在 Ubuntu 中有多种磁盘分区工具可供选择。主要的命令行工具如下。

● fdisk：各种 Linux 发行版中最常用的分区工具之一，使用灵活，简单易用。早期版本的 fdisk 仅支持 MBR 分区，磁盘容量最大为 2TB。不过新版本已经可以支持 2TB 以上的磁盘容量和 GPT 分区表。

● gdisk：又称 GPT fdisk，相当于 fdisk 的升级版，主要使用的是 GPT 分区类型，用来划分容量大于 2TB 的硬盘，与 fdisk 用法相似。

● parted：是一个比 fdisk 和 gdisk 功能更强大的分区工具，支持的分区类型非常多，而且可以调整原有分区大小，只是操作复杂一些。

Ubuntu 提供一个基于 TUI 的分区工具 cfdisk，它比 fdisk 的操作界面更为直观，但与真正的图形用户界面相比还是要逊色一些。

Ubuntu 内置一个图形用户界面的磁盘管理器，可以管理磁盘和其他外部存储设备，功能非常强大。与 Windows 的磁盘管理工具类似，磁盘分区只是其中一项功能。

另外，还可以安装专门的图形用户界面分区工具 Gparted，这是 parted 工具的图形用户界面前端。

4.2　管理磁盘分区和文件系统

Linux 在安装过程中，会自动创建磁盘分区和文件系统。但在系统的使用和管理中，往往还需要在磁盘中建立和使用文件系统，主要包括以下 3 个步骤。

（1）对磁盘进行分区。

（2）在磁盘分区上建立相应的文件系统。这个过程称为建立文件系统或者格式化。

（3）建立挂载点目录，将分区挂载到系统相应目录下，即可访问该文件系统。

要更系统地掌握 Linux 的磁盘分区和文件系统管理，最好从熟悉相关的命令行工具的使用开始。

4.2.1　使用 fdisk 进行分区管理

磁盘分区命令行工具选择常用的 fdisk，Ubuntu 新版本提供的 fdisk 命令支持 GPT 分区。磁盘分区操作容易导致数据丢失，建议对现有的重要数据进行备份之后再进行分区操作。在实际使用过程中，可能需要添加或者更换磁盘。要安装新的磁盘（热插拔硬盘除外），首先要关闭计算机，按要求把磁盘安装到计算机中，重启计

微课 4-1　使用 fdisk 进行分区管理

算机，进入 Linux 操作系统后可执行 dmesg 命令查看新添加的磁盘是否已被识别，然后进行分区操作。

1. fdisk 简介

fdisk 可以在两种模式下运行：交互模式和非交互模式。其语法格式如下。

```
fdisk [选项] <磁盘设备名>
fdisk [选项] -l [<磁盘设备名>]
```

这两种格式分别用于更改分区表和列出分区表。主要选项如下。

- -l：显示指定磁盘设备的分区表信息，如果没有指定磁盘设备，则显示/proc/partitions 文件中的信息。
- -u：在显示分区表时以扇区（512B）代替柱面作为显示单位。
- -s：在标准输出中以块为单位显示分区的大小。至于设备的名称，对于 IDE 磁盘设备，设备名为/dev/hd[a-h]；对于 SCSI 或 SATA 磁盘设备，设备名为/dev/sd[a-p]。
- -C <数量>：定义磁盘的柱面数，一般情况下不需要对此进行定义。
- -H <数量>：定义分区表所使用的磁盘磁头数，一般为 255 或者 16。
- -S <数量>：定义每个磁盘的扇区数。

Ubuntu 管理员需要使用 sudo 命令切换到 root 身份执行 fdisk 命令。

不带任何选项，以磁盘设备名为参数执行 fdisk 命令就可以进入交互模式，此时可以通过执行 fdisk 交互命令完成相应的操作。执行 m 指令即可获得交互命令的帮助信息。交互命令的具体介绍如表 4-1 所示。

表 4-1 fdisk 交互命令

命令	说明	命令	说明
a	更改可引导标志	o	创建一个新的空 DOS 分区表
b	编辑嵌套 BSD 磁盘标签	p	显示硬盘的分区表
c	标识为 DOS 兼容分区	q	退出 fdisk 交互模式，但是不保存
d	删除一个分区	s	创建一个新的、空的 SUN 磁盘标签
g	创建一个新的空 GPT 分区表	t	改变分区的类型号码
G	创建一个新的空 SGI（IRIX）分区表	u	改变分区显示或记录单位
l	显示 Linux 所支持的分区类型	v	校验该硬盘的分区表
m	显示帮助菜单	w	保存修改结果并退出 fdisk 交互模式
n	创建一个新的分区	x	进入专家模式执行特殊功能（适合专业人员使用）

通过 fdisk 交互模式中的各种命令可以对磁盘分区进行有效管理。为便于实验，请加挂一块未使用的硬盘，为 VMware 虚拟机添加一块容量为 20GB 的虚拟磁盘（需要重启系统才能发现新磁盘）。

2. 查看现有分区

通常先要查看现有的磁盘分区信息。执行 fdisk -l 命令可列出系统所连接的所有磁盘的基本信息，也可获知未分区磁盘的信息。下面的例子显示磁盘分区查看结果，这里使用符号"#"增加中文解释（以下相同）。

```
cxz@linuxpc1:~$ sudo fdisk -l
Disk /dev/loop0: 4 KiB, 4096 字节, 8 个扇区
#此处省略
#以下为第 1 个磁盘的基本信息
Disk /dev/sda: 60 GiB, 64424509440 字节, 125829120 个扇区
Disk model: VMware Virtual S
单元: 扇区 / 1 * 512 = 512 字节
```

```
扇区大小(逻辑/物理)：512 字节 / 512 字节
I/O 大小(最小/最佳)：512 字节 / 512 字节
磁盘标签类型：gpt                                                    #这是 GPT 磁盘
磁盘标识符：28221DD1-BE45-4F82-AE2D-C1A4059614CE
#以下为该磁盘的分区信息
设备              起点        末尾        扇区        大小      类型
/dev/sda1        2048       4095        2048       1M       BIOS 启动
/dev/sda2        4096       1054719     1050624    513M     EFI 系统
/dev/sda3        1054720    125827071   124772352  59.5G    Linux 文件系统
#以下为第 2 个磁盘的基本信息（此时未分区）
Disk /dev/sdb: 20 GiB, 21474836480 字节, 41943040 个扇区
Disk model: VMware Virtual S
单元：扇区 / 1 * 512 = 512 字节
扇区大小(逻辑/物理)：512 字节 / 512 字节
I/O 大小(最小/最佳)：512 字节 / 512 字节
Disk /dev/loop8: 45.86 MiB, 48091136 字节, 93928 个扇区
#此处省略
```

Ubuntu 新版本安装过程中创建的磁盘分区的样式为 GPT。在磁盘的分区信息中，"设备"（Device）表示磁盘分区名称，"起点"（Start）表示起始柱面数，"末尾"（End）表示结束柱面数，"扇区"（Sector）表示扇区数，"大小"（Size）表示磁盘容量，"类型"（Type）表示分区类型。

 提 示 上述磁盘分区信息中包括若干名为 dev/loopx 的设备（x 为从 0 开始的序号）。在类 UNIX 系统中，loop 设备是一种伪设备（仿真设备），使得文件如同块设备一般被访问。此类设备节点通常命名为/dev/loop0、/dev/loop1 等。一个 loop 设备必须和一个文件连接之后才能使用。如果文件包含一个完整的文件系统，那么这个文件就可以像一台磁盘设备一样被挂载使用。上述 dev/loopx 设备是由 Snap 包安装产生的。

要查看某一磁盘的分区信息，需要在 fdisk -l 命令后面加上磁盘名称。当然，进入 fdisk 交互模式，执行 p 命令也可查看磁盘分区表。建议读者再创建一个主分区/dev/sdb2。

3. 创建分区

通常使用 fdisk 交互模式来对磁盘进行分区操作。执行带磁盘设备名参数的 fdisk 命令，进入交互模式操作界面，一般先执行 p 命令来显示硬盘分区表的信息，然后根据分区信息确定新的分区规划，最后执行 n 命令创建新的分区。下面示范分区创建过程。

```
cxz@linuxpc1:~$ sudo fdisk /dev/sdb
#此处省略部分提示信息，设备不包含可识别的分区表
创建了一个磁盘标识符为 0x839a19ac 的新 DOS 磁盘标签。
命令(输入 m 获取帮助)：n                                      #创建新的 DOS 分区（即 MBR 分区）
分区类型                                                    #选择要创建的分区类型
   p   主分区 (0 primary, 0 extended, 4 free)
   e   扩展分区 (逻辑分区容器)
选择 (默认 p)：p
分区号 (1-4, 默认 1)：1
第一个扇区 (2048-41943039, 默认 2048)：                                          #起始扇区
Last sector, +/-sectors or +/-size{K,M,G,T,P} (2048-41943039, 默认 41943039)：+5G
                                                        #结束扇区，此处也可输入扇区大小
```

创建了一个新分区 1，类型为"Linux"，大小为 5 GiB。

命令(输入 m 获取帮助)：p   #查看分区信息

Disk /dev/sdb: 20 GiB, 21474836480 字节, 41943040 个扇区

Disk model: VMware Virtual S

单元：扇区 / 1 * 512 = 512 字节

扇区大小(逻辑/物理)：512 字节 / 512 字节

I/O 大小(最小/最佳)：512 字节 / 512 字节

磁盘标签类型：dos   #MBR 磁盘标签类型为 dos

磁盘标识符：0x839a19ac

设备	启动	起点	末尾	扇区	大小	Id	类型
/dev/sdb1		2048	10487807	10485760	5G	83	Linux

命令(输入 m 获取帮助)：w   #保存分区信息并退出

本例创建的是 MBR 分区。需要注意的是，MBR 磁盘上如果有一个扩展分区，就可以在其中增加逻辑分区，但不能再增加扩展分区。在主分区和扩展分区创建完成前是无法创建逻辑分区的。与 GPT 磁盘分区列表不同，MBR 磁盘分区列表中多出了两列，即"启动"（Boot）表示是否启动分区，"Id"表示分区类型代码。

4. 修改分区类型

新增分区时，系统默认的分区类型为 Linux，对应的代码为 83。如果要把其中的某些分区改为其他类型，如 Linux Swap 或 FAT32 等，则可以在 fdisk 命令的交互模式下通过 t 命令来完成。执行 t 命令改变分区类型时，系统会提示用户要改变哪个分区、改变为什么类型（输入分区类型代码）。可执行 l 命令查询 Linux 所支持的分区类型代码及其对应的分区类型。改变分区类型后，执行 w 命令保存并且退出。

5. 删除分区

要删除分区，可以在 fdisk 交互模式下执行 d 命令，指定要删除的分区编号，最后执行 w 命令使之生效。如果删除扩展分区，则扩展分区上的所有逻辑分区都会被自动删除。

注意，不要删除 Linux 的启动分区或根分区。删除分区之后，余下的分区的编号会自动调整，如果被删除的分区在 Linux 启动分区或根分区之前，可能会导致系统无法启动，出现这类问题往往需要修改 GRUB 配置文件才能解决。

电子活页 4-1　使用 gdisk 和 fdisk 管理 GPT 分区

6. 保存分区修改结果

要使磁盘分区的任何修改（如创建新分区、删除已有分区、更改分区类型等）生效，必须执行 w 命令保存分区修改结果，这样在 fdisk 交互模式中所做的所有操作都会生效，且不可回退。如果分区表正忙，还需要重启计算机后才能使新的分区表生效。只要执行 q 命令退出 fdisk 交互模式，当前所有操作就不会生效。

对于正处于使用状态（被挂载）的磁盘分区，不能删除，也不能修改分区信息。建议对在用的分区进行修改之前，首先备份该分区上的数据。

4.2.2　建立文件系统——格式化磁盘分区

使用磁盘分区工具新建的分区上是没有文件系统的。要想在分区上存储数据，首先需要建立文件系统，即格式化磁盘分区。对于有数据的分区，建立文件系统会将分区上的数据全部删除，应慎重。

微课 4-2　建立文件系统

1. 查看文件系统格式

file 命令用于查看文件类型，磁盘分区可以被视作设备文件，使用选项 -s 可以查看块设备或字符设

备的类型，这里可用来查看文件系统格式。下面看一个例子。

```
cxz@linuxpc1:~$ sudo file -s /dev/sda3
/dev/sda3:        Linux       rev        1.0        ext4        filesystem        data,
UUID=25b056c6-923b-47ee-90c6-441ecc7909be (needs journal recovery) (extents) (64bit)
(large files) (huge files)
```

以上显示信息表示该分区采用 ext4 文件系统。检查新创建的分区/dev/sdb1，可以发现没有进行格式化。

```
cxz@linuxpc1:~$ sudo file -s /dev/sdb1
/dev/sdb1: data
```

2. 使用 mkfs 创建文件系统

创建文件系统通常使用 mkfs 工具，具体格式如下。

```
mkfs [选项] [-t <类型>] [文件系统选项] <设备名> [<大小>]
```

常用的文件系统类型有 ext3、ext4 和 msdos（FAT），如果没有指定创建的文件系统类型，默认为 ext2。文件系统选项用于提供针对不同的文件系统的不同参数，这些参数将被传给实际的文件系统创建工具。例如，-c 表示在创建之前检查是否有损坏的块，"-l 文件名"表示读取指定文件中的坏块列表，-v 表示提供版本信息。

这里的设备名是指分区的文件名称（如分区/dev/sda1、/dev/sdb2 等），大小是指块（block）数量，即指在文件系统中所使用的块的数量。

下例显示在分区/dev/sdb1 上建立 ext4 文件系统的实际过程。

```
cxz@linuxpc1:~$ sudo mkfs -t ext4 /dev/sdb1
mke2fs 1.46.5 (30-Dec-2021)
创建含有 1310720 个块（每块 4kB）和 327680 个 inode 的文件系统
文件系统 UUID: 8c41ab71-491b-439b-a6bd-0be61443dc24
超级块的备份存储于下列块：
 32768, 98304, 163840, 229376, 294912, 819200, 884736
正在分配组表: 完成
正在写入 inode 表: 完成
创建日志（16384 个块）: 完成
写入超级块和文件系统账户统计信息: 已完成
```

建立文件系统（格式化分区）之后，可以使用 file 命令来检查:

```
cxz@linuxpc1:~$ sudo file -s /dev/sdb1
/dev/sdb1:        Linux        rev        1.0        ext4        filesystem        data,
UUID=8c41ab71-491b-439b-a6bd-0be61443dc24 (extents) (64bit) (large files) (huge files)
```

mkfs 会调用 mke2fs 来创建文件系统，如果需要详细定制文件系统，可以直接使用 mke2fs 命令，它的功能更强大，支持许多选项和参数。

mkfs 只是不同文件系统创建工具（如 mkfs.ext2、mkfs.ext3、mkfs.ext4、mkfs.msdos 等）的一个前端，mkfs 本身并不执行创建文件系统的工作，而是去调用不同的工具。

对于新创建的文件系统，可以使用选项-f 强制检查。例如:

```
cxz@linuxpc1:~$ sudo fsck -f /dev/sdb1
fsck, 来自 util-linux 2.37.2
e2fsck 1.46.5 (30-Dec-2021)
第 1 遍: 检查 inode、块，和大小
第 2 遍: 检查目录结构
第 3 遍: 检查目录连接性
第 4 遍: 检查引用计数
第 5 遍: 检查组概要信息
/dev/sdb1: 11/327680 文件（0.0% 为非连续的），42078/1310720 块
```

3. 使用卷标和 UUID 表示文件系统

有些场合可以使用卷标（Label）或 UUID（Universally Unique Identifier，通用唯一识别码）来代替设备名以表示某一文件系统（分区）。由于卷标、UUID 与专用设备绑定在一起，系统总是能够找到对应的文件系统。

（1）创建和使用卷标。卷标可用于在挂载文件系统时代替设备名，指定外部日志时也可用卷标，形式为 LABEL=卷标。使用 mke2fs、mkfs.ext3、mkfs.ext4 命令创建一个新的文件系统时，可使用-L 选项为分区指定一个卷标（不超过 16 个字符）。执行以下命令将为分区/dev/sdb1 赋予一个卷标 DATA：

```
cxz@linuxpc1:~$ sudo mkfs.ext4 -L MYDOC /dev/sdb1
mke2fs 1.46.5 (30-Dec-2021)
/dev/sdb1 有一个 ext4 文件系统
创建于 Wed Mar  1 10:44:10 2023
无论如何也要继续？（y,N）y
#此处省略
写入超级块和文件系统账户统计信息：已完成
```

要显示或设置一个现有 ext2/3/4 文件系统的卷标，可使用 e2label 命令，具体格式如下。

```
e2label 设备名 ［新卷标］
```

如果不提供卷标参数，将显示分区卷标；如果提供卷标参数，将改变卷标。

例如，执行以下命令查看/dev/sdb1 分区的卷标。

```
cxz@linuxpc1:~$ sudo e2label /dev/sdb1
MYDOC
```

另外，使用以下命令也可设置卷标。

```
tune2fs -L 卷标 设备名
```

（2）创建和使用 UUID。UUID 的目的是支持分布式系统。UUID 是一个 128 位标识符，通常显示为 32 位十六进制数字，用 4 个"-"连接。与卷标相比，UUID 更具唯一性，这对 USB 驱动器这样的热插拔设备尤其有用。它代替文件系统设备名称时采用的形式为 UUID=UUID 号。

Linux 在创建 ext2/3/4 文件系统时会自动生成一个 UUID。可以使用 blkid 命令来查询文件系统的 UUID，该命令还可显示文件系统的类型和卷标。不带任何参数直接执行 blkid 命令将列出当前系统中所有已挂载文件系统的 UUID、卷标和文件系统类型。例如：

```
cxz@linuxpc1:~$ sudo blkid
/dev/sda3: UUID="25b056c6-923b-47ee-90c6-441ecc7909be" BLOCK_SIZE="4096" TYPE="ext4"
PARTUUID= "666062c6-8b60-4056-9175-214409f917dd"
/dev/loop1: TYPE="squashfs"  #以下有关/dev/loop1 设备的信息全部省略
/dev/sdb1: LABEL="MYDOC" UUID="49d9749e-d7ca-4b18-bddf-d486f7825889" BLOCK_SIZE=
"4096" TYPE="ext4" PARTUUID="839a19ac-01"
/dev/sr0: BLOCK_SIZE="2048" UUID="2022-08-10-16-21-45-00" LABEL="Ubuntu 22.04.1 LTS
amd64" TYPE="iso9660" PTTYPE="PMBR"
# 此处省略
```

 提 示　　squashfs 是一套基于 Linux 内核的只读文件系统，它可以将整个文件系统压缩存放在某个设备、某个分区或者普通的文件中。可以将其直接挂载使用，如果它仅仅是个文件，则可以将其当作 loop 设备使用。本例中 squashfs 是由 Snap 包安装产生的。

可以使用 tune2fs 命令来设置和清除文件系统的 UUID。具体格式如下。

```
tune2fs -U UUID 设备名
```

当然，指定的 UUID 要符合规则。

将选项-U 的参数设置为 random，可直接产生一个随机的新 UUID：

```
tune2fs -U random /dev/sdb1
```

如果要清除某文件系统的 UUID，只需将选项-U 的参数设置为 clear 即可：

```
tune2fs -U clear /dev/sdb1
```

4.2.3　挂载文件系统

建立了文件系统之后，还需要将文件系统连接到 Linux 目录树的某个位置上才能使用，这称为"挂载"。文件系统所挂载到的目录称为挂载点，该目录为进入该文件系统的入口。除了磁盘分区之外，其他各种存储设备也需要进行挂载才能使用。

微课 4-3 挂载
文件系统

1．挂载文件系统的要点

在进行挂载之前，应明确以下 3 点。

- 一个文件系统不应该被重复挂载在不同的挂载点中。
- 一个挂载点不应该挂载多个文件系统。
- 作为挂载点的目录通常应是空目录，因为挂载文件系统后该目录下的内容暂时消失。

Ubuntu 提供了专门的挂载点/mnt、/media 和/cdrom，其中/media 用于外部存储设备，/cdrom 直接用于挂载光盘，建议用户使用这些默认的目录作为挂载点。文件系统可以在系统引导过程中自动挂载，也可以使用命令手动挂载。

2．手动挂载文件系统

使用 mount 命令手动挂载文件系统，具体格式如下。

```
mount [-t 文件系统类型] [-L 卷标] [-o 挂载选项]　设备名　挂载点目录
```

其中，-t 选项可以指定要挂的文件系统类型。Ubuntu 支持绝大多数现有的文件系统格式，如 ext、ext2、ext3、ext4、XFS、HPFS、VFAT（FAT/FAT32 文件系统）、ReiserFS、ISO 9660（光盘格式）、NFS、CIFS、SMBFS 等。值得一提的是，它支持 NTFS 格式。如果不指定文件系统类型，mount 命令会自动检测磁盘设备商的文件系统，并以响应的类型进行挂载，因此在大多数情况下-t 选项并不是必需的。

选项-o 用于指定挂载选项，多个选项之间用逗号分隔，这些选项决定文件系统的功能。常用的文件系统挂载选项如表 4-2 所示。有些文件系统类型还有专门的挂载选项。

表 4-2　常用的文件系统挂载选项

选项	说明
async	I/O 操作是否使用异步方式，这种方式比同步效率高
auto/noauto	使用选项-a 挂载时，是否需要自动挂载
exec/noexec	是否允许执行文件系统上的可执行文件
dev/nodev	是否启用文件系统上的设备文件
suid/nosuid	是否启用文件系统上的特殊权限功能
user/nouser	是否允许普通用户执行 mount 命令挂载文件系统
ro/rw	文件系统是只读的，还是可读写的
remount	重新挂载已挂载的文件系统
defaults	相当于 rw、suid、dev、exec、auto、nouser、async 的组合；没有明确指定选项时使用它，也代表相关选项默认设置

也可使用 mount -a 命令挂载/etc/fstab 文件（后面专门介绍）中具备 auto 或 defauts 挂载选项的

文件系统。

执行不带任何选项和参数的 mount 命令，将显示当前所挂载的文件系统信息，例如：

```
cxz@linuxpc1:~$ mount
sysfs on /sys type sysfs (rw,nosuid,nodev,noexec,relatime)
proc on /proc type proc (rw,nosuid,nodev,noexec,relatime)
udev on /dev type devtmpfs (rw,nosuid,relatime,size=4012700k,nr_inodes=1003175,
mode=755,inode64)
devpts on /dev/pts type devpts (rw,nosuid,noexec,relatime,gid=5,mode=620,ptmxmode=000)
tmpfs on /run type tmpfs (rw,nosuid,nodev,noexec,relatime,size=810476k,mode=755,inode64)
/dev/sda3 on / type ext4 (rw,relatime,errors=remount-ro)
#以下省略
```

mount 命令不会创建挂载点目录，如果挂载点目录不存在就要先创建。下面的例子显示挂载操作的完整过程。

```
cxz@linuxpc1:~$ sudo mkdir /usr/mydoc              #创建一个挂载点目录
cxz@linuxpc1:~$ sudo mount /dev/sdb1 /usr/mydoc    #将/dev/sdb1 挂载到/usr/mydoc
cxz@linuxpc1:~$ mount                              #显示当前已经挂载的文件系统
#此处省略
/dev/sdb1 on /usr/mydoc type ext4 (rw,relatime)    #表明该文件系统挂载成功
```

 提示　　Linux 内核从 2.6.29 版本开始默认集成了一个名为 relatime 的文件系统属性。理解该属性的前提是了解 Linux 文件的 3 个时间属性，分别是 atime（Access Time），即文件最后一次被读取的时间；ctime（Change Time），即文件状态（索引节点）最后一次被改变的时间；mtime（Modified Time），即文件内容最后一次被修改的时间。使用 relatime 选项挂载文件系统后，只有当 mtime 比 atime 更新的时候才会更新 atime。例如，在文件读操作频繁的系统中，atime 更新所带来的开销大，挂载文件系统时使用 noatime 选项来停止更新 atime。但是有些程序需要根据 atime 进行一些判断和操作，此时就需要 relatime 属性了。

手动挂载的设备在系统重启后需要重新挂载，对于硬盘等长期要使用的设备，最好在系统启动时能自动挂载。

3. 自动挂载文件系统

Ubuntu 使用配置文件/etc/fstab 来定义文件系统配置，系统启动过程中会自动读取该文件中的内容，并挂载相应的文件系统，因此，只需将要自动挂载的设备和挂载点信息加入该配置文件即可实现自动挂载。该配置文件还可设置文件系统的备份频率，以及开机时执行文件系统检查（使用 fsck 工具）的顺序。

可使用文本编辑器来查看和编辑该配置文件中的内容。这里给出如下一个例子：

```
# <file system> <mount point>    <type>         <options>          <dump>      <pass>
# 文件系统        挂载点           文件系统类型    选项               备份        检查
# / was on /dev/sda3 during installation（系统安装期间将/dev/sda3 自动挂载到根目录）
UUID=25b056c6-923b-47ee-90c6-441ecc7909be /        ext4    errors=remount-ro 0    1
# /boot/efi was on /dev/sda2 during installation（将/dev/sda2 自动挂载到/boot/efi）
UUID=8AE8-6D35                           /boot/efi vfat    umask=0077         0    1
/swapfile                                none      swap    sw                 0    0
```

每一行定义一个系统启动时自动挂载的文件系统，共 6 个字段，从左至右依次为文件系统、挂载点、文件系统类型、选项（即挂载选项，见表 4-2）、备份（即是否需要备份，0 表示不备份，1 表示备份）、检查（即是否检查文件系统及其检查次序，0 表示不检查，非 0 表示检查及其次序）。注意，本例中前两个文件系统使用的是其 UUID，而不是名称。

可将要挂载的文件系统按照此格式添加到该配置文件中。下例用于自动挂载某硬盘分区。

```
/dev/sdb1          /usr/mydoc              ext4 defaults  0    0
```

4. /etc/mtab 配置文件

除/etc/fstab 文件之外，还有一个/etc/mtab 文件用于记录当前已挂载的文件系统信息。在默认情况下，执行挂载操作时系统将挂载信息实时写入/etc/mtab 文件，只有执行使用选项-n 的 mount 命令时，才不会写入该文件。执行文件系统卸载操作也会动态更新/etc/mtab 文件。fdisk 等工具必须读取/etc/mtab 文件，才能获得当前系统中的文件系统挂载情况。

5. 卸载文件系统

文件系统使用完毕需要进行卸载，这就要执行 umount 命令，具体格式如下。

```
umount  [-dflnrv]  [-t <文件系统类型>] 挂载点目录|设备名
```

选项-n 表示卸载时不要将信息存入/etc/mtab 文件；选项-r 表示如果无法成功卸载，则尝试以只读方式重新挂载；选项-f 表示强制卸载，对于一些网络共享目录很有用。

执行 umount -a 命令将卸载/etc/fstab 中记录的所有文件系统。

正在使用的文件系统不能卸载。如果正在访问的某个文件或者当前目录位于要卸载的文件系统上，应该关闭文件或者退出当前目录，然后执行卸载操作。

4.2.4　检查维护文件系统

为了保证文件系统的完整性和可靠性，在挂载文件系统之前，Linux 默认会检查文件系统状态，因而很少需要用户来执行维护文件系统的工作。

1. 使用 fsck 检查并修复文件系统

硬件问题造成的宕机可能会带来文件系统的错乱，可以使用磁盘检查工具来维护。Windows 提供了磁盘检查工具，Ubuntu 也提供了类似的命令行工具 fsck 来检查指定分区中的 ext 文件系统，并进行错误修复。具体格式如下。

```
fsck [选项] -- [文件系统选项] [<文件系统> ...]
```

fsck 命令不能用于检查系统中已经挂载的文件系统，否则将造成文件系统的损坏。如果要检查根文件系统，应该从软盘或光盘引导系统，然后对根文件系统所在的设备进行检查。如果文件系统不完整，可以使用 fsck 进行修复。修复完成后需要重新启动系统，以读取正确的文件系统信息。

2. 使用 df 检查文件系统的磁盘空间占用情况

可以使用 df 命令来获取硬盘被占用多少空间，目前还剩多少空间。选项-a 表示显示所有文件系统的磁盘使用情况，包括虚拟、重复和无法访问的文件系统，如/proc；选项-h 表示以最适合的单位显示；选项-i 表示显示索引节点信息，而不是块信息；选项-l 表示显示本地分区的磁盘空间使用情况。这里给出一个例子：

```
cxz@linuxpc1:~$ df -lh
文件系统         容量      已用     可用    已用% 挂载点
tmpfs           792M    2.1M     90M     1% /run
/dev/sda3        59G     11G     45G    20% /
tmpfs           3.9G       0    3.9G     0% /dev/shm
tmpfs           5.0M    4.0K    5.0M     1% /run/lock
/dev/sda2       512M    6.1M    506M     2% /boot/efi
tmpfs           792M    4.7M    787M     1% /run/user/1000
/dev/sr0        3.6G    3.6G       0   100% /media/cxz/Ubuntu 22.04.1 LTS amd64
```

```
/dev/sdb1    4.9G    24K   4.6G     1% /usr/mydoc
```

3. 使用 du 查看文件和目录的磁盘使用情况

du 命令用于显示指定的文件或目录的有关信息，具体格式如下。

```
du [选项]... [文件]...
```

如果指定目录，那么 du 命令会递归计算指定目录中的每个文件和子目录的总和。选项-c 表示最后再加上总计（这是默认设置），选项-s 表示显示各目录的汇总，选项-x 表示只计算同属同一个文件系统的文件。还可以使用与 df 命令相同的选项（如-h 等）来控制输出格式。

4. 将 ext3 文件系统转换为 ext4 文件系统

可以使用以下命令将原有的 ext2 文件系统转换成 ext3 文件系统。

```
tune2fs -j  分区设备名
```

对于已经挂载使用的文件系统，不需要卸载就可执行转换。转换完成后，不要忘记将/etc/fstab 文件中对应分区的文件系统由原来的 ext2 更改为 ext3。

如果要将 ext3 文件系统转换为 ext4 文件系统，首先使用 umount 命令将该分区卸载，然后执行tune2fs 命令进行转换，具体格式如下。

```
tune2fs -O extents,uninit_bg,dir_index 分区设备名
```

完成转换之后，最好使用 fsck 命令进行扫描，具体格式如下。

```
fsck -pf  分区设备名
```

最后，使用 mount 命令挂载转换之后的 ext4 文件系统。

4.2.5 使用磁盘管理器管理磁盘分区和文件系统

Ubuntu 内置磁盘管理器软件 GNOME Disks，也可以安装专门的图形用户界面分区工具 GParted，这样就能更直观地管理磁盘分区和文件系统。下面示范GNOME Disks 的使用。

微课 4-4　使用
磁盘管理器

1. 了解磁盘管理器软件 GNOME Disks

GNOME Disks 是 Ubuntu 默认的磁盘管理器软件，用于对磁盘进行管理，如格式化、状态显示、磁盘分区等，其界面简洁友好，易于操作，与 Windows 内置的磁盘管理器类似。

从应用程序列表中打开"工具"文件夹，找到"磁盘"，或者搜索"磁盘"或"gnome disks"，然后打开该工具，界面如图 4-3 所示。该界面左侧列表会显示已安装到系统的磁盘驱动器，包括硬盘、光盘，以及闪存设备等。从左侧列表中选择要查看或操作的设备，右侧窗格中会显示该设备的详细信息，并提供相应的操作按钮。该界面中还提供磁盘操作菜单。

2. 磁盘管理

磁盘管理器界面右侧窗格上部会显示磁盘设备的总体信息，如型号、大小（容量）、分区（这里指分区样式，"Master Boot Record"指 MBR 分区）。单击右上角的┇按钮，弹出图 4-4 所示的磁盘操作菜单，可以选择相应的命令对整个磁盘进行操作，如创建磁盘映像（又称镜像）、恢复磁盘映像、测试磁盘性能等。

例如，选择"格式化磁盘"命令将弹出相应的对话框，注意这里的格式化不同于分区格式化（建立文件系统），而是类似于 Windows 的初始化磁盘，可用于设置和更改分区样式（MRB 还是 GPT），还可选择是否擦除磁盘上已有的数据。

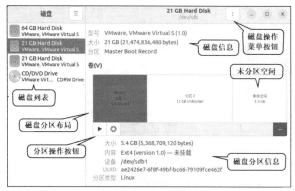

图 4-3　磁盘管理器界面　　　　　　　　　　　　　　图 4-4　磁盘操作菜单

3. 分区管理

磁盘管理器界面右侧窗格中部会显示磁盘设备的分区布局，显示各分区（文件系统）的编号与容量。橙色高亮显示的是当前选择的分区或待分区的磁盘剩余空间。下部则显示该分区的总体信息，如大小（已经格式化的还标有空闲空间）、设备（分区名称）、分区类型、内容（文件系统格式以及挂载信息）等。

中间一组按钮用于分区操作。■ 和 ▶ 分别用于卸载和挂载文件系统；╋ 和 ━ 分别用于创建新分区和删除已有分区；✿ 用于更多的分区操作。

选择未分区空间（剩余空间），单击 ╋ 按钮，弹出图 4-5 所示的对话框，创建新的分区。默认分区大小包括所剩全部空间，可以根据需要调整分区大小或剩余自由（空闲）空间，最简单的方法是直接拖动顶部的滑块。单击"下一个"按钮，设置卷名和分区类型，以及设置是否擦除已有内容，如图 4-6 所示。这里的类型是指要建立的文件系统格式，默认的是 ext4 格式。卷名是指文件系统的卷标。单击"创建"按钮，开始创建新分区，由于需要 root 特权，会弹出"认证"对话框，输入管理员账户的密码即可。

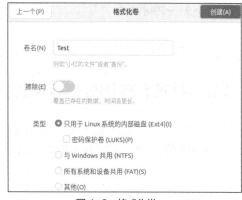

图 4-5　创建分区　　　　　　　　　　　　　　　　图 4-6　格式化卷

如图 4-7 所示，刚创建的分区已经格式化（创建了文件系统），但是没有挂载。单击 ▶ 按钮，将其挂载，如图 4-8 所示，已挂载的分区将显示三角形图标 ▶。此处统一挂载到/media 目录下的当前用户名目录下，如果有卷标，挂载点目录用卷标表示，否则使用 UUID 表示。

对于已经创建的分区可以进一步操作。选择一个分区，单击 ✿ 按钮，将弹出相应的分区操作菜单，如图 4-9 所示。

"格式化分区"命令用于创建文件系统，可以更改文件系统格式。

"编辑分区"命令用于修改分区类型，设置可启动选项。

"编辑文件系统"命令用于修改分区卷标。

图 4-7　已创建的分区

图 4-8　已挂载的分区

"编辑挂载选项"命令用于设置自动挂载选项，默认使用用户会话默认值。只有关闭"用户会话默认值"开关后，才能设置自动挂载的相关选项，如图 4-10 所示。

图 4-9　分区操作菜单

图 4-10　设置自动挂载选项

电子活页 4-2　使用 parted 和 Gparted 管理磁盘分区

管理员还可以对分区映像执行创建与恢复操作。例如，打开"创建磁盘映像"对话框，设置映像文件名称以及保存位置后，即可对该分区创建一个映像。

4.3　挂载和使用外部存储设备

各种外部存储设备，如光盘、U 盘、USB 移动硬盘等，都需要挂载才能使用，好在 Linux 内核对这些新设备都能提供很好的支持。在 Ubuntu 图形用户界面中，这些设备一般都可自动挂载，并可直接使用。

4.3.1　挂载和使用光盘

1.　在图形用户界面中挂载和使用光盘

在图形用户界面中，插入光盘后，打开光盘即可自动挂载；一旦弹出光盘，将自动卸载。可以在桌面上看到光盘图标，或者打开文件管理器来访问光盘，如图 4-11 所示。光盘图标右侧提供弹出按钮。此时在命令行运行 mount 命令可以查看自动挂载的光盘，自动生成如下的挂载点目录：

```
/dev/sr0 on /media/cxz/Ubuntu 22.04.1 LTS amd64 type iso9660 (ro,nosuid,nodev,
relatime,nojoliet,check=s,map=n,blocksize=2048,uid=1000,gid=1000,dmode=500,fmode=400,
iocharset=utf8,uhelper=udisks2)
```

一旦卸载，将自动删除相应的挂载点目录。

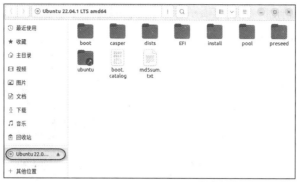

图 4-11　浏览光盘

2. 在命令行中手动挂载和使用光盘

自动挂载的光盘可以通过自动生成的挂载点目录访问，不过挂载点目录来自光盘的标签，如果挂载点目录名中有空格等特殊符号，则在引用时要加上单引号，例如

```
cxz@linuxpc1:~$ ls /media/cxz/'Ubuntu 22.04.1 LTS amd64'
boot boot.catalog casper dists EFI install md5sum.txt pool preseed ubuntu
```

对于学习 Linux 的读者来说，还有必要掌握手动挂载光盘的方法，直接使用挂载卷命令来访问光盘内容。

在 Ubuntu 中，SCSI、ATA、SATA 接口的光驱设备使用设备名/dev/sr*x*表示，其中 *x* 为序号，第 1 个光驱设备名为/dev/sr0，第 2 个光驱设备名为/dev/sr1，以此类推。另外，Linux 通过链接文件为光驱赋予特定的文件名，例如/dev/cdrom 指向/dev/sr0。这些名称都指向光驱设备文件，具体可在/dev目录下查看。使用 mount 命令挂载第 1 个光驱的光盘的具体格式如下。

```
mount /dev/cdrom 挂载点目录
```

下面给出一个例子。

```
cxz@linuxpc1:~$ sudo mkdir /media/mycd                  #创建一个挂载点目录
cxz@linuxpc1:~$ sudo mount /dev/cdrom /media/mycd       #将光盘挂载到该目录
mount: /media/mycd: WARNING: source write-protected, mounted read-only.
```

以上说明设备/dev/cdrom 有写保护，以只读方式挂载。也可加上选项，例如：

```
mount -t iso9660 /dev/sr0 /media/mycd
```

进入该挂载点目录，就可访问光盘中的内容了。使用 mount 命令装载的是光盘，而不是光驱。当要换一张光盘时，一定要先卸载，再重新装载新盘。

对于光盘，如果不进行卸载则无法从光驱中取出光盘。在卸载光盘之前，直接按光驱面板上的弹出键是不会起作用的。卸载命令的具体格式如下。

```
umount 光驱设备名或挂载点目录
```

4.3.2　制作和使用光盘映像

通过虚拟光驱使用光盘映像文件非常普遍。使用映像文件可减少对光盘的读取，提高访问速度。在 Ubuntu 操作系统下制作和使用光盘映像比在 Windows 操作系统下更方便，不必借用任何第三方软件包。光盘的文件系统为 ISO 9660，光盘映像文件的扩展名通常为.iso。光盘可以被视作一个特殊的磁盘。

1. 在图形用户界面中制作和使用光盘映像

使用 Ubuntu 内置的磁盘管理器执行创建磁盘映像操作，可以将整张光盘制作成一个映像文件（.iso），此时光盘就被视作一个磁盘。打开磁盘管理器，从"设备"列表中选择制作映像的光盘驱动器，单击右上角的■按钮，弹出菜单，选择"创建磁盘映像"命令，打开相应的对话框，设置文件名和保存路径（文件夹），然后单击"开始创建"按钮，开始光盘映像制作过程。

2. 使用命令行制作和使用光盘映像

从光盘制作映像文件可使用 cp 命令，具体格式如下。

```
cp /dev/cdrom  映像文件名
```

除了可将整张光盘制作成一个映像文件外，Linux 还支持将指定目录及其文件制作成一个 ISO 映像文件。对目录制作映像文件，使用 mkisofs 命令来实现，具体格式如下。

```
mkisofs -r -o 映像文件名 目录路径
```

ISO 映像文件可以像光盘一样直接挂载使用（相当于虚拟光驱），光盘映像文件的挂载命令如下。

```
mount -o loop ISO 映像文件名 挂载点目录
```

4.3.3 挂载和使用 USB 设备

电子活页 4-3 文件
系统的备份

与光盘一样，在 Ubuntu 中 U 盘或 USB 移动硬盘等 USB 设备插入之后即可自动挂载。可以在桌面上看到相应的 USB 设备图标，单击它即可打开 USB 设备进行浏览，也可直接打开文件管理器来访问 USB 设备。USB 设备图标右侧提供弹出按钮。此时在命令行中运行 mount 命令可以查看自动挂载的 USB 设备，自动生成挂载点目录。

```
/dev/sdd4      on     /media/cxz/IR5_SSS_X64FRE_ZH-CN_DV9   type   fuseblk
(rw,nosuid,nodev,relatime,user_id=0,group_id=0,default_permissions,allow_other,blksi
ze=4096,uhelper=udisks2)
```

一旦弹出 USB 设备，将自动卸载。

也可以使用 Ubuntu 的磁盘管理器对 USB 设备进行分区、映像等管理操作，这与硬盘操作一样。

由于某些原因，系统可能没有识别到 USB 设备，这时需要手动挂载。USB 设备主要包括 U 盘和 USB 移动硬盘两种类型。

USB 设备通常会被 Linux 识别为 SCSI 存储设备，使用相应的 SCSI 存储设备文件名来标识。

提示　备份是数据安全保障体系建设的重要一环，我们应当做好备份工作，推动数据安全治理模式向事前预防转型。为保证数据的完整性，需要对系统进行备份。Ubuntu 可以使用多种工具和存储介质进行备份。

4.4 习题

1. 低级格式化与高级格式化有何不同？
2. 简述 Linux 磁盘设备命名方法与磁盘分区命名方法。
3. 简述分区样式 MBR 与 GPT。
4. 简述 Linux 分区类型 Linux（Linux Native）与 Linux Swap。
5. 简述 Linux 建立和使用文件系统的步骤。
6. Ubuntu 主要提供哪些磁盘分区工具？
7. 如何自动挂载文件系统？
8. 简述 Linux 使用的卷标和 UUID。
9. 使用命令行工具创建一个磁盘分区，建立文件系统，并将它挂载到某目录中。
10. 使用 Ubuntu 内置的磁盘管理器创建磁盘分区。

第 5 章
软件包管理

在系统的使用和维护过程中，安装和卸载软件是用户必须掌握的技能。Linux 虽然没有像 Windows 那样的注册表，但是需要考虑软件的依赖性问题。目前，在 Linux 上安装软件已经变得与在 Windows 上安装软件一样便捷。可供 Linux 安装的开源软件非常丰富，Linux 提供了多种软件安装方式，从最原始的源代码编译安装到最高级的在线自动安装和更新。本章在简单介绍 Linux 软件包管理知识的基础上，重点讲解 Ubuntu 的软件安装方式和方法，除了传统的 Deb 软件包安装，还涉及新推出的 Snap 包安装，这种方式提供了更好的隔离性和安全性，也是 Canonical 公司力荐的。需要特别指出的是，学会使用源代码编译安装，以及离线安装方法，有助于读者顺利过渡到安全可控的国产操作系统的使用，增强自主创新能力。

学习目标

1. 了解 Linux 软件包管理的发展过程，明确未来软件包安装的发展方向
2. 了解 Deb 软件包的特点，学会使用 dpkg 工具安装和管理 Deb 软件包。
3. 熟练掌握 APT 工具的使用，学会 PPA 安装方法。
4. 了解 Snap 包的特点，学会使用 Snap 包安装软件。
5. 熟悉源代码编译安装的基本步骤，学会使用源代码编译安装软件。

5.1 Linux 软件包管理的发展过程

Linux 软件开发完成之后，如果仅限于小范围使用，可以直接使用二进制文件分发。如果要对外发布，兼顾到用户不同的软硬件环境，这就需要将其制作成软件包分发给用户。使用软件包管理器可以方便地安装、卸载和升级软件包。Linux 软件包安装从最初的源代码编译安装发展到了现在的高级软件包管理，乃至独立于发行版的软件包。

5.1.1 从源代码编译安装软件

早期的 Linux 中主要使用源代码包发布软件，用户往往要直接将源代码编译成二进制文件，并对系统进行相关配置，有时甚至还要修改源代码。这种方式有较大自由度，用户可以自行设置编译选项，选择所需的功能或组件，或者针对硬件平台进行优化。但是源代码编译安装比较耗时，对普通用户来说难度太大，因此出现了软件包管理的概念。

5.1.2 使用软件包安装软件

软件包将软件的二进制文件、配置文档和帮助文档等打包在一个文件中，用户只需使用相应的软件包管理器来执行软件的安装、卸载、升级和查询等操作。软件包中的可执行文件是由软件发布者编译的，这种预编译的软件包重在考虑适用性，通常不会针对某种硬件平台进行优化，它所包含的功能和组件也是通用的。目前，主流的软件包格式有两种：RPM 和 Deb。一般 Linux 发行版都支持特定格式的软件包，Ubuntu 使用的软件包的格式是 Deb。

RPM 是 Red Hat Package Manager（软件包管理器）的缩写，是由 Red Hat 公司提出的一种软件包管理标准，文件扩展名为.rpm。这种软件包格式名称中虽然有 Red Hat，但是其设计理念是开放式的，加之它功能十分强大，已成为目前 Linux 各发行版中应用最广泛的软件包格式之一。可以使用 rpm 工具来管理 RPM 包。

Deb 是 Debian Packager 的缩写，是 Debian 和 Ubuntu 系列 Linux 发行版上使用的软件包格式（文件扩展名为.deb）。一般使用 dpkg 工具安装、更新、卸载 Deb 软件包，以及查询 Deb 软件包相关的信息。

当然，使用 RPM 或 Deb 软件包进行安装也需要考虑依赖性问题，只有应用程序所依赖的库和支持文件都正确安装之后，才能完成软件的安装。现在的软件依赖性越来越强，单纯使用这种软件包进行安装的效率很低，难度也不小，因此出现了高级软件包管理工具。

注意，Ubuntu 本身的软件包格式是 Deb，不应当直接安装 RPM 包。如果要安装 RPM 包，则要先用 alien 工具将 RPM 格式转换成 Deb 格式。

5.1.3 高级软件包管理工具

高级软件包管理工具能够通过 Internet 主动获取软件包，自动检查和修复软件包之间的依赖关系，实现软件的自动安装和更新升级，大大简化了在 Linux 上安装、管理软件的过程。这种工具需要通过 Internet 从后端的软件库下载软件包，适合在线安装使用。目前，主要的高级软件包管理工具有 Yum 和 APT 两种，还有一些商业版工具由 Linux 发行商提供。

Yum（Yellow dog Updater, Modified）是基于 RPM 包的软件包管理工具，能够从指定的服务器自动下载 RPM 包并且完成安装，可以处理依赖关系，并且一次安装所有依赖的软件包，无须用户烦琐地一次次下载、安装。RHEL、CentOS、Fedora 等 Linux 发行版使用 Yum。

APT（Advanced Packaging Tool）可译为高级软件包工具，是 Debian 及其派生发行版（如 Ubuntu）的软件包管理器。APT 可以自动下载、配置、安装二进制或者源代码格式的软件包，甚至只需一条命令就能更新整个系统的所有软件。

APT 最早被设计成 dpkg 工具的前端，用来处理 Deb 格式的软件包。现在经过 APT-RPM 组织修改，RPM 版本的 APT 已经可以安装在使用 RPM 的 Linux 发行版上。

5.1.4 跨 Linux 发行版的新一代软件包管理技术

Snap 和 Flatpak 是新一代跨 Linux 发行版的软件包管理技术，它们最突出的特点就是使用不依赖于第三方系统功能库的打包技术。它们采用全新的软件包安装管理方式，代表未来软件包安装的发展方向。

Snap 是 Canoncial 公司推出的新一代 Linux 软件包管理工具，它可以让开发者将软件更新包随时发布给用户，还可以同时安装多个版本的软件。Snap 致力于将所有 Linux 发行版上的软件包格式进行统一，做到"一次打包，到处使用"。目前 Snap 已经可以在 Ubuntu、Fedora、Mint 等多个 Linux 发行版上使用。

Flatpak 是 Red Hat 公司推出的将依赖和应用程序一起打包的技术，与 Snap 类似，其前身是 xdg-app。它主要针对的是 Linux 桌面，提供隔离的运行时环境，通过在沙箱中隔离应用程序来提高 Linux 桌面的安全性，允许应用程序安装在任何 Linux 发行版上。

5.1.5 在线安装和离线安装

Ubuntu 支持多种软件安装方式。我们可以将软件安装方式分为在线和离线两大类。Ubuntu 软件中心、APT、aptitude、Snap、Flatpak 等属于在线安装方式，需要联网获取软件包。Deb、bin、run，以及源代码编译等属于离线安装方式，需要先将软件包下载到本地，再进行安装。Snap 和 Flatpak 也支持离线安装。接下来介绍 Ubuntu 主要的软件安装方式。

5.2 安装和管理 Deb 软件包

Deb 软件包采用.deb 文件格式，由数据包（实际安装的程序数据）、安装信息及控制包、二进制数据这 3 个部分组成。它与 Windows 下的.exe 文件很相似，很多软件开发商都会提供.deb 格式的安装包。获得 Deb 软件包后，可以直接使用 dpkg 工具进行离线安装，无须联网。这是 Ubuntu 传统的软件安装方式，也是一种安装软件的简易方式，其不足之处是要自行处理软件依赖性问题。下面介绍 Deb 软件包管理的基本用法。

5.2.1 查看 Deb 软件包

使用选项-l 列出软件包的简要信息，包括状态、名称、版本、架构和简要描述等。具体格式如下。

```
dpkg -l 软件包名
```

如果不加软件包名参数，将显示所有已经安装的 Deb 软件包信息，包括显示版本以及简要说明。结合管道操作使用 grep 命令可以查询某些软件包是否已安装，例如：

```
cxz@linuxpc1:~$ dpkg -l | grep pinyin
ii    ibus-libpinyin                                    1.12.1-2ubuntu2
amd64       Intelligent Pinyin engine based on libpinyin for IBus
ii    libpinyin-data:amd64                              2.6.1-1build1
amd64       Data for PinYin / zhuyin input method library
ii    libpinyin13:amd64                                 2.6.1-1build1
amd64       library to deal with PinYin
```

每条记录对应一个软件包，第 1 列是软件包的状态标识，由 3 个字符组成。第 1 个字符表示期望的状态（其中，u 表示状态未知，i 表示用户请求安装软件包，r 表示用户请求卸载软件包，p 表示用户请求清除软件包，h 表示用户请求保持软件包版本锁定）。第 2 个字符表示当前状态（其中，n 表示软件包未安装；i 表示软件包已安装并完成配置；c 表示软件包以前安装过，现在删除了，但是配置文件仍保留在系统中；u 表示软件包被解包，但未配置；f 表示试图配置软件包但失败；h 表示软件包安装了但没有成功）。第 3 个字符表示错误状态（其中，h 表示软件包被强制保持，无法升级；r 表示软件包被破坏，需要重新安装才能正常使用；x 表示软件包被破坏，并且被强制保持）。例中只有两个字符"ii"，表明软件包是由用户申请安装，且已安装并完成配置，没有出现错误。

可以使用选项-s 来查看软件包状态的详细信息，例如查看软件包 ibus-libpinyin 的状态：

```
cxz@linuxpc1:~$ dpkg -s ibus-libpinyin
Package: ibus-libpinyin               # 包名
Status: install ok installed          # 安装状态
Priority: optional                    # 优先级
Section: utils                        # 所属类别
```

```
Installed-Size: 2572                      # 安装的文件大小
Maintainer: Ubuntu Developers <ubuntu-devel-discuss@lists.ubuntu.com>
Architecture: amd64                       # CPU 架构
Version: 1.12.1-2ubuntu2                   # 版本
Depends: ibus, python3-gi, dconf-gsettings-backend | gsettings-backend, python3:any,
libc6 (>= 2.34), libgcc-s1 (>= 3.3.1), libglib2.0-0 (>= 2.49.2), ......     # 依赖包
Description: Intelligent Pinyin engine based on libpinyin for IBus......# 说明信息
```

如果要知道已安装的软件包有哪些文件，可以使用选项-S，具体格式如下。

```
dpkg -S 软件包名
```

5.2.2 安装 Deb 软件包

电子活页 5-1　安装
搜狗输入法

首先要获取 Deb 软件包文件，然后使用选项-i 安装 Deb 软件包，具体格式如下。

```
dpkg -i 软件包文件名
```

软件包文件是 Deb 格式的，扩展名通常为.deb。Deb 软件包名具体格式为：

```
软件包名_版本号_架构名.deb
```

软件包需要基于特定的 CPU 架构（Architecture，又称硬件架构）进行编译，不同 CPU 架构的软件包不能通用。例如，x86 架构（32 位）的架构名是 i386；x86 架构（64 位）又称 x64 架构，其架构名是 amd64 或 x86_64；ARM 架构的架构名为 arm64。不同提供商给出的命名略有不同，如搜狗输入法的 Deb 软件包名中的架构名有 x86_64、arm64、mips64el、loongarch64 等。有的 Deb 软件包名中的版本号还包括主版本号和修订版本号。

微课 5-1　安装
搜狗输入法

安装软件包需要 root 特权，所以管理员用户需要执行 sudo 命令。

如果以前安装过相同的软件包，执行此命令时会先将原有的旧版本删除。

所有的软件包在安装之前，必须保证其所依赖的库和软件已经安装到系统上。一定要清楚依赖关系，但这对普通用户来说有一定难度，可考虑使用 apt 命令自动解决软件依赖性问题。例如，安装搜狗输入法的过程中会提示相关的依赖：

```
cxz@linuxpc1:~$ sudo dpkg -i sogoupinyin_4.0.1.2800_x86_64.deb
（此处省略）
dpkg: 依赖关系问题使得 sogoupinyin 的配置工作不能继续：
 sogoupinyin 依赖于 fcitx (>= 1:4.2.8)；然而：
   未安装软件包 fcitx。
 sogoupinyin 依赖于 fcitx-frontend-gtk2；然而：
   未安装软件包 fcitx-frontend-gtk2。
（此处省略）
在处理时有错误发生：
 Sogoupinyin
```

上述说明安装不成功。如果手动逐一安装依赖关系，非常烦琐，可以执行以下命令自动完成依赖关系的处理：

```
sudo apt --fix-broken install
```

当然，要使安装的搜狗输入法能够正常使用，还需安装其他依赖包，以及进行相关配置。

5.2.3 卸载 Deb 软件包

卸载软件包可以使用选项-r，具体格式如下。

```
dpkg -r 软件包名
```

选项-r 可以在删除软件包的同时保留相应软件包的配置信息，如果要将配置信息一并删除，应使用选项-P，具体格式如下。

```
dpkg -P 软件包名
```

卸载操作需要 root 特权。使用 dpkg 工具卸载软件包不会自动解决依赖性问题，所卸载的软件包可能有其他软件所依赖的库和数据文件，这种依赖关系需要妥善解决。

5.2.4 使用 dpkg 工具管理 CPU 架构

软件包的编译总是与操作系统类型和 CPU 架构相关，无论是使用源代码编译安装，还是使用 APT 等工具安装，都需要确保其与当前 CPU 架构相匹配。例如，国产计算机很多采用的是 ARM 架构，如果安装 x64 架构的软件包，则会报出类似 "package architecture (amd64) does not match system (arm64)" 这样的错误，表明 amd64 架构的包与 arm64 架构的系统不匹配。又如，64 位计算机上需要启用额外的 32 位架构。这些问题就涉及架构的添加，dpkg 工具提供了这方面的功能。该工具有关 CPU 架构管理的用法如下。

dpkg --add-architecture <arch>：将指定的架构添加到架构列表中。

dpkg --remove-architecture <arch>：从架构列表中删除指定的架构。

dpkg --print-architecture：显示当前支持的架构列表。

dpkg --print-foreign-architectures：显示所允许的额外架构。

下面给出添加额外架构的例子。

```
cxz@linuxpc1:~$ dpkg --print-architecture            # 查看当前 CPU 架构
amd64
cxz@linuxpc1:~$ sudo dpkg --add-architecture i386    # 添加额外的 CPU 架构
cxz@linuxpc1:~$ dpkg --print-foreign-architectures   # 查看额外的 CPU 架构
i386
```

> **提示**　许多国产计算机使用 ARM 架构。ARM 架构可以细分为多种版本，如 armel（arm eabi little endian）用于嵌入式设备（32 位），eabi 表示软浮点二进制接口；armhf（arm hard float）支持硬浮点（32 位）；arm64 表示 64 位的 ARM，默认就是 arm64hf，因此省略 hf。软浮点和硬浮点在进行浮点运算时都会使用 FPU（Floating Point Unit，浮点处理单元），但是软浮点传参数使用普通寄存器，而硬浮点传参数使用 FPU，因此硬浮点运算性能更高。有些场合下，32 位和 64 位的 ARM 架构又被称为 aarch32 和 aarch64。

5.3 使用 APT 工具管理软件包

Ubuntu 软件安装首选 APT 工具，通常使用命令行工具，必要时还要考虑使用 PPA 非正式软件源。

5.3.1 APT 基础

dpkg 本身是一个底层工具，而 APT 则是位于其上层的工具，用于从远程获取软件包以及处理复杂的软件包关系。使用 APT 工具安装、卸载、更新、升级软件，实际上是通过调用底层的 dpkg 来完成的。

1. 基本功能

作为高级软件包管理工具，APT 主要具备以下 3 项功能。

- 从 Internet 上的软件源下载最新的软件包元数据（Metadata）、二进制包或源代码包。软件包元数据就是软件包的索引和摘要信息文件。
- 利用下载到本地的软件包元数据，完成软件包的搜索和系统的更新。
- 安装和卸载软件包时自动寻找最新版本，并自动解决软件的依赖关系。

2. 软件源与软件包元数据

Ubuntu 采用集中式的软件仓库机制，将软件包分门别类地存放在软件仓库中，进行有效组织和管理，然后将软件仓库置于大量的镜像服务器中，并保持基本一致。这样所有的 Ubuntu 用户随时都能从这些镜像服务器获得最新版本的安装软件包，这些镜像服务器就是 Ubuntu 用户的软件源。

由于所处的网络环境不同，用户不可能随意地访问任意镜像站点，因此 Ubuntu 使用软件源配置文件/etc/apt/sources.list 来为用户提供最合适的镜像站点地址。也就是说，/etc/apt/source.list 文件存放的是软件源站点目录，使用 APT 安装软件时就是从这些站点下载软件包。

Ubuntu 的/var/lib/apt/lists 目录存放的是已经下载的各软件包的元数据，即软件包的索引（列表），主要是已安装和未安装的软件包列表。Ubuntu 软件中心、APT（包括新立得软件包管理器）和软件更新器（Update Manager）等工具就是利用这些数据来更新和安装软件的。

通过 APT 安装和更新软件包时，Ubuntu 就根据/var/lib/apt/lists 目录中的软件包元数据（软件包列表）向软件源请求下载软件包（一般为 Deb 格式），一旦将软件包下载到本地就执行安装。已下载到本地的软件包则存放在/var/cache/apt/archives 目录中。

当刷新软件源时，Ubuntu 会查询/etc/apt/sources.list 和/etc/apt/sources.list.d 目录下的.list 文件的软件源站点，扫描其中指定的每一个软件源服务器以获取最新的软件包，如果有更新则下载软件包元数据，并存入/var/lib/apt/lists 目录中。

3. 解决依赖关系

APT 会从每一个软件源下载一个软件包的列表到本地，列表中提供软件源所包含的可用软件包的信息。大多数情况下，APT 会安装最新的软件包，安装的软件包所依赖的其他软件包也会安装，建议安装的软件包则会给出提示信息但不会安装。

也有 APT 因依赖关系不能安装软件包的情况。例如，某软件包和系统中的其他软件包冲突，或者该软件包依赖的软件包在任何软件源中均不存在或没有符合要求的版本等。遇到这种情况时，APT 会返回错误信息并且终止安装，用户需要自行解决软件依赖关系。

4. 软件包更新

APT 可以智能地从软件源下载最新版本的软件并安装，无须在安装后重新启动系统，除非更新 Linux 内核。所有的配置都可以保留，升级软件非常便捷。

APT 还支持 Ubuntu（或 Debian）从一个发布版本升级到新的发布版本，可以升级绝大部分满足依赖关系的软件，但是也可能要卸载或添加新的软件以满足依赖关系，这些都可以自动完成。

5.3.2 APT 命令行工具的使用

常用的 APT 命令行工具被分散在 apt-get、apt-cache 和 apt-config 这 3 个命令中。apt-get 用于执行与软件包安装有关的所有操作，apt-cache 用于查询软件包的相关信息，apt-config 用于配置 APT。从 Ubuntu 16.04 开始引入 apt 命令，该命令相当于上述 3 个命令常用子命令和选项的集合，可以解决命令过于分散的问题。这 3 个命令虽然没有被弃用，但是作为普通用户，还是应该首先使用新版本的 apt 命令。

微课 5-2　使用 apt 命令安装和管理软件包

1. 了解 apt 命令

apt 命令同样支持子命令、选项和参数。apt 命令的具体格式如下。

```
apt  [选项]  子命令  [参数]
```

但是它并不能完全向下兼容 apt-get、apt-cache 等命令，可以用 apt 替换它们的部分子命令，但不是全部。apt 还有一些自己的命令。apt 常用命令如表 5-1 所示。

表 5-1   apt 常用命令

apt 命令	被替代的命令	功能说明
apt update	apt-get update	获取最新的软件包列表，同步/etc/apt/sources.list 和/etc/apt/sources.list.d 中列出的源的索引，以确保用户能够获取最新的软件包
apt upgrade	apt-get upgrade	更新当前系统中所有已安装的软件包，同时更新软件包所依赖的软件包
apt install	apt-get install	下载、安装软件包并自动解决依赖关系
apt remove	apt-get remove	卸载指定的软件包
apt autoremove	apt-get autoremove	自动卸载所有未使用的软件包
apt purge	apt-get purge	卸载指定的软件包及其配置文件
apt full-upgrade	apt-get dist-upgrade	在升级软件包时自动处理依赖关系
apt source	apt-get source	下载软件包的源代码
apt clean	apt-get clean	清理已下载的软件包，实际上是清除/var/cache/apt/archives 目录中的软件包，不会影响软件的正常使用
apt autoclean	apt-get autoclean	删除已卸载的软件的软件包备份
apt list	无	列出包含条件（如已安装、可升级等）的软件包
apt search	apt-cache search	搜索软件包
apt show	apt-cache show	显示软件包详细信息
apt edit-sources	无	编辑软件源列表

2. 查询软件包

使用 APT 工具安装和卸载软件包时必须准确地提供软件包的名字。可以使用 apt 命令在 APT 的软件包缓存中搜索软件，收集软件包信息，获知哪些软件可以在 Ubuntu 或 Debian 上安装。由于支持模糊查询，因此查询软件包非常方便。

执行 list 子命令列出软件包：

```
apt  [选项]  list [软件包名]
```

如果不指定软件包名，将列出所有可用的软件包。软件包名支持通配符，如 apt list zlib*能列出以 zlib 开头的所有软件包。选项--installed 用于列出系统中已安装的软件包，--upgradeable 用于列出可更新的软件包。

使用 search 子命令可以查找使用参数定义的软件包并列出该软件包的相关信息，参数可以使用正则表达式，最简单的是直接使用软件部分名字，这将列出包含该名字的所有软件。例如：

```
apt search zip
```

使用 show 子命令可以查看指定名称的软件包的详细信息：

```
apt show 软件包名
```

使用 depends 子命令可以查看软件包所依赖的软件包：

```
apt depends 软件包名
```

使用 rdepends 子命令可以查看软件包被哪些软件包所依赖：

```
apt rdepends 软件包名
```

使用 policy 子命令可以显示软件包的安装状态和版本信息：

```
apt policy 软件包名
```

3. 安装软件包

要通过新加入或已变更的软件源来安装或更新软件包，用户必须重新载入可用的软件包列表。建议用户在每次安装和更新软件包之前，先执行 sudo apt update 命令更新系统中 APT 缓存中的软件包信息：

```
cxz@linuxpc1:~$ sudo apt update
命中:1 http://mirrors.aliyun.com/ubuntu jammy InRelease
......
正在读取软件包列表... 完成
正在分析软件包的依赖关系树... 完成
正在读取状态信息... 完成
有 213 个软件包可以升级。请执行 'apt list --upgradable' 来查看它们。
```

只有执行该命令，才能保证获取到的是最新的软件包。接下来示范安装软件，这里以安装新立得软件包管理器（APT 工具的图形化前端）synaptic 为例：

```
cxz@linuxpc1:~$ sudo apt install synaptic
正在读取软件包列表... 完成
正在分析软件包的依赖关系树... 完成
正在读取状态信息... 完成
# 此处省略
将会同时安装下列软件:
  libept1.6.0 libxapian30
建议安装:
  xapian-tools dwww menu deborphan apt-xapian-index tasksel
下列【新】软件包将被安装:
  libept1.6.0 libxapian30 synaptic
升级了 0 个软件包，新安装了 3 个软件包，要卸载 0 个软件包，有 210 个软件包未被升级。
需要下载 1,395 kB 的归档。
解压缩后会消耗 5,604 kB 的额外空间。
您希望继续执行吗？ [Y/n] y
获取:1 http://mirrors.aliyun.com/ubuntu jammy/universe amd64 libept1.6.0 amd64 1.2.1
[84.1 kB]
# 此处省略
正在选择未选择的软件包 libept1.6.0:amd64。
(正在读取数据库 ... 系统当前共安装有 206208 个文件和目录。)
准备解压 .../libept1.6.0_1.2.1_amd64.deb ...
正在解压 libept1.6.0:amd64 (1.2.1) ...
# 此处省略
正在处理用于 mailcap (3.70+nmu1ubuntu1) 的触发器 ...
```

在安装过程中，APT 具有很好的交互性，为用户提供了大量信息，自动分析并解决了软件包依赖问题。如果加上选项-y，则在安装过程中不会提示"您希望继续执行吗？"，而是自动完成安装。加上选项--no-upgrade 表示如果软件包已经存在，则不要升级它。

提 示 执行安装时可能会提示无法获得锁（资源暂时不可用），其原因一般是系统正在更新软件包。遇到这种问题，应当根据提示删除相应的锁文件，如执行 sudo rm /var/lib/dpkg/lock-frontend、sudo rm /var/cache/apt/ archives/lock 等。如果遇到进程被占用的问题，可以直接杀死占用进程来解决。

4. 卸载软件包

执行 apt remove 命令可卸载一个已安装的软件包，但会保留该软件包的配置文档。例如：

```
apt remove tree
```

如果要同时删除配置文件，则要执行 apt purge 命令。

执行 apt autoremove 命令则在卸载软件包的同时，删除那些没有被依赖而且是自动安装的软件包。这些软件包不一定与要卸载的软件包有关联，但是已不再需要，因为依赖性发生了变化。

要注意的是，这些命令都不能删除用户主目录中相关的应用程序文件。

APT 会将下载的 Deb 软件包缓存在硬盘目录/var/cache/apt/archives 中，已安装或已卸载的软件包的 deb 文件都备份在该目录下。为释放被占用的空间，可以执行 apt clean 命令删除已安装的软件包的备份，这样并不会影响软件的使用。要删除已经卸载的软件包的备份，可以执行 apt autoclean 命令。

5. 升级软件包

执行 apt upgrade 命令会升级本地已安装的所有软件包。如果已经安装的软件有最新版本了，则会进行升级，升级不会卸载已安装的软件，也不会安装额外的软件包。升级的最新版本来自/etc/apt/sources.list 列表中的安装源，因此在执行此命令之前一定要执行 apt update 以确保软件包信息是最新的。APT 会下载每个软件包的最新版本，然后以合理的次序安装它们。

如果新版本的软件包的依赖关系发生了变化，引入了新的依赖软件包，则当前系统不能满足新版本的依赖关系，该软件包会保留下来，但不会被升级。

执行 apt dist-upgrade 命令可以识别出依赖关系改变的情形并做出相应处理，会尝试升级最重要的包。如果新版本需要新的依赖包，为解决依赖关系，将试图安装引入的依赖包。

执行 apt upgrade 命令时加上选项-u 很有必要，这可以让 APT 显示完整的可更新软件包列表。可以先使用选项-s 来模拟升级软件包，这样便于查看哪些软件会被更新，确认没有问题后，再实际执行升级。

如果只想对某一具体的软件包进行升级，可以在执行安装软件包命令时加上选项--reinstall：

```
apt --reinstall install 软件包名
```

5.3.3 配置 APT 源

APT 的软件源在 Ubuntu 安装时已经进行初始设置，提供了 Ubuntu 官方的网络安装来源。用户也可以使用 Ubuntu 操作系统安装光盘作为安装源，或从非官方的软件源中下载非官方的软件。除了直接下载二进制格式的 Deb 软件包外，也支持下载源代码软件，然后自行编译、安装。

微课 5-3 配置
APT 源

Ubuntu 使用文本文件/etc/apt/sources.list 来保存软件包的安装和更新源的地址。另外，与该文件功能相同的是/etc/apt/sources.list.d/目录下的.list 文件，这为在单独文件中写入安装源的地址提供了一种方法，该方法通常用来安装第三方软件。执行 apt update 命令就是同步（更新）/etc/apt/sources.list 和/etc/apt/sources.list.d 目录下的.list 文件的软件源的索引，以获取最新的软件包。/etc/apt/sources.list 是一个可编辑的普通文本文件。下面列出该文件部分内容：

```
  # deb cdrom:[Ubuntu 22.04.1 LTS _Jammy Jellyfish_ - Release amd64 (20220809.1)]/ jammy
main restricted
    deb http://mirrors.aliyun.com/ubuntu/ jammy main restricted
    # deb-src http://cn.archive.ubuntu.com/ubuntu/ jammy main restricted
    deb http://mirrors.aliyun.com/ubuntu/ jammy-updates main restricted
    # deb-src http://cn.archive.ubuntu.com/ubuntu/ jammy-updates main restricted
    deb http://mirrors.aliyun.com/ubuntu/ jammy-backports main restricted universe
multiverse
    # deb-src http://cn.archive.ubuntu.com/ubuntu/ jammy-backports main restricted
universe multiverse
```

```
deb http://mirrors.aliyun.com/ubuntu/ jammy-security main restricted
# deb-src http://security.ubuntu.com/ubuntu jammy-security main restricted
```

该文件除了以符号#开头的注释行外，其他每行就是一条关于软件源的记录，共4个部分，各部分之间用空格分隔，为APT提供软件镜像站点地址。

第1部分位于行首，用于指示软件包的类型。Debian类型的软件包使用deb或者deb-src，分别表示直接通过.deb文件进行安装或者通过源文件的方式进行安装。

第2部分用于定义URL，表示提供软件源的CD-ROM、HTTP或FTP服务器的URL地址，通常是软件仓库服务器地址。

第3部分用于定义软件包的发行版，使用Ubuntu不同版本的代号（Codename）。例如，Ubuntu 22代号为jammy，Ubuntu 20代号为focal。每个Ubuntu版本提供以下5个特定版本。

- 代号：表示该发行版的默认版本，如jammy。
- 代号-security：表示该发行版重要的安全更新，仅修复漏洞。
- 代号-updates：表示该发行版推荐的一般更新，修复严重但不影响安全运行的漏洞。
- 代号-backports：表示该发行版无支持的更新，通常还存在一些bug。
- 代号-proposed：表示该发行版预览版的更新，相当于updates版本的测试部分。

在浏览器地址栏中输入第2部分所定义的URL，按<Enter>键后进入dists目录，可以发现与这些版本对应的5个目录，如jammy、jammy-security、jammy-updates、jammy-backports和jammy-proposed。dists目录包含当前库的所有软件包的索引，这些索引通过版本分类存储在不同的目录中。

提 示 对于重要的服务器或需要较新软件包才能运行的服务器，建议仅使用发行版的默认版本和security版本（如jammy、jammy-security等）；Ubuntu桌面版可使用除proposed版本之外的所有版本；需要使用最新软件包，或进行测试，可以使用全部版本。

第4部分用于定义软件包的具体分类。若干分类用空格隔开，它们是并列关系，每个分类字符串分别对应相应的目录结构（位于上述发行版目录下）。例如，main restricted表示main和restricted两个并列的分类。常用的分类如下。

- main：Canonical支持的开源软件，大部分都是从这个分支获取的。
- universe：社区维护的开源软件。
- restricted：设备生产商专有的设备驱动软件。
- multiverse：受版权或者法律保护的相关软件。

用户可以通过修改该文件来更改APT源。以前是直接使用文本编辑器打开/etc/apt/sources.list文件进行编辑，现在可使用sudo apt edit-sources命令进行编辑。例如：

```
cxz@linuxpc1:~$ sudo apt edit-sources
Select an editor.  To change later, run 'select-editor'.
  1. /bin/nano        <---- easiest
  2. /usr/bin/vim.tiny
  3. /bin/ed
Choose 1-3 [1]:
```

可以从上述命令输出列表中选择编辑器来修改软件源配置文件，建议初学者选择第1种/bin/nano。

在国内安装Ubuntu时，默认的APT源就是Ubuntu位于中国的服务器（目前由阿里云提供支持）。当然，也可以改为其他软件源，本例环境中已改为阿里云的软件源。完成/etc/apt/sources.list文件的修改之后，还需执行apt update命令来完成软件源的更新。

电子活页5-2 使用新立得软件包管理器

当然也可以通过图形用户界面的"软件和更新"程序或新立得软件包管理器

来配置软件和更新的源，更新的结果会自动保存到/etc/apt/sources.list 文件中。

5.3.4　PPA 安装

APT 和 Ubuntu 软件中心都可以添加 PPA 源。Ubuntu 的母公司 Canonical 通过 launchpad.net 网站提供一个维护、支援和联络 Ubuntu 开发者的平台。为方便 Ubuntu 用户使用，该网站提供了 PPA，允许用户建立自己的软件仓库，自由上传软件，并且上传的软件可以被其他用户使用。使用 PPA 的好处是，可以在第一时间体验到最新的版本。还有一些软件在 Ubuntu 官方软件源中没有提供，但 PPA 源就可能提供了。

微课 5-4　通过
PPA 源安装软件

1. 管理 PPA 源

Ubuntu 桌面版已经预装 PPA 源管理工具 software-properties-common。如果是 Ubuntu 服务器版，则需要执行 apt install software-properties-common 命令进行安装。

PPA 源的具体格式如下。

```
ppa:user/ppa-name
```

虽然可以通过搜索引擎查找常用软件的 PPA 源，但是通过 launchpad.net/ubuntu/+ppas 网站可以搜索任何 PPA 源。

添加 PPA 源的命令如下。

```
add-apt-repository ppa:user/ppa-name
```

删除 PPA 源的命令如下。

```
add-apt-repository -r ppa:user/ppa-name
```

在 Ubuntu 18.04 或更高版本中，使用 add-apt-repository 工具完成添加或删除 PPA 源之后，会自动更新软件源。在之前的 Ubuntu 版本中还应当手动执行 apt update 命令以更新软件源。

也可以通过图形用户界面的软件源设置来添加或删除 PPA 源。运行"软件和更新"程序，打开相应的界面，切换到"其他软件"选项卡，可以查看和管理其他软件安装源列表。如图 5-1 所示，单击"添加"按钮，在弹出的对话框的"APT 行"文本框中输入 ppa:user/ppa-name 格式的 PPA 源，例中添加的是一个 Oracle Java 的 PPA 源。对于已经添加到"其他软件"选项卡的列表中的源，可以进行编辑或者删除。软件源更改会弹出图 5-2 所示的对话框，单击"重新载入"按钮，完成软件包列表的更新。

图 5-1　添加 PPA 源

图 5-2　更新软件源

所添加的 PPA 源属于第三方，保存在/etc/apt/sources.list.d/目录下的.list 文件中，例如：

```
cxz@linuxpc1:~$ ls /etc/apt/sources.list.d/
larue-ubuntu-wps-jammy.list    linuxuprising-ubuntu-java-jammy.list
```

2. 通过 PPA 源安装软件

有很多 PPA 源提供多个版本，包括稳定版（stable）、每日创建版（daily），开发版（dev）、测试版（beta）等。这里以 Chromium 开发版为例介绍通过 PPA 安装软件的过程。

（1）访问 launchpad.net/ubuntu/+ppas 网站，搜索 Chromium 的 PPA 源，结果如图 5-3 所示。

（2）单击其中的"Chromium Dev branch"链接，打开相应页面查看其详细信息，其中关于添加该 PPA 源的说明如图 5-4 所示。

图 5-3　搜索 Chromium 的 PPA 源结果　　　　图 5-4　添加 PPA 源的说明

（3）根据提示执行以下命令，添加该 PPA 源。

```
cxz@linuxpc1:~$ sudo add-apt-repository ppa:saiarcot895/chromium-dev
```

（4）安装 Chromium 开发版软件包。

```
cxz@linuxpc1:~$ sudo apt install chromium-browse
```

如果不再需要 PPA 源，则执行以下命令删除（以上述开发版本为例）即可。

```
cxz@linuxpc1:~$ sudo add-apt-repository -r ppa:saiarcot895/chromium-dev
```

　提示　　因为 PPA 相对开放，几乎任何人都可以上传软件包，所以应该尽量避免使用 PPA。如果必须使用，则应选用可以信任的、有固定团队维护的 PPA。另外，PPA 源还可能存在稳定性的问题，有些 PPA 源会失效。

5.4　安装和管理 Snap 包

APT 采用 Deb 软件包解决了软件安装的依赖问题，方便软件升级，但还存在一些不足，一是系统升级后，官方软件仓库基本冻结（安全补丁除外），二是为维护包和库的依赖关系无法安装最新版本的软件。而 Canonical 公司推出的新一代软件包管理技术 Snappy 支持主流 Linux 发行版，通过 Linux 内核安全机制保证用户数据安全，彻底解决包依赖关系相关问题，并大大简化软件的打包过程。Snap 是新型的软件包安装方式，Ubuntu 官方也开始为越来越多的软件提供 Snap 包，读者应当掌握其用法。

5.4.1　什么是 Snap 包

Snap（也可直接用 snap）是 Canonical 公司提出的一个打包概念，是针对 Linux 和物联网设计的，与 Deb 软件包有着本质的区别。Snap 的实现技术被称为 Snappy。

Snap 的安装包扩展名是.snap。Snap 使用了沙盒（容器）技术，其软件包是自包含的，独立于系统，包括一个应用程序需要用到的所有文件和库（包含一个私有的 root 文件系统，里面包含它依赖的软件包，如 Java、Python 运行时环境），这就解决了应用程序之间的依赖问题，使应用程序更容易管理。

Snap 包一般安装在/snap 目录下。一旦安装，它会创建一个该应用程序特有的可写区域，任何其他应用程序都不可以访问这个区域。每个 Snap 包都运行在一个由 AppArmor 和 Seccomp 策略构建的沙箱环境中，实现了各个应用程序之间的相互隔离。当然，应用程序也可以通过安全策略定制与其他应用程序之间的交互。

5.4.2　Snap 包的特点

Snap 内置与 Linux 发行版不兼容的库，它致力于将所有 Linux 发行版上的包格式统一，做到"一次打包，到处使用"。

单个 Snap 包可以内置多个不同来源的软件，从而提供一个能够快速启动和运行的解决方案。而 Deb 软件包需要下载所有的依赖，然后分别进行安装。

Snap 包能自动地进行事务化更新，确保应用程序总是能保持最新的状态并且永远不会被破坏。每个 Snap 包会安装到一个新的只读 squashfs 文件系统中，当有新版本可用时，Snap 包将自动更新。如果升级失败，它将回滚到旧版本，而不影响系统其他部分的正常运行。

Snap 还可以同时安装多个版本的软件，如在一个系统上同时安装 Python 2.7 和 Python 3.3。

Snap 包制作比较简单，通常使用 Snapcraft 工具来构建和发布 Snap 包。Snapcraft 工具可以为每个 Linux 桌面、服务器、云端或设备打包任何应用程序，并且直接交付更新。

使用 Snap 包带来的问题是会占用更多的磁盘空间。通常，Snap 包比正常应用程序的包要大，因为它包含所有它需要运行的环境，应用程序需要更长的启动时间。另外，目前 Snap 只有一个类似于苹果商店的官方仓库 Snap Store，国内用户下载速度受限，不过可以通过执行以下命令安装 Snap Store 的代理来提高 Snap 包下载速度。

```
sudo snap install snap-store-proxy
sudo snap install snap-store-proxy-client
```

5.4.3　预装的 Snap 包

Canonical 公司正在不遗余力地推广 Snappy 技术。Ubuntu 22.04 LTS 预装了一些默认采用 Snap 包的软件，可执行以下命令进行验证：

```
cxz@linuxpc1:~$ snap list
名称                          版本               修订版本       追踪               发布者          注记
bare                         1.0                5          latest/stable      canonical✓      base
core20                       20230207           1828       latest/stable      canonical✓      base
firefox                      110.0.1-2          2391       latest/stable/…    mozilla✓        -
gnome-3-38-2004              0+git.6f39565      119        latest/stable/…    canonical✓      -
gtk-common-themes            0.1-81-g442e511    1535       latest/stable/…    canonical✓      -
snap-store                   41.3-66-gfe1e325   638        latest/stable/…    canonical✓      -
snapd                        2.58.2             18357      latest/stable      canonical✓      snapd
snapd-desktop-integration    0.1                49         latest/stable/…    canonical✓      -
```

上述列出的信息包括名称（Name）、版本（Version）、修订版本（Rev）、追踪（Tracking，译为"跟踪频道"更合适）、发布者（Publisher）和注记（Note）。有些 Snap 包（如以上列出的 core20）是由 snapd 自动安装的，以满足其他 Snap 包的要求。

注意，Ubuntu 从 22.04 版本开始仅提供 Snap 版安装的 Firefox 浏览器。其内置的 Ubuntu Software（软件中心）应用程序中也尽可能为软件提供 Snap 安装源，一些软件仅提供 Snap 安装源。

在 Ubuntu 中运行某些未安装的软件时，如果有 Snap 包，也会提示采用这种方式安装。

5.4.4　使用 Snap 管理软件包

Snap 是跨多种 Linux 发行版的应用程序及其依赖项的一个捆绑包，可以通过官方的 Snap Store 获取和安装。要安装和使用 Snap 包，本地系统上需要相应的 Snap 环境，包括用于管理 Snap 包的后台服务（守护进程）snapd 和安装管理 Snap 包的命令行工具 snap。Ubuntu 22.04 LTS 预装了 snapd。如果没有安装 snapd，可以通过 sudo apt install snapd 命令安装。

微课 5-5　使用 Snap 管理软件包

安装 snapd 的同时会安装用户与 snapd 交互的 snap 工具。只要本地系统上安装了 snapd，就可以从 Snap Store 上发现、搜索和安装 Snap 包。下面介绍使用 Snap 安装和管理软件的方法。

1. 搜索要安装的 Snap 包

搜索要安装的 Snap 包的相应的命令具体格式如下。

```
snap find [选项] [要搜索的文本]
```

例如，执行以下命令搜索媒体播放器的 Snap 包：

```
cxz@linuxpc1:~$ snap find "media player"
名称          版本      发布者       注记    摘要
vlc          3.0.18    videolan✓   -       The ultimate media player
foobar2000   1.6.16    mmtrt       -       ... advanced freeware audio player.
......
```

上述列表中的 5 列分别为名称（包名）、版本、发布者、注记（注释）和摘要。发布者中标注✓ 的表明 Snap 发布者是经过认证的。

2. 查看 Snap 包的详细信息

查看 Snap 包的详细信息的相应的命令具体格式如下。

```
snap info [选项] <Snap 包名>...
```

例如，执行以下命令可以查看 vlc 包的详细信息：

```
cxz@linuxpc1:~$ snap info vlc
name:     vlc
summary:  The ultimate media player
publisher: VideoLAN✓
.....
description: |                                        # 包的详细说明
  VLC is the VideoLAN project's media player.
......
snap-id: RT9mcUhVsRYrDLG8qnvGiy26NKvv6Qkd            # Snap 包 ID
channels:                                            # 以下为频道信息
  latest/stable:    3.0.18                  2022-10-28 (3078) 336MB -
  latest/candidate: 3.0.18                  2022-10-28 (3078) 336MB -
  latest/beta:      3.0.18-98-geaa89a42ae    2023-03-07 (3348) 336MB -
  latest/edge:      4.0.0-dev-22915-g3cb6645b94 2023-03-07 (3349) 691MB -
```

上述显示的详细信息包括 Snap 包的功能、发布者、详细说明，以及可以安装的频道（Channel）版本。

频道用于区分版本，以及定义安装哪个版本的 Snap 包并跟踪更新。发布者可以将 Snap 包发布到不同的频道来表明它的稳定性，或者表明是否可以用于生产环境中。Snap 频道名称共 4 个，分别是 stable（稳定）、candidate（候选）、beta（测试）和 edge（边缘），它们的稳定性依次递减。对于开发人员，在 edge 频道中发布最新的改变，可以让那些愿意接受还不太稳定产品的用户提前体验一些新功能，并提交使用过程中可能遇到的问题。当 edge 频道中的新功能完善之后，就可将更新后的 Snap 包发布到 beta 和 candidate 频道，版本最终确定之后再发布到 stable 频道。

3. 安装 Snap 包

安装 Snap 包非常简单，命令具体格式如下。

```
snap install [选项] <Snap 包名>...
```

执行安装命令时需要 root 特权，需使用 sudo 命令。例如，执行 sudo snap install vlc 命令安装 VLC 播放器。成功安装之后，会创建一个只读 squashfs 文件系统。执行 mount 命令可以发现已挂载一个新增的文件系统：

```
/var/lib/snapd/snaps/vlc_3078.snap       on       /snap/vlc/3078     type     squashfs
(ro,nodev,relatime,errors=continue,x-gdu.hide)
```

执行 sudo fdisk -l 命令会发现，增加了一个新的 loop 设备/dev/loop14。

默认安装的是 stable 频道，如果要安装其他频道，需要指定--channel：

```
sudo snap install --channel=edge vlc
```

安装之后，还可以更改正在被跟踪的频道，例如：

```
sudo snap switch --channel=stable vlc
```

还有一个选项--classic 比较重要，它将 Snap 安装的软件置于经典模式下并禁用安全隔离，这对需要对系统进行更多特权访问的应用程序特别有用。默认的安全选项--jailmode 将 Snap 安装的软件置于强制隔离模式下，它们完全隔离运行，如果没有请求就无法访问系统资源。

4. 运行通过 Snap 安装的应用程序

通过 Snap 安装的应用程序会出现在/snap/bin 目录中，通常被添加到$PATH 变量中。这使得我们可以从命令行直接执行可使通过 Snap 安装的应用程序运行的命令。例如，通过 VLC 包安装的命令是 vlc，执行 vlc 命令将运行相应的应用程序。如果执行的命令不能使应用程序工作，则改用完整的路径，如/snap/bin/vlc。

5. 列出已安装的 Snap 包

列出已安装的 Snap 包的相应的命令具体格式如下。

```
snap list [选项] <Snap 包名>...
```

该命令可以显示当前系统中已经安装 Snap 包的列表（含摘要信息），前面已经示范过。不提供 Snap 包名则会显示所有的包。使用选项--all 可以显示所有的修订版本，例如：

```
cxz@linuxpc1:~$ snap list --all
```

名称	版本	修订版本	追踪	发布者	注记
bare	1.0	5	latest/stable	canonical√	base
......					
firefox	103.0.1-1	1635	latest/stable/...	mozilla√	已禁用

被还原的以前使用的 Snap 包，会在输出的"注记"列中显示"已禁用"。手动跟踪哪个是 Snap 修订版本通常是不必要的。一个修订版本只会被使用一次，snapd 会自动删除旧的修订版本。

6. 更新已安装的 Snap 包

Snap 包会自动更新，如果要手动更新，则需要执行以下命令：

```
snap refresh  [选项] <Snap 包名>...
```

此命令将检查由 Snap 跟踪的频道，如果有新的版本发布，则将下载并安装它。更新操作需要 root 特权。也可以加上--channel 改变跟踪和要更新的频道，例如：

```
sudo snap refresh --channel=beta vlc
```

更新将在修订版本被推送到跟踪频道后 6h 内自动安装，以使大多数系统保持最新状态。该周期可通过配置选项来调整。如果该命令不包含参数，则会更新所有的 Snap 包。

 提 示 版本（Version）和修订版本（Revision）都用来表示一个特定版本的不同细节，但要注意两者之间的区别。版本是被打包的软件版本，是由开发人员分配的字符串名称。修订版本是指 Snap 文件上传之后，由商店自动编排的序列号。版本和修订版本并非按发布顺序安装或更新，本地系统只是简单地依据跟踪的频道安装由发布者推荐的 Snap 包。

7. 还原已安装的 Snap 包

可以把一个 Snap 包还原到最近一次刷新之前的版本，具体格式如下。

```
snap revert  [选项] <Snap 包名>
```

此操作也需要 root 特权，其结果会重新激活以前的快照修订版本，并使用与该修订版本关联的原始数据，而放弃最新修订版本所做的任何数据更改。如果之前的版本来自不同的频道，Snap 包将被安装，但是被跟踪频道的不会改变。

8. 启用或禁用 Snap 包

一个 Snap 包暂时不用了，可以禁用它，若要使用再启用，这可以避免卸载和重装。

```
cxz@linuxpc1:~$ sudo snap disable vlc                # 禁用
......
移除 snap "vlc" 的安全配置
vlc 已被禁用
cxz@linuxpc1:~$ snap list --all vlc                  # 查看是否已禁用
名称   版本      修订版本    追踪              发布者       注记
vlc   3.0.18    3078      latest/stable    videolan✓   已禁用
cxz@linuxpc1:~$ sudo snap enable vlc                 # 再启用
准备 snap "vlc" (3078)
......
设置 snap "vlc"（3078）安全配置文件
vlc 已启用
```

9. 卸载 Snap 包

要从系统中卸载一个 Snap 包及其内部用户、系统和配置数据，可以使用 snap remove 命令：

```
snap remove  [选项] <Snap 包名>
```

执行此操作也需要 root 特权。该操作默认该 Snap 包所有的修订版本也会被删除。要删除特定的修订版本，加上以下选项及其参数即可：

```
--revision=<revision-number>
```

5.4.5 离线安装 Snap 包

有些特殊环境，如涉密场合或者因其他安全原因不适合接入互联网的场合，涉及离线安装软件包的问题。Deb 软件包虽然支持离线安装，但是往往还要解决软件包依赖问题，源代码编译安装往往也要解决一些依赖包的缺失问题。而 Snap 提供的是自包含的软件包，它将所需的依赖统一打包到软件包中，部署时只需 Snap 包，离线部署非常方便。离线安装 Snap 包的基本方法如下。

（1）确保离线部署的计算机上安装有 Snap 环境，包括 snapd 和 snap。

电子活页 5-3　离线
安装 Snap 包示例

（2）通过能够连接互联网的计算机下载 Snap 包。通常使用以下命令下载所需的 Snap 包。

```
snap download <Snap 包名>
```

执行此命令会获取.assert 和.snap 两个文件，其中.assert 文件是软件包的元数据信息，包括签名和权限控制信息，.snap 文件是实际的安装包文件。

另一种方法是到 uApp Explorer 网站上下载 Snap，这种方法的好处是不限于 Ubuntu 环境，不足之处是只能下载.snap 文件，无法下载.assert 文件。

（3）将 Snap 包复制到离线部署机器上，安装时先通过.assert 文件进行注册确认，然后安装.snap 文件，例如：

```
sudo  snap ack vlc_3078.assert
sudo  snap install vlc_3078.snap
```

如果没有相应的.assert 文件，执行 snap install 命令安装时需要加上选项--dangerous，例如：

```
sudo snap install vlc_3078.snap --dangerous
```

还有一点需要注意，几乎所有的 Snap 包都依赖 core 运行时，有些机器上安装 Snap 环境时，可能会遇到 core 运行时版本不全，这会导致 Snap 包无法运行。解决此问题的方法是下载并安装相应版本的 core 包。

5.5　使用源代码编译安装软件

如果 APT 工具、Deb 软件包、Snap 包不能提供所需的软件，就要考虑源代码编译安装方式，即获取源代码包，进行编译安装。一些软件的最新版本需要通过源代码编译安装。另外，源代码包可以根据用户的需要对软件加以定制，有的还允许二次开发。

5.5.1　使用源代码编译安装软件的基本步骤

源代码一般使用 tar 工具打包，通常将以 tar 命令压缩打包的文件称为 Tarball，这是 UNIX 和 Linux 操作系统中广泛使用的压缩包格式。源代码编译安装首先要对获取的源代码的压缩包进行解压缩。

1. 下载和解压缩软件包

Linux 最新版本的软件通常以源代码打包形式发布，常见的有.tar.bz2、.tar.gz 和.tar.xz 这几种压缩包格式。.tar.xz 的压缩率最高，.tar.bz2 的次之，.tar.gz 的最低，但是压缩率高的压缩和解压缩都需要花费更多的时间。这些压缩包都是经过两级处理的文件，也就是说先用 tar 工具打包（可将许多目录和文件合成一个文件），再用 xz、bzip2 或 gzip 这样的工具进行压缩。解压缩的过程则反过来。

> **提示**　　用户要下载符合目标计算机 CPU 架构的源代码包。例如，ARM 架构就不能使用 x86 架构的源代码包。不同厂商为软件包的架构命名有所不同。有些厂商会提供架构名为 noarch 的软件包，这类软件包能够安装到任何硬件平台上，与架构无关。

下载源代码包后，首先需要解压缩。在 Linux 中，一般将源代码包复制到/usr/local/src 目录下解压缩。Ubuntu 默认禁用 root 账户，方便起见，可以将源代码包复制到主目录解压缩，这样访问权限不会受到太多限制。通常使用 tar 命令进行解压缩，具体格式如下。

```
tar  [选项...]  [文件]...
```

该命令常用的解压缩选项如下。

-j（--bzip2）表示压缩包具有 bzip2 的属性，即需要用 bzip2 格式压缩或解压缩。

-J（--xz）表示压缩包具有 xz 的属性，即需要用 xz 格式压缩或解压缩。

-z（--gzip）表示压缩包具有 gzip 的属性，即需要用 gzip 格式压缩或解压缩。

-x 用于解开一个压缩文件。

-v 表示在压缩过程中显示文件。

-f 表示使用压缩包文件名，注意在-f 之后要跟文件名，不要再加其他选项或参数。

完成解压缩后，进入解压缩后的目录，查阅 INSTALL 与 README 等相关帮助文档，了解该软件的安装要求、软件的工作项目、安装参数配置及技巧等，这一步很重要。安装帮助文档也会说明要安装的依赖性软件。依赖性软件的安装很必要，这是成功安装源代码包的前提。

2. 执行 configure 脚本生成编译配置文件 Makefile

源代码需要编译成二进制代码再进行安装。自动编译需要 Makefile 文件，可在源代码包中使用 configure 脚本生成。大多数源代码包都提供一个名为 configure 的文件，它实际上是一个使用 bash 脚本编写的程序。

该脚本将扫描系统，以确保程序所需的所有库文件也已存在，并做好文件路径及其他所需的设置工作，还会创建 Makefile 文件。

为方便用户根据实际情况生成 Makefile 文件，以指示 make 命令正确编译源代码，configure 通常会提供若干选项供用户选择。每个源代码包中的 configure 脚本选项不完全相同，实际应用中可以执行命令./configure --help 来查看。不过有些选项比较通用，具体如表 5-2 所示。其中比较重要的就是选项--prefix，它后面给出的路径就是软件要安装到的目录，如果不用该选项，将默认安装到/usr/local 目录。使用选项--prefix 的好处是方便软件的卸载或移植。

表 5-2　configure 脚本常用选项

选项	说明
--help	提供帮助信息
--prefix=PREFIX	指定软件安装位置，默认为/usr/local
--exec-prefix=PREFIX	指定可执行文件安装路径
--libcdir=DIR	指定库文件安装路径
--sysconfidr=DIR	指定配置文件安装路径
--includedir=DIR	指定头文件安装路径
--disable-FEATURE	关闭某属性
--enable-FEATURE	开启某属性

3. 执行 make 命令编译源代码

make 命令会依据 Makefile 文件中的设置对源代码进行编译并生成可执行的二进制文件。编译工作主要是运行 GCC 将源代码编译成可以执行的目标文件，但是这些目标文件通常还需要链接一些函数库才能生成完整的可执行文件。使用 make 命令就是要将源代码编译成可执行文件，放置在当前所在的目录之下，此时还没有将其安装到指定目录中。

4. 执行 make install 命令安装软件

make 命令只用于生成可执行文件，要将可执行文件安装到系统中，还需执行 make install 命令。通常这是最后的安装步骤了，make 命令根据 Makefile 文件中关于 install 目标的设置，将编译完成的二进制文件、库和配置文件等安装到指定的目录中。

源代码包编译安装的 3 个步骤——configure、make 和 make install——依次执行，其中只要一个步骤无法成功，后续的步骤就无法进行。

另外，执行 make install 命令安装的软件通常可以执行 make clean 命令进行卸载。

5.5.2　源代码编译安装示例——Python

微课 5-6　源代码
编译安装 Python

这里以新版本的 Python 安装为例示范源代码包编译安装步骤。针对 Linux 平台的最新版本的 Python 是以源代码形式发布的，源代码编译安装需要多个依赖文件支持。

（1）确认当前系统中已经部署好源代码编译环境。可以试着运行 gcc、make 等命令来测试。Ubuntu 22.04 LTS 桌面版中默认没有安装 GCC（GNU Compiler Collection，GNU 编译器套件），建议执行以下命令进行安装：

```
cxz@linuxpc1:~$ sudo apt install build-essential
```

build-essential 是 Ubuntu 官方提供一个软件包组，包含 GCC、GNU 调试器和其他编译软件所必需的开发库和工具。

Ubuntu 22.04 LTS 桌面版默认也没有安装库信息提取工具 pkg-config，执行以下命令进行安装。

```
cxz@linuxpc1:~$ sudo apt install pkg-config
```

如果没有安装工具，执行 configure 命令生成编译配置文件 Makefile 不会成功。

（2）执行以下命令安装 Python 所依赖的软件包。

```
cxz@linuxpc1:~$ sudo apt install libreadline-dev libncursesw5-dev libssl-dev libsqlite3-dev tk-dev libgdbm-dev liblzma-dev libc6-dev libbz2-dev libffi-dev zlib1g-dev
```

> **提示**　不同的用户环境中缺失的依赖包不尽相同，这里列出能够满足绝大多数 Ubuntu 环境的 Python 源代码编译安装所需的依赖包。如果执行 make 命令过程中还给出其他模块的缺失信息，读者可以查找相关软件包进行安装，然后从头编译安装。

（3）执行以下命令从 Python 官网获取 3.11.2 版本的源代码包（读者可自行下载更新的版本）。

```
cxz@linuxpc1:~$                                                          wget
https://www.python.org/ftp/python/3.11.2/Python-3.11.2.tar.xz
```

（4）执行以下命令对其解压缩。

```
cxz@linuxpc1:~$ tar -xvJf Python-3.11.2.tar.xz
```

完成解压缩后在当前目录下自动生成一个目录（根据压缩包文件命名，例中为 Python-3.11.2），并将所有文件解压缩到该目录中。

（5）将当前目录切换到该目录，并查看其中的文件列表。

```
cxz@linuxpc1:~$ cd Python-3.11.2
cxz@linuxpc1:~/Python-3.11.2$ ls
aclocal.m4    configure    Grammar    Lib    Makefile.pre.in  Objects  PCbuild
Python   Tools
config.guess  configure.ac Include    LICENSE  Misc            Parser   Programs
README.rst
config.sub    Doc          install-sh Mac      Modules         PC
pyconfig.h.in  setup.py
```

（6）阅读其中的 README.rst 文件，了解安装注意事项。其中给出的构建指导信息如下：

```
cxz@linuxpc1:~/Python-3.11.2$ nano README.rst
Build Instructions
------------------
On Unix, Linux, BSD, macOS, and Cygwin::
    ./configure
    make
    make test
    sudo make install
This will install Python as ``python3``.
```

这一步非常关键，涉及安装环境和注意事项，但往往被用户所忽略。根据这些提示完成后续的安装步骤。

（7）执行 configure 脚本生成编译配置文件 Makefile。

```
cxz@linuxpc1:~/Python-3.11.2$ ./configure --enable-optimizations
checking build system type... x86_64-pc-linux-gnu
checking host system type... x86_64-pc-linux-gnu
checking for Python interpreter freezing... ./_bootstrap_python
checking for python3.11... no
checking for python3.10... python3.10
checking Python for regen version... Python 3.10.6
#此处省略
config.status: creating pyconfig.h
configure: creating Modules/Setup.local
configure: creating Makefile
```

这里加上选项--enable-optimizations，目的是启用配置文件引导的优化和链接时间优化。

（8）执行 make 命令，完成源代码编译。这一步花费的时间略长。

```
cxz@linuxpc1:~/Python-3.11.2$ make
Running code to generate profile data (this can take a while):
# First, we need to create a clean build with profile generation
# enabled.
make profile-gen-stamp
make[1]: 进入目录"/home/cxz/Python-3.11.2"
make clean
make[2]: 进入目录"/home/cxz/Python-3.11.2"
#此处省略
make[1]: 离开目录"/home/cxz/Python-3.11.2"
```

本例操作过程中给出如下警告信息：

```
The necessary bits to build these optional modules were not found:
_dbm
To find the necessary bits, look in setup.py in detect_modules() for the module's
name.
Failed to build these modules:
binascii
```

这些警告不影响安装使用，可以忽略。

提 示　如果执行 make 命令进行源代码编译发现了问题，需要重新执行 configure 脚本生成编译配置文件 Makefile，在此之前，应当先执行 make clean 命令清理之前的配置缓存，再执行 configure 脚本，以免影响 Makefile 的成功生成。

（9）执行 make test 命令对编译结果进行测试，测试结果是成功的。

```
cxz@linuxpc1:~/Python-3.11.2$ make test
#此处省略
Total duration: 10 min 46 sec
Tests result: SUCCESS
```

（10）执行 sudo make install 命令完成安装。

```
cxz@linuxpc1:~/Python-3.11.2$ sudo make install
if test "no-framework" = "no-framework" ; then \
/usr/bin/install -c python /usr/local/bin/python3.11; \
else \
/usr/bin/install -c -s Mac/pythonw /usr/local/bin/python3.11; \
fi
#此处省略
Successfully installed pip-22.3.1 setuptools-65.5.0
WARNING: Running pip as the 'root' user can result in broken permissions and
```

```
conflicting behaviour with the system package manager. It is recommended to use a virtual
environment instead: https://pip.pypa.io/warnings/venv
```

（11）执行以下命令进行测试。

```
cxz@linuxpc1:~/Python-3.11.2$ python3 --version
Python 3.11.2
cxz@linuxpc1:~/Python-3.11.2$ pip3 --version
pip 22.3.1 from /usr/local/lib/python3.11/site-packages/pip (python 3.11)
```

上述结果表明，已经成功编译安装 Python 3.11.2 和新版本的 pip。

总的来说，源代码编译安装具有一定的难度，安装过程中需要解决的问题往往比较多。常用的 Web 服务器 Apache 的源代码编译安装是另一个比较典型的例子，也非常具有示范意义。它需要多个依赖文件，安装过程中要排除一些问题，整个步骤略显复杂，具体实现步骤请参见电子活页。

电子活页 5-4　源代码编译安装示例

5.5.3　卸载通过源代码编译安装的软件

如果源代码包中的 Makefile 文件提供有 uninstall 命令，则可以直接在源代码编译安装的项目下执行 sudo make uninstall 命令进行卸载。以上 Python 源代码包中未提供 uninstall 命令，无法直接卸载。

```
cxz@linuxpc1:~/Python-3.11.2$ sudo make uninstall
make: *** 没有规则可制作目标 "uninstall"。 停止。
```

如果执行 configure 脚本时使用选项--prefix 指定安装目录，简单地删除该安装目录，就可以将软件卸载。如果既没有 uninstall 命令，又没有使用选项--prefix，则只有手动删除软件。可以执行 whereis 命令找到软件安装目录，再执行 rm -rf 命令将这些目录全部删除。

还有一种变通方案，即通过临时目录重新编译安装一次，例如：

```
./configure --prefix=/tmp/to_remove && sudo make install
```

然后删除/tmp/to_remove 目录及其所有文件。

除了上述安装方式之外，Ubuntu 还可以通过其他安装方式来安装软件。

电子活页 5-5　其他安装方式

5.6　习题

1. 简述 Linux 软件包管理的发展过程。
2. 简述 Deb 软件包安装的特点。
3. 简述 APT 的基本功能。
4. 什么是 PPA？如何表示 PPA 源？
5. 在 Ubuntu 中能够直接安装 RPM 包吗？
6. 简述 Snap 安装方式的特点。
7. 简述源代码编译安装步骤。
8. 安装软件包时为什么要考虑 CPU 架构？
9. 在 Ubuntu 中软件包离线安装方式有哪几种？离线安装有什么意义？
10. 使用 apt 命令安装编辑器 Emacs，然后卸载。
11. 通过 PPA 源安装 Oracle JDK 11。
12. 使用 Snap 安装即时聊天软件 Telegram。
13. 使用源代码编译安装 Python 并进行测试。

第 6 章
系统高级管理

06

前面章节介绍了用户管理、磁盘管理、文件和目录管理等，操作系统还涉及一些更高级、更深入的管理，比如进程管理、系统和服务管理、任务调度管理以及系统日志管理等。Ubuntu 管理员、程序开发人员等需要掌握这些系统高级管理的知识和技能，本章将围绕这些内容进行讲解。读者应重点掌握如何使用 systemd 管控系统和服务。通过学习本章知识，读者可以培养精益求精、追求卓越的精神，向成为卓越工程师、大国"工匠"、高技能人才迈进。

学习目标

① 了解什么是 Linux 进程，学会查看和管理 Linux 进程。

② 理解 systemd 的概念和体系，掌握使用 systemd 管控系统和服务，以及日志的方法。

③ 了解 Linux 操作系统启动过程，掌握系统启动配置和启动故障排除方法。

④ 了解进程的调度启动方法，学会使用 Ubuntu 自动化任务工具。

6.1 Linux 进程管理

Linux 上所有运行的任务都可以称为一个进程，每个应用程序或服务也都可以称为进程，Ubuntu 也不例外。就管理员来说，没有必要关心进程的内部机制，而要关心进程的控制管理。管理员应经常查看系统运行的进程服务，对于异常的和不需要的进程，应及时将其结束，让系统更加稳定地运行。

6.1.1 Linux 进程概述

程序本身是一种包含可执行代码的静态文件。进程由程序产生，是一个动态的、运行着的、要占用系统运行资源的程序。多个进程可以并发调用同一个程序，一个程序可以启动多个进程。每一个进程还可以有许多子进程。为了区分不同的进程，系统给每一个进程都分配了一个唯一的进程标识符（Process Identification，PID），通常又称进程号。Linux 是一个多进程的操作系统，每一个进程都是独立的，都有自己的权限及任务。还有一个线程（Thread）的概念。线程是为节省资源而在同一个进程中共享资源的一个执行单位。线程是进程的一部分，如果没有进行显式的线程分配，可以认为进程是单线程的；如果在进程中建立了线程，则可认为该进程是多线程的。线程是操作系统调度的最小单元。

在类 UNIX 操作系统中，init 是在系统中启动的第一个进程。init 是一个守护进程，持续运行，直到系统关闭。init 是所有其他进程的直接或间接的父进程。早期版本的 Linux 的启动一直采用 init 进程。目前的 Linux 使用 systemd 作为初始化进程，以替代 init，目的是克服 init 固有的缺点，以提高系统的启动速度。

Linux 的进程大体可分为以下 3 种类型。

- 交互进程：在 Shell 下通过执行程序所产生的进程，可在前台或后台运行。
- 批处理进程：一个进程序列。
- 守护进程：英文名称为 daemon，又称监控进程，是指那些在后台运行，等待用户或其他应用程序调用，并且没有控制终端的进程，通常可以随着操作系统的启动而运行，也可将其称为服务（Service）。守护进程是服务的具体实现，例如 httpd 是 Apache 服务器的守护进程。

提 示　　按照 Linux 惯例，服务名称的首字母要大写，如 Cron 服务；而守护进程的名称使用全小写字母，而且一般会加上字符 d 来结束，如 crond。

Linux 守护进程按照功能可以分为系统守护进程与网络守护进程。前者又称系统服务，是指那些为系统本身或者系统用户提供的一类服务，主要用于当前系统，如提供作业调度服务的 Cron 服务。后者又称网络服务，是指供客户端调用的一类服务，主要用于实现远程网络访问，如 Web 服务、文件服务等。

Ubuntu 启动时会自动启动很多系统守护进程（系统服务），向本地用户或网络用户提供系统功能接口，直接面向应用程序和用户。但是开启不必要的或者本身有漏洞的服务，会给操作系统带来安全隐患。

6.1.2　查看进程

Ubuntu 使用进程控制块（Process Control Block，PCB）来标识和管理进程。一个进程主要包括以下参数。

- PID：进程号（Process ID），用于唯一标识进程。
- PPID：父进程号（Parent PID），创建某进程的上一个进程的进程号。
- USER：启动某个进程的用户 ID 和该用户所属组的 ID。
- STAT：进程状态，进程可能处于多种状态，如运行、等待、停止、睡眠、僵死等。
- PRIORITY：进程的优先级。
- 资源占用：包括 CPU、内存等资源的占用信息。

每个正在运行的程序都是系统中的一个进程，要对进程进行调配和管理，就需要知道现在的进程情况，这可以通过查看进程来实现。

1. ps 命令

ps 命令是最基本的进程查看命令之一，通过该命令可确定有哪些进程正在运行、进程的状态、进程是否结束、进程是否僵死、哪些进程占用了过多的资源等。ps 命令常用来监控后台进程的工作情况，因为后台进程是不与屏幕、键盘这些标准输入输出设备进行通信的。具体格式如下。

```
ps [选项]
```

常用的选项有：a 表示显示现有终端的所有进程，包括其他用户的进程；x 表示显示没有控制终端的进程及后台进程；-e 或-A 表示显示所有进程；r 表示只显示正在运行的进程；u 表示显示进程所有者的信息；-f 表示按全格式显示（列出进程间父子关系）；-l 表示按长格式显示。如果不带任何选项，则仅显示当前控制台的进程。

注意，选项之前有没有连字符（-）是不同的。例如，-a 表示显示所有终端下执行的进程（除了与终端建立连接的会话首进程（Session Leader）和与终端没有关联的进程）。

101

常用的是使用 aux 选项组合来显示所有进程。下面列出执行 ps aux 命令显示的部分结果：

```
USER      PID   %CPU %MEM   VSZ      RSS   TTY    STAT START   TIME    COMMAND
root      1     0.0  0.1    166812   11924 ?      Ss   08:14   0:05    /sbin/init splash
root      2     0.0  0.0    0        0     ?      S    08:14   0:00    [kthreadd]
cxz       8814  0.0  0.0    19832    4188  pts/0  S+   14:26   0:00    man ps
cxz       8872  0.0  0.0    21340    1560  pts/2  R+   14:56   0:00    ps aux
```

其中，USER 表示进程的所有者；PID 表示进程号；%CPU 表示占用 CPU 的百分比；%MEM 表示占用内存的百分比；VSZ 表示占用虚拟内存的数量；RSS 表示驻留内存的数量；TTY 表示进程的控制终端（值为"?"说明该进程与控制终端没有关联，若为"pts/0"，则表示由网络连接主机的进程）；STAT 表示进程的运行状态（R 表示准备就绪状态，S 表示可中断的休眠状态，D 表示不可中断的休眠状态，T 表示暂停执行，Z 表示不存在但暂时无法消除，W 表示无足够内存页面可分配，<表示高优先级，N 表示低优先级，L 表示内存页面被锁定，s 表示创建会话的进程，l 表示多线程进程，+表示是一个前台进程组）；START 表示进程开始启动的时间；TIME 表示进程所使用的总的 CPU 时间；COMMAND 表示进程对应的程序名称和运行参数。

通常情况下，系统中运行的进程很多，可使用管道操作符结合 less（或 more）命令来查看：

```
ps aux | less
```

还可使用 grep 命令查找特定进程。

ps aux 和 ps -ef 都可以显示所有进程，两者的输出结果差别不大，但风格不同。aux 是 BSD 风格的，而-ef 是 System V 风格的。下面列出 ps -ef 命令显示的一条结果。

```
UID       PID    PPID   C  STIME   TTY      TIME      CMD
cxz       8530   5653   0  11:10   pts/2    00:00:00  bash
```

其中，UID 表示用户 ID，但输出的是用户账户；PID 和 PPID 分别表示进程号和父进程号；C 表示进程占用 CPU 的百分比；STIME 表示该进程开始启动的时间；TTY 表示该进程在哪个控制终端上运行，如果与控制终端无关，则显示"?"；TIME 表示该进程所使用的总时间；CMD 表示进程对应的程序名称和运行参数。

如果要查看各进程的继承关系，则可以使用 pstree 命令。

2. top 命令

ps 命令仅能静态地输出进程信息，而 top 命令用于动态显示系统进程信息，它可以每隔一段时间刷新当前状态，还可以提供一组交互式命令用于进程的监控。具体格式如下。

```
top [选项]
```

选项-d 用于指定每两次屏幕信息刷新之间的时间间隔，默认为 5s；-s 表示 top 命令在安全模式中运行，不能使用交互命令；-c 表示显示整个命令行而不只是显示命令名。如果在前台执行该命令，它将独占前台，直到用户终止该程序为止。

在 top 命令执行过程中可以使用一些交互命令。例如，按<Space>键将立即刷新显示；按<Ctrl>+<L>快捷键将擦除并且重写。下面列出执行 top 命令所显示的部分结果：

```
top - 15:13:26 up 6:58,  1 user,  load average: 0.11, 0.16, 0.17
任务: 309 total,  1 running, 308 sleeping,  0 stopped,  0 zombie
%Cpu(s):  2.6 us, 10.5 sy,  0.0 ni, 86.8 id,  0.0 wa,  0.0 hi,  0.0 si,  0.0 st
MiB Mem :  7914.8 total,  4227.7 free,  2176.0 used,   1511.1 buff/cache
MiB Swap:  2048.0 total,  2048.0 free,   0.0 used.   5394.2 avail Mem

进程号  USER   PR  NI   VIRT    RES    SHR    %CPU  %MEM   TIME+   COMMAND
8898   cxz    20  0    21916   4272   3400 R 23.5  0.1    0:00.05 top
5653   cxz    20  0    683372  96928  75364 S 5.9   1.2    0:29.05 gnome-t+
1      root   20  0    166812  11924  8240 S  0.0   0.1    0:05.36 systemd
2      root   20  0    0       0      0 S     0.0   0.0    0:00.05 kthreadd
```

首先显示的是当前进程的统计信息，包括用户（进程所有者）数、负载均值、任务数、CPU 占用情况、内存和交换空间的已用和空闲情况等。然后逐条显示各个进程的信息，其中进程号指的是 PID；USER 表示进程的所有者；PR 表示优先级；NI 表示 nice 值（负值表示高优先级，正值表示低优先级）；VIRT 表示进程使用的虚拟内存总量（单位为 kb）；RES 表示进程使用的、未被换出的物理内存大小（单位为 kb）；SHR 表示共享内存大小（其值后面的字符表示进程状态，参见 ps 命令的 STAT）；%CPU 和%MEM 分别表示 CPU 和内存占用的百分比；TIME+表示进程使用的 CPU 时间总计（单位为 1/100s）；COMMAND 表示进程对应的程序名称和运行参数。

6.1.3　Linux 进程管理

Linux 会有效地管理和追踪所有运行着的进程。管理员除了查看进程外，还可以对进程的运行进行管控。

微课 6-1　管理控制进程

1. 启动进程

启动进程需要运行程序。启动进程有两个主要途径，即手动启动和调度启动。

由用户在 Shell 命令行下输入要执行的程序来启动一个进程，即手动启动进程。其启动方式又分为前台启动和后台启动，默认为前台启动。若在要执行的命令后面跟随一个符号"&"（可以用空格隔开），则为后台启动，此时进程在后台运行，Shell 可继续运行和处理其他程序。在 Shell 下启动的进程就是 Shell 进程的子进程。一般情况下，只有子进程结束后，才能继续父进程，如果是从后台启动的进程，则不用等待子进程结束。

调度启动是指事先设置好程序要运行的时间，当到了预设的时间，系统自动启动程序。后面将专门介绍调度启动的方法。

2. 进程的挂起及恢复

通常，将正在执行的一个或多个相关进程称为一个作业（Job）。一个作业可以包含一个或多个进程。作业控制指的是控制正在运行的进程的行为，可以将进程挂起并可以在需要时恢复进程的运行，被挂起的进程恢复后将从中止处开始继续运行。

在运行进程的过程中按<Ctrl>+<Z>快捷键可挂起当前的前台进程，将进程转到后台，此时进程默认是停止运行的。如果要恢复进程运行，有两种选择，一种是使用 fg 命令将挂起的进程放回前台运行；另一种是使用 bg 命令将挂起的进程放到后台运行。

3. 结束进程的运行

当需要中断一个前台进程的时候，通常按<Ctrl>+<C>快捷键；但是对于一个后台进程，就必须借助于 kill 命令。该命令可以结束后台进程。遇到进程占用的 CPU 时间过多，或者进程已经挂死的情形，就需要结束进程的运行。当发现一些不安全的异常进程时，也需要强行终止该进程的运行。

kill 命令是通过向进程发送指定的信号来结束进程的，具体格式如下。

```
kill [-s,--信号|-p] [-a] PID...
```

选项-s 用于指定需要送出的信号，既可以使用信号名也可以使用对应数字。默认为 TERM 信号（值为 15）。选项-p 用于指定 kill 命令只是显示进程的 PID，并不真正送出结束信号。

可以使用 ps 命令获得进程的 PID。为了查看指定进程的 PID，可使用管道操作和 grep 命令相结合的方式来实现，比如，若要查看 xinetd 进程对应的 PID，则命令为：

```
ps -e | grep xinetd
```

信号 SIGKILL（值为 9）用于强行结束指定进程的运行，适合用于结束已经挂死而没有能力自动结束的进程，这属于非正常结束进程。

假设某进程（PID 为 3456）占用过多 CPU 资源，使用 kill 3456 命令并没有结束该进程，这就需要执行 kill -9 3456 命令强行将其终止。

Linux 下还提供 killall 命令，它能直接使用进程的名字而不是 PID 作为参数，例如：

```
killall xinetd
```

如果系统存在同名的多个进程，则这些进程将全部结束运行。

4. 使用 nohup 命令不挂断地执行进程

如果要让运行的进程在退出登录后也不会结束，那么可以使用 nohup 命令。这比较适用于那些耗时的管理维护任务不因用户切换或远程连接断开而中断。nohup 意为不挂断（No Hang Up），此命令可以在用户退出（注销）或者关闭终端之后继续运行相应的进程。具体格式如下。

```
nohup  命令 [参数 … ] [&]
```

nohup 命令用于运行由指定的命令（可带参数）表示的进程，忽略所有挂断（SIGHUP）信号，一旦用户注销或关闭终端，进程就会自动转到后台运行。如果要直接在后台启动 nohup 命令本身，则应在末尾加上"&"参数。

> **提 示** nohup 和&的区别是明显的。命令后面跟随符号"&"表示启动后的进程在后台运行，当用户退出（挂起）时，命令自动结束。nohup 命令并没有后台运行的功能，使用 nohup 可以使进程一直运行，与用户是否退出无关。将 nohup 和&结合使用，就可以实现进程永久地在后台执行的功能。

如果不将 nohup 命令的输出进行重定向，其输出将附加到当前目录的 nohup.out 文件中。如果当前目录的 nohup.out 文件不可写，则输出重定向到$HOME/nohup.out 文件中。

5. 管理进程的优先级

每个进程都有一个优先级参数用于表示 CPU 占用的等级，优先级高的进程更容易获取 CPU 的控制权，更早地执行。进程优先级可以用 nice 值表示，其范围一般为-20～19，-20 为最高优先级，19 为最低优先级。

nice 命令可用于设置进程的优先级，具体格式如下。

```
nice [-n] [命令 [参数] ... ]
```

n 表示优先级值，默认值为 10；命令表示进程名，参数是该命令所带的参数。

renice 命令则用于调整进程的优先级，其值范围为-20～19，不过只有拥有 root 特权才能使用，基本用法如下：

```
renice [优先级] [PID] [进程组] [用户名称或 ID]
```

可以修改某 PID 代表的进程的优先级，或者修改某进程组下所有进程的优先级，还可以按照用户名称或 ID 修改该用户的所有进程的优先级。

6.2 使用 systemd 管控系统和服务

systemd 是为改进传统系统启动方式而推出的 Linux 操作系统管理工具，现已成为大多数 Linux 发行版的标准配置。它的功能非常强大，除了用于系统启动管理和服务管理之外，还可用于其他系统管理任务。了解 systemd，要从系统初始化着手。

6.2.1 systemd 与系统初始化

Linux 操作系统启动过程中，当内核启动完成并装载根文件系统后，就开始用户空间的系统初始化工作。到目前为止，Linux 在其发展过程中经历了 3 种系统初始化方式，分别是 System V initialization（简称 sysVinit 或 SysV）方式、Upstart 方式和 systemd 方式。systemd 方式旨在克服 sysVinit 方式固有的缺点，提高系统的启动速度，并逐步取代 Upstart 方式。根据 Linux 惯例，字母 d 表示守护进程，systemd 是一个用于管理系统的守护进程，因而不能写作 system D、System D 或 SystemD。

1. sysVinit 方式

sysVinit 源于 UNIX，以运行级别（Runlevel）为核心，依据服务间依赖关系进行初始化。运行级别就是操作系统当前正在运行的功能级别，用来设置不同环境下所运行的程序和服务。sysVinit 使用运行级别和对应的链接文件（位于/etc/rc*n*.d 目录中，*n* 为运行级别，不同运行级别目录下的链接文件分别链接到/etc/init.d 中的脚本文件）来启动和关闭系统服务。

/etc/inittab 是主要配置文件，init 进程启动后会第一时间找到它，根据其配置初始化系统、设置系统运行级别以及进入各运行级别对应的要执行的命令。管理员通过定制/etc/inittab 来建立所需的系统运行环境。

sysVinit 启动是线性的、顺序的。如果一个启动进程花费时间长，后面的服务即使与启动进程完全无关，也必须要等候。

2. Upstart 方式

Upstart 是基于事件机制的启动系统，系统的所有服务和任务都是由事件驱动的。Upstart 使用/etc/init/目录中的系统服务配置文件来决定系统服务何时启动、何时停止。Upstart 的 init 进程读取/etc/init/目录下的作业配置文件，并使用 inotify 监控它们的改变。Upstart 更加灵活，不仅能在运行级别改变的时候启动或停止服务，也能在接收到系统发生其他改变的信息的时候启动或停止服务。

Upstart 启动是并行的，只要事件发生，服务就可以并发启动。这种方式更优越，可以充分利用计算机多核的特点，大大减少启动所需的时间，提高系统启动速度。

Ubuntu 从 6.10 版本开始支持 Upstart 方式，同时也使用 sysVinit 方式。

3. systemd 方式

sysVinit 和 Upstart 这两种系统初始化方式都需要由 init 进程（一个由内核启动的用户级进程）来启动其他用户级进程或服务，最终完成系统启动的全部过程。init 始终是第一个进程，其 PID 始终为 1，它是系统所有进程的父进程。systemd 方式使用 systemd 取代 init，作为系统第一个进程。systemd 不通过 init 脚本来启动服务，而是采用一种并行启动服务的机制。

systemd 使用单元文件替换前两种系统初始化方式的初始化脚本。Linux 以前的服务管理是分布式的，由 sysVinit 或 Upstart 通过/etc/rc.d/init.d 目录下的脚本进行管理，允许管理员控制服务的状态。采用 systemd，这些脚本就被服务类型的单元文件所替代。单元有多种类型，不限于服务，还包括挂载点、文件路径等。

systemd 使用启动目标（Target）替代运行级别。前两种系统初始化方式使用运行级别代表特定的操作模式，每个级别可以启动特定的一些服务。启动目标类似于运行级别，但比运行级别更灵活，它本身也是一个目标类型的单元，可以更灵活地为特定的启动目标组织要启动的单元，如启动服务、装载挂载点等。

systemd 主要的设计目标是通过并行启动的模式克服 sysVinit 固有的缺点，尽可能地快速启动服务，减少系统资源占用。

systemd 与 sysVinit 兼容，支持并行化任务，按需启动守护进程，基于事务性依赖关系精确控制各种服务，非常有助于标准化 Linux 的管理。systemd 提供超时机制，所有的服务有 5min 的超时限制，以防系统卡顿。

Ubuntu 从 15.04 版本开始支持 systemd。

6.2.2 systemd 的主要概念和术语

1. 核心概念：单元

系统初始化需要启动后台服务，完成一系列配置工作（如挂载文件系统等），其中每一步骤或每一项任务都被 systemd 抽象为一个单元（Unit），一个服务、一个挂载点、一个文件路径都可以被视为单元。也就是说，systemd 将各种系统启动和运行相关的对象标识为各种不同类型的单元。大部分单元由相应的单元配置文件（通常简称为单元文件）进行识别和配置，一个单元需要一个对应的单元文件。单元的名称由单元文件的名称决定，某些特定的单元名称具有特殊的含义。常见的 systemd 单元类型如表 6-1 所示。

表 6-1 常见的 systemd 单元类型

单元类型	单元文件扩展名	说明
service（服务）	.service	定义系统服务。这是常用的一种单元类型，其作用与早期 Linux 版本 /etc/init.d/目录下的服务脚本的作用相同
device（设备）	.device	定义内核识别的设备。每一个使用 udev 规则标记的设备都会在 systemd 中作为一个设备单元出现
mount（挂载）	.mount	定义文件系统挂载点
automount（自动挂载）	.automount	用于文件系统自动挂载设备
socket（套接字）	.socket	定义系统和互联网中的一个套接字，标识进程间通信用到的 socket 文件
swap（交换空间）	.swap	配置和管理用于交换空间的设备
path（路径）	.path	定义文件系统中的文件或目录
timer（定时器）	.timer	用来定时触发用户定义的操作，以取代 atd、crond 等传统的定时服务
target（目标）	.target	用于对其他单元进行逻辑分组，主要用于模拟实现运行级别的概念
snapshot（快照）	.snapshot	快照是一组配置单元，保存了系统当前的运行状态

还有少部分单元是动态自动生成的，其中一部分来自其他传统的配置文件（主要是为了兼容性），而另一部分则来自系统状态或可编程的运行时状态。

2. 依赖关系

systemd 具备处理不同单元之间依赖关系的能力。虽然 systemd 能够最大限度地并发执行很多有依赖关系的任务，但是一些任务存在先后依赖关系，无法并发执行。为解决这类依赖问题，systemd 的单元之间可以彼此定义依赖关系。在单元文件中使用关键字来描述单元之间的依赖关系。如单元 B 依赖于单元 A，可以在单元 B 的定义中用 require A 来表示，这样 systemd 就会保证先启动 A 再启动 B。

3. systemd 事务

systemd 能保证事务完整性。此事务概念与数据库中的有所不同，旨在保证多个相互依赖的单元之间没有循环引用。例如，单元 A、B、C 之间存在循环依赖，systemd 将无法启动任意一个单元。因此，

systemd 将单元之间的依赖关系分为两种——required（强依赖）和 wants（弱依赖），systemd 将去除 wants 关键字指定的弱依赖以打破循环。若无法修正，则 systemd 会报错。systemd 能够自动检测和修正这类配置错误，极大地减轻了管理员的排错负担。

4. 启动目标和运行级别

systemd 可以创建不同的状态，状态提供了灵活的机制来设置启动配置项。这些状态是由多个单元文件组成的，systemd 将这些状态称为启动目标（或目标）。

运行级别就是操作系统当前正在运行的功能级别。Linux 使用运行级别来设置不同环境下所运行的程序和服务。Linux 标准的运行级别为 0～6。Ubuntu 是基于 Debian 的，Debian 系列的 Linux 版本的运行级别定义与 Red Hat 系列有着显著区别。

现在，Ubuntu 使用 systemd 代替 init 来开始系统初始化过程，使用启动目标来代替运行级别。传统的运行级别之间是相互排斥的，不可能多个运行级别同时启动，但是多个启动目标可以同时启动。启动目标提供了更大的灵活性，可以继承一个已有的目标，也可以添加其他服务来创建自己的目标。

systemd 启动系统时需要启动大量单元。每一次启动都要指定本次启动需要哪些单元，显然非常不方便，于是使用启动目标来解决这个问题。启动目标就是一个单元组，其中包含许多相关的单元。启动某个目标时，systemd 就会启动其中所有的单元。从这个角度看，启动目标这个概念类似于一种状态，启动某个目标就好比启动到某种状态。

Ubuntu 预定义了一些启动目标，它们与之前版本的运行级别有所不同。为了向后兼容，systemd 也让一些启动目标映射为 sysVinit 的运行级别，具体的对应关系如表 6-2 所示。

表 6-2　Ubuntu 传统运行级别和 systemd 启动目标的对应关系

传统运行级别	Systemd 启动目标	说明
0	runlevel0.target、poweroff.target	关闭系统。不要将默认目标设置为此目标
1、s、single	runlevel1.target、rescue.target	单用户（Single）模式。以 root 身份开启一个虚拟控制台，主要用于管理员维护系统
2、3、4	runlevel2.target、runlevel3.target、runlevel4.target、multi-user.target	多用户模式，非图形用户界面。用户可以通过多个控制台或网络登录
5	runlevel5.target、graphical.target	多用户模式，图形用户界面
6	runlevel6.target、reboot.target	重启系统。不要将默认目标设置为此目标
emergency	emergency.target	紧急 Shell

6.2.3　systemd 单元文件

systemd 可以对服务、设备、套接字和挂载点等进行控制管理，都是通过单元文件（又称单元配置文件）实现的。例如，一个新的服务要在系统中使用，就需要为其编写一个单元文件以便 systemd 能够管理它，在单元文件中定义该服务启动的命令行语法，以及与其他服务的依赖关系等。这些单元文件主要保存在以下目录中（按优先级由低到高列出）。

- /lib/systemd/system：存放每个服务最主要的启动脚本，类似于传统方式 SysVinit 的 /etc/init.d/。
- /run/systemd/system：存放系统执行过程中所产生的服务脚本。
- /etc/systemd/system：存放由管理员建立的脚本，类似于传统方式 SysVinit 所用的 /etc/rcN.d/Sxx 类脚本的功能。

1. 单元文件格式

单元文件采用普通文本格式，可以用文本编辑器进行编辑。先来看一个单元文件（cups.service）的内容：

```
[Unit]
Description=CUPS Scheduler
Documentation=man:cupsd(8)
After=network.target nss-user-lookup.target nslcd.service
Requires=cups.socket

[Service]
ExecStart=/usr/sbin/cupsd -l
Type=notify
Restart=on-failure

[Install]
Also=cups.socket cups.path
WantedBy=printer.target multi-user.target
```

单元文件主要包含单元的指令和行为信息。整个文件分为若干节（Section，也可译为区段）。每节的第一行是用方括号表示的节名，如[Unit]。每节内部是一些定义语句，每条语句实际上是由等号连接的键值对（指令=值）。注意，等号两侧不能有空格，节名和指令名都是大小写敏感的。

[Unit]节通常是单元文件的第一节，用来定义单元的通用选项、配置与其他单元的关系等。常用的字段（指令）如下。

- Description：提供简短描述信息。
- Requires：指定当前单元所依赖的其他单元。这是强依赖，被依赖的单元无法启动时，当前单元也无法启动。
- Wants：指定与当前单元配合的其他单元。这是弱依赖，被依赖的单元无法启动时，当前单元可以启动。
- Before 和 After：指定当前单元启动的前后单元。
- Conflicts：定义单元之间的冲突关系。列入此字段中的单元如果正在运行，当前单元就不能运行，反之亦然。

[Install]节通常是单元文件的最后一节，用来定义如何启动以及是否开机启动。常用的字段如下。

- Alias：当前单元的别名。
- Also：当前单元更改开机自动启动设置时，会被同时更改开机启动设置的其他单元。
- RequiredBy：指定被哪些单元所依赖，这是强依赖。
- WantedBy：指定被哪些单元所依赖，这是弱依赖。

[Unit]节和[Install]节之外的其他节通常与单元类型有关。例如，[Mount]节用于挂载点类单元的配置，[Service]节用于服务类单元的配置。本例的 cups.service 属于服务类型，其[Service]节中 ExecStart 字段定义启动进程时执行的命令；Type 字段定义启动类型，notify 表示启动结束后会发出通知信号；Restart 字段定义了服务退出后的重启方式。

关于单元文件的完整字段清单请读者参考官方文档。

2. 编辑单元文件

系统管理员必须掌握单元文件的编辑。有时候需要修改已有的单元文件，遇到以下情形还需要创建自定义的单元文件。

- 需要自己创建守护进程。
- 为现有的服务另外创建一个实例。
- 引入 sysVinit 脚本。

创建单元文件的基本步骤如下。

（1）在/etc/systemd/system 目录下创建单元文件。

（2）修改该文件权限，确保拥有 root 特权才能编辑。

（3）编辑该文件，在其中添加配置信息。

（4）通知 systemd 该单元已添加，并开启该单元。

对于新创建的或修改过的单元文件，必须要让 systemd 重新识别此文件，通常执行 systemctl daemon-reload 命令重载该文件。

建议将手动创建的单元文件存放在/etc/systemd/system 目录下。单元文件也可以作为附加的文件放置到一个目录下面，例如，在/etc/systemd/system 目录中创建 sshd.service.d 子目录，再在其中创建 custom.conf 文件以定制 sshd.service 服务，在其中加上自定义的配置；还可以创建 sshd.service.wants 和 sshd.service.requires 子目录，用于包含 sshd 关联服务的符号链接。系统安装时会自动创建此类符号链接，也可以手动创建符号链接。

3. 单元文件与启动目标

在讲解单元文件与启动目标的对应关系之前，有必要简单介绍一下传统的服务启动脚本是如何对应运行级别的。传统的方案要求开机启动的服务启动脚本对应不同的运行级别。因为需要管理的服务数量较多，所以 Linux 使用 rc 脚本统一管理每个服务的脚本，将所有相关的脚本文件存放在/etc/rc.d/目录下。系统的各运行级别在/etc/rc.d/目录中都有一个对应的下级目录。这些运行级别的下级目录的命名方法为 rc*n*.d，*n* 表示运行级别对应的数字。Linux 启动或进入某运行级别时，对应脚本目录中用于启动服务的脚本将自动运行；离开该级别时，用于停止服务的脚本也将自动运行，以结束在该级别中运行的服务。当然，也可在系统运行过程中手动执行服务启动脚本来管理服务，如启动、停止或重启服务等。

systemd 使用启动目标来代替运行级别。它将基本的单元文件存放在/lib/systemd/system/目录下，不同的启动目标（相当于以前的运行级别）要装载的单元的配置文件则以符号链接方式映射到/etc/systemd/system/目录下对应的启动目标子目录下，如 multi-user.target 装载的单元的配置文件映射到/etc/systemd/system/multi-user.target.wants/目录下。下面列出该目录下的部分文件。

```
lrwxrwxrwx 1 root root 35 2 月 9 11:30 anacron.service -> /lib/systemd/system/
anacron.service
lrwxrwxrwx 1 root root 32 2 月 9 11:30 cups.service -> /lib/systemd/system/
cups.service
```

以上输出明确显示了这种映射关系。原本在/etc/init.d/目录下的启动文件，被/lib/systemd/system/下相应的单元文件所取代。例如，其中的/lib/systemd/system/anacron.service 用于定义.anacron 的启动等相关的配置。

使用 systemctl disable 命令来禁止某服务开机自动启动，例如：

```
cxz@linuxpc1:~$ sudo systemctl disable cups.service
Synchronizing   state   of   cups.service   with   SysV   service   script   with
/lib/systemd/systemd-sysv-install.
Executing: /lib/systemd/systemd-sysv-install disable cups
Removed /etc/systemd/system/sockets.target.wants/cups.socket.
Removed /etc/systemd/system/multi-user.target.wants/cups.service.
Removed /etc/systemd/system/multi-user.target.wants/cups.path.
Removed /etc/systemd/system/printer.target.wants/cups.service.
```

这表明禁止开机自动启动就是删除/etc/systemd/system/下相应的链接文件。

可以使用 systemctl enable 命令来启用某服务开机自动启动，例如：

```
cxz@linuxpc1:~$ sudo systemctl enable cups.service
Synchronizing  state  of  cups.service  with  SysV  service  script  with  /lib/
systemd/systemd-sysv-install.
Executing: /lib/systemd/systemd-sysv-install enable cups
Created symlink /etc/systemd/system/printer.target.wants/cups.service  →  /lib/
systemd/system/cups.service.
Created symlink /etc/systemd/system/multi-user.target.wants/cups.service → /lib/
systemd/system/cups.service.
```

```
    Created symlink /etc/systemd/system/sockets.target.wants/cups.socket → /lib/
systemd/system/cups.socket.
    Created symlink /etc/systemd/system/multi-user.target.wants/cups.path → /lib/
systemd/system/cups.path.
```

这表明启用开机自动启动就是在当前启动目标的配置文件目录（/etc/systemd/system/multi-user.target.wants/）中建立 lib/systemd/system/目录中对应单元文件的符号链接。

cups 要在/etc/systemd/system/multi-user.target.wants/目录下创建链接文件是由 cups 单元文件 cups.service 中[Install]节中的 WantedBy 字段来定义的：

```
Also=cups.socket cups.path
WantedBy=printer.target multi-user.target
```

在/etc/systemd/system 目录下有多个*.wants 子目录，放在该子目录下的单元文件等同于在[Unit]节中的 Wants 字段。

4. 理解 target 单元文件

启动目标使用 target 单元文件描述。target 单位文件扩展名为.target。target 单元文件的唯一目的是将其他 systemd 单元文件通过一连串的依赖关系组织在一起。

微课6-2 理解 target 单元文件

这里以 graphical.target 单元文件为例进行介绍。graphical.target 单元文件用于启动一个图形用户界面会话，systemd 会启动 GNOME 显示管理（gdm.service）、账户服务（accounts-daemon）等服务，并且会激活 multi-user.target 单元。而 multi-user.target 单元又会启动必不可少的 NetworkManager. service、dbus.service 服务，并激活 basic.target 单元，从而最终完成带有图形用户界面的系统启动。

先来看一下/etc/systemd/system/graphical.target.wants 目录下的文件列表：

```
  lrwxrwxrwx 1 root root 43 2 月 9 11:30 accounts-daemon.service -> /lib/systemd/
system/accounts-daemon.service
  lrwxrwxrwx 1 root root 49 2 月 9 11:30 power-profiles-daemon.service ->/lib/
systemd/system/power-profiles-daemon.service
  lrwxrwxrwx 1 root root 46 2 月 9 11:30 switcheroo-control.service -> /lib/systemd/
system/switcheroo-control.service
  lrwxrwxrwx 1 root root 35 2 月 9 11:30 udisks2.service -> /lib/systemd/system/
udisks2.service
```

这表明 graphical.target 单元启动时，会自动启动 accounts-daemon.service 等单元。

进一步查看/lib/systemd/system/graphical.target 单元文件的内容，这里列出相关的部分：

```
[Unit]
Description=Graphical Interface
Documentation=man:systemd.special(7)
Requires=multi-user.target
Wants=display-manager.service
Conflicts=rescue.service rescue.target
After=multi-user.target rescue.service rescue.target display-manager.service
AllowIsolate=yes
```

其中，Requires 字段值表示 graphical.target 对 multi-user.target 强依赖；Wants 字段值表示 graphical.target 对 display-manager.service（显示管理服务）弱依赖；After 字段值表示在 multi-user.target、rescue.service、rescue.target 和 display- manager.service 启动之后才启动 graphical.target；Conflicts 字段值表示 graphical.target 与 rescue.service 或 rescue.target 之间存在冲突，如果 rescue.service 或 rescue.target 正在运行，graphical.target 就不能运行，反之亦然；AllowIsolate 字段值表示允许使用 systemctl isolate 命令切换到启动目标 graphical.target。

再查看/lib/systemd/system/multi-user.target 单元文件的相关内容：

```
[Unit]
Description=Multi-User System
```

```
Documentation=man:systemd.special(7)
Requires=basic.target
Conflicts=rescue.service rescue.target
After=basic.target rescue.service rescue.target
AllowIsolate=yes
```

从这些字段的定义可以发现 multi-user.target 对 basic.target 强依赖；在 basic.target、rescue.service 和 rescue.target 启动之后才启动 multi-user.target；multi-user.target 与 rescue.service 或 rescue.target 之间存在冲突；允许使用 systemctl isolate 命令切换到启动目标 multi-user.target。

最后查看/lib/systemd/system/basic.target 单元文件的相关内容：

```
[Unit]
Description=Basic System
Documentation=man:systemd.special(7)
Requires=sysinit.target
Wants=sockets.target timers.target paths.target slices.target
After=sysinit.target sockets.target paths.target slices.target tmp.mount
RequiresMountsFor=/var /var/tmp
Wants=tmp.mount
```

发现 basic.target 对 sysinit.target 强依赖并在 sysinit.target 启动之后才启动。

这样，graphical.targe 会激活 multi-user.target，而 multi-user.target 又会激活 basic.target，basic.target 又会激活 sysinit.target，嵌套组合了多个目标，以完成复杂的启动管理。

6.2.4　systemctl 命令

systemd 最重要的命令行工具之一是 systemctl，它主要负责控制 systemd 系统和服务管理器。具体格式如下。

```
systemctl [选项…] 命令 …
```

不带任何选项和参数执行 systemctl 命令将列出系统已启动（装载）的所有单元，包括服务、设备、套接字、目标等。

执行不带参数的 systemctl status 命令将显示系统当前状态。

systemctl 命令的部分选项提供有长格式和短格式，如--all 和-a 等。列出单元时，--all（-a）表示列出所有装载的单元（包括未运行的）。显示单元属性时，该选项会显示所有的属性（包括未设置的）。

除了查询操作，其他大多数操作都需要 root 特权，执行 systemctl 命令时可以加上 sudo 命令。

systemd 还可以控制远程系统，管理远程系统主要通过 SSH 协议，只有确认可以连接远程系统的 SSH，在 systemctl 命令后面才可以添加-H 或者--host 选项，再加上远程系统的 IP 地址或者主机名作为参数。例如，下面的命令将显示指定远程主机的 httpd 服务的状态：

```
systemctl -H root@srvb.abc.com status httpd.service
```

6.2.5　systemd 单元管理

单元管理是 systemd 最基本、最通用的功能之一。单元管理的对象可以是所有单元、某种类型的单元、符合条件的部分单元或某一具体单元。

1. 单元的活动状态

在执行单元管理操作之前，有必要了解单元的活动状态。活动状态用于指明单元是否正在运行。systemd 对此有两种表示形式，一种是高级表示形式，有以下 3 个状态。

微课6-3　systemd
单元管理

- active（活动的）：表示正在运行。
- inactive（不活动的）：表示没有运行。
- failed（失败的）：表示运行不成功。

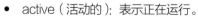

另一种是低级表示形式，其值依赖于单元类型。常用的状态如下。

- running：表示一次或多次持续运行。
- exited：表示成功完成一次性配置，仅运行一次就正常结束，该进程目前已没有运行。
- waiting：表示正在运行中，不过还需再等待其他事件才能继续处理。
- dead：表示没有运行。
- failed：表示运行失败。
- mounted：表示成功挂载（文件系统）。
- plugged：表示已接入（设备）。

高级表示形式是对低级表示形式的归纳，前者是主活动状态，后者是子活动状态。

2. 查看单元列表

（1）使用 systemctl list-units 命令列出所有已装载（Loaded）的单元，下面列出部分结果：

```
UNIT                  LOAD    ACTIVE   SUB       DESCRIPTION
apparmor.service      loaded  active   exited    Load AppArmor profiles
colord.service        loaded  active   running   Manage, Install and Generate
colorcron.service     loaded  active   running   Regular background program daemon
```

这个命令的功能与不带任何选项和参数的 systemctl 命令的功能相同，只显示已装载的单元。显示结果会展示单元的状态，共5栏，各栏含义如下。

- UNIT：单元名称。
- LOAD：指示单元是否正确装载，即是否已加入 systemctl 可管理的列表。值 loaded 表示已装载，not-found 表示未发现。
- ACTIVE：单元激活状态的高级表示形式，来自 SUB 的归纳。
- SUB：单元激活状态的低级表示形式，其值依赖于单元类型。
- DESCRIPTION：单元描述或说明信息。

（2）加上选项--all 列出所有单元，包括没有找到配置文件的或者运行失败的。

（3）加上选项--failed 列出所有运行失败的单元。

（4）加上选项--state 列出特定状态的单元。

该选项的值来自上述 LOAD、SUB 或 ACTIVE 栏所显示的装载状态或活动状态。--state 用于给出状态值，等号后面不能有空格。例如，以下命令可列出没有找到配置文件的所有单元：

```
cxz@linuxpc1:~$ systemctl list-units --all --state=not-found
  UNIT                       LOAD       ACTIVE    SUB    DESCRIPTION
• tmp.mount                  not-found  inactive  dead   tmp.mount
• auditd.service             not-found  inactive  dead   auditd.service
• cloud-init-local.service   not-found  inactive  dead   cloud-init-local.service
```

又如，执行以下命令列出正在运行的单元：

```
systemctl list-units --state=active
```

执行以下命令列出没有运行的单元：

```
systemctl list-units --all --state=dead
```

请注意，涉及没有找到配置文件的或者运行失败的单元时，一定要使用选项--all。

（5）加上选项--type 列出特定类型的单元。例如，列出已装载的设备类单元：

```
systemctl list-units --type=device
```

长格式选项的参数之前可使用空格，也可使用等号。若改用短格式则只能用空格，不能用等号。例如--type 改为-t，列出服务类单元：

```
systemctl list-units -t service
```

3. 查看单元的详细配置

systemctl 提供 show 命令用于查看某单元的详细配置。例如：

```
systemctl show httpd.service
```

4. 查看单元的状态

systemctl 提供 status 命令用于查看特定单元的状态。例如：

```
cxz@linuxpc1:~$ systemctl status cups
● cups.service - CUPS Scheduler
     Loaded: loaded (/lib/systemd/system/cups.service; enabled; vendor preset:
enabled)
     Active: active (running) since Mon 2023-03-13 10:58:54 CST; 3h 48min ago
TriggeredBy: ● cups.socket
            ● cups.path
       Docs: man:cupsd(8)
   Main PID: 958 (cupsd)
     Status: "Scheduler is running..."
      Tasks: 1 (limit: 9404)
     Memory: 5.6M
        CPU: 84ms
     CGroup: /system.slice/cups.service
            └─958 /usr/sbin/cupsd -l
3月 13 10:58:51 linuxpc1 systemd[1]: Starting CUPS Scheduler...
3月 13 10:58:54 linuxpc1 systemd[1]: Started CUPS Scheduler.
```

systemctl 提供 is-active 命令用于查看单元是否正在运行，是否处于活动状态。

systemctl 提供 is-failed 命令用于查看单元运行是否失败。

上述 3 个命令的参数可以是单元名列表（以空格分隔），也可以是表达式，可使用通配符。

5. 单元状态转换操作

systemctl 提供多个命令用于转换特定单元的状态，如下所示。

- start：启动单元使之运行。
- stop：停止单元运行。
- restart：重新启动单元使之运行。
- reload：重载单元的配置文件而不重启单元。
- try-restart：如果单元正在运行就重启单元。
- reload-or-restart：重载单元的配置文件，如果单元不支持重载则重启单元。
- try-reload-or-restart：如有可能重载单元的配置文件，否则，若正在运行则重启单元。
- kill：杀死单元，以结束单元的运行进程。

这些命令后面可以跟一个或多个单元名作为参数，多个参数用空格分隔，单元名的扩展名可以不写。例如，以下命令可重启 cups.path 和 atd.service：

```
systemctl restart cups atd
```

使用 systemctl 的 start、restart、stop 和 reload 命令时，不会输出任何信息。

6. 管理单元依赖关系

单元之间存在依赖关系，如 A 依赖于 B，就意味着 systemd 在启动 A 的时候，同时会去启动 B。使用 systemctl list-dependencies 命令列出指定单元的所有依赖，例如：

```
cxz@linuxpc1:~$ systemctl list-dependencies cups
cups.service
● ├─cups.path
● ├─cups.socket
● ├─system.slice
● └─sysinit.target
```

如果单元正在运行，则重载单元的配置文件，如果单元不支持重载，则重启单元。

- ├─apparmor.service
- ├─dev-hugepages.mount
- ├─dev-mqueue.mount

上面命令的输出结果中，有些依赖是启动目标类型，默认不会展开显示。如果要展开启动目标类型单元，就需要使用选项--all。

6.2.6 systemd 单元文件管理

微课6-4 systemd
单元文件管理

单元文件管理的对象是各类单元文件，要注意它与单元管理的区别。

1. 单元文件状态

单元文件状态决定单元能否启动运行，而单元状态是指当前单元的运行状态（是否正在运行）。根据单元文件的状态是无法得知该单元状态的。这里使用 systemctl list-unit-files 命令列出所有安装的单元文件，下面给出部分列表：

```
UNIT FILE                              STATE
proc-sys-fs-binfmt_misc.automount      static
-.mount                                generated
dev-hugepages.mount                    static
dev-mqueue.mount                       static
```

该列表显示了每个单元文件的状态，主要状态值如下。

- enabled：已建立启动连接，将随系统启动而启动，即开机时自动启动。
- disabled：没有建立启动连接，即开机时不会自动启动。
- static：该单元文件没有[Install]（无法执行），只能作为其他单元文件的依赖。
- masked：该单元文件被禁止建立启动连接，无论如何都不能启动。因为它已经被强制屏蔽（不是删除），这比 disabled 更严格。
- generated：该单元文件是由单元生成器动态生成的。生成的单元文件可能并未被直接启用，而是被单元生成器隐含地启用了。

2. 列出单元文件（可用单元）

列出系统中所有已安装的单元文件，也就是列出所有可用的单元：

```
systemctl list-unit-files
```

该命令无须使用选项--all。加上选项--state 可列出指定状态的单元文件，该选项的值来自上述 STATE 栏所显示的状态值。例如，执行以下命令列出开机时不会自动启动的可用单元：

```
systemctl list-unit-files --state=disabled
```

加上选项--type 或-t 可列出特定类型的可用单元。例如，以下命令可列出可用的服务单元：

```
systemctl list-unit-files --type=service
```

3. 查看单元文件状态

systemctl 提供的 status 命令在显示特定单元的状态时，也会显示对应的单元文件的状态。还有一个命令 is-enabled 专门用于检查指定的单元文件是否允许开机自动启动。

4. 单元文件状态转换操作

systemctl 提供几个命令用于转换特定单元文件的状态。Enable 命令用于为单元文件建立启动连接，设置单元开机自动启动；disable 命令用于删除单元文件的启动连接，设置单元开机不自动启动；mask 命令用于将单元文件链接到/dev/null，禁止设置单元开机自动启动；unmask 命令用于允许设置单元开机自动启动。

5. 编辑单元文件

除了直接使用文本编辑器编辑单元文件外，systemctl 还提供专门的命令 edit 来打开文本编辑器以编辑指定的单元文件。该命令不带选项将编辑一个临时片段，完成之后退出文本编辑器会自动写到实际位置。要直接编辑整个单元文件，应使用选项--full，例如。

```
systemctl edit sshd --full
```

一旦修改配置文件，要让 systemd 重新装载配置文件，可执行以下命令。

```
systemctl daemon-reload
```

然后执行以下命令重新启动，使修改生效。

```
systemctl restart 单元文件
```

6.2.7 使用 systemd 管理 Linux 服务

现在的 Ubuntu 版本使用 systemctl 命令管理和控制服务。Linux 服务作为一种特定类型的单元，其配置管理操作被大大简化。传统的 service 命令依然可以使用，这主要是出于兼容的目的，因此应尽量避免使用。

1. Linux 服务状态管理

传统的 Linux 服务状态管理方法有两种。一种是使用 Linux 服务启动脚本来实现启动服务、重启服务、停止服务和查询服务等功能。具体格式如下。

```
/etc/init.d/ 服务启动脚本名 {start|stop|status|restart|condrestaft| reload|force-reload}
```

另一种方法是使用 service 命令简化服务管理，其功能和参数与使用服务启动脚本相同，具体格式如下。

```
service 服务启动脚本名 {start|stop|status|restart|condrestart|reload|force-reload}
```

考虑到兼容性，Ubuntu 新版本在命令行中仍然可以使用这两种方法，只不过是自动重定向到相应的 systemctl 命令。例如/etc/init.d/cron status 等效于 service cron status，并且自动重定向到以下命令:

```
systemctl status cron.service
```

systemctl 主要依靠 service 类型的单元文件实现服务管理。用户在任何路径下均可通过该命令实现服务状态的转换，如启动、停止服务。systemctl 用于服务管理的具体格式如下。

```
systemctl [选项…] 命令 [服务名.service…]
```

使用 systemctl 命令时，服务名后的扩展名可以写全，也可以忽略。单元管理操作已经详细讲过了，这里不赘述。表 6-3 给出 systemctl 和传统的服务管理命令 service 的对应关系。

表 6-3　服务管理: service 命令与 systemctl 命令

功能	service 命令	systemctl 命令
启动服务	service 服务名 start	systemctl start 服务名.service
停止服务	service 服务名 stop	systemctl stop 服务名.service
重启服务	service 服务名 restart	systemctl restart 服务名.service
查看服务状态	service 服务名 status	systemctl status 服务名.service
重载服务的配置文件而不重启服务	service 服务名 reload	systemctl reload 服务名.service
条件式重启服务	service 服务名 condrestart	systemctl try-restart 服务名.service
重载或重启服务		systemctl reload-or-restart 服务名.service
重载或条件式重启服务		systemctl try-reload-or-restart 服务名.service

功能	service 命令	systemctl 命令
查看服务是否已激活（正在运行）		systemctl is-active 服务名.service
查看服务启动是否失败		systemctl is-failed 服务名.service
杀死服务		systemctl kill 服务名.service

2. 配置服务启动状态（服务开机自动启动）

在 Linux 旧版本中，经常需要设置或调整某些服务在特定运行级别是否自动启动，这可以通过配置服务启动状态来实现。其他 Linux 发行版通常使用 chkconfig 工具来配置服务启动状态，Ubuntu 没有这个工具，但可以使用 sysv-rc-conf 工具（默认没有安装）来实现该功能，在 Ubuntu 新版本中这些命令仍然可用，不过只能管理传统的 sysVinit 服务。另外，update-rc.d 是用来更新系统启动项的脚本，也能用于配置服务启动状态。现在，/etc/init.d 已被 systemd 所取代，应避免使用传统的命令，而改用以下用法。

（1）查看所有可用的服务。

```
systemctl list-unit-files --type=service
```

（2）查看某服务是否能够开机自动启动。

```
systemctl is-enabled 服务名.service
```

（3）设置服务开机自动启动。

```
systemctl enable 服务名.service
```

（4）禁止服务开机自动启动。

```
systemctl disable 服务名.service
```

（5）禁止某服务设定为开机自动启动。

```
systemctl mask 服务名.service
```

（6）取消禁止某服务设定为开机自动启动。

```
systemctl unmask 服务名.service
```

（7）加入自定义服务。

先创建相应的单元文件，再执行 systemctl daemon-reload。

（8）删除某服务。

```
systemctl  stop  服务名.service
```

然后删除相应的单元文件。

3. 创建自定义服务

在 Linux 旧版本中，如果想要创建系统服务，就要在/etc/init.d/目录下创建相应的 bash 脚本。现在有了 systemd，要添加自定义服务，就可以在/lib/systemd/system/或/etc/systemd/system 目录中编写服务单元文件，单元文件的编写前面介绍过。服务单元文件的重点是[Service]节，该节常用的字段如下。

- Type：配置单元进程启动时的类型，影响执行和关联选项的功能，可选的值包括 simple（默认值，表示进程和服务的主进程一起启动）、forking（进程作为服务主进程的一个子进程启动，父进程在完全启动之后退出）、oneshot（同 simple 相似，只是进程在启动单元之后随之退出）、dbus（同 simple 相似，但随着单元启动后只有主进程得到 D-BUS 名字）、notify（同 simple 相似，但随着单元启动之后，一个主要信息被 sd_notify()函数送出）、idle（同 simple 相似，实际执行进程的二进制程序会被延缓直到所有单元的任务完成，主要是避免服务状态和 Shell 混合输出）。
- ExecStart：指定启动单元的命令或者脚本，ExecStartPre 和 ExecStartPost 字段分别用于指定在 ExecStart 之前和之后用户自定义执行的脚本。Type 值为 oneshot 时允许指定多个希望顺序执行的用户自定义命令。

- ExecStop：指定单元停止时执行的命令或者脚本。
- ExecReload：指定单元重新装载时执行的命令或者脚本。
- Restart：如果该字段设置为 always，服务重启时该进程会退出，会通过 systemctl 命令执行清除并重启的操作。
- RemainAfterExit：如果该字段设置为 true，服务会被认为处于活动状态。默认值为 false，这个字段只有 Type 设置为 oneshot 时才需要配置。

6.2.8 使用 systemd 管理启动目标

早期版本的 Ubuntu 的运行级别 2~5 都属于多用户图形模式，这几个运行级别没有区别，默认开机的运行级别为 2。systemd 改用启动目标来代替运行级别后，与运行级别 2~4 对应的是 multi-user.target（多用户目标），与运行级别 5 对应的是 graphical.target（图形目标），这也是目前 Ubuntu 桌面版默认的启动目标。

1. 查看当前的启动目标

以前执行 runlevel 命令，可以显示当前系统处于哪个运行级别。现在使用 systemctl 查看当前启动了哪些目标：

```
cxz@linuxpc1:~$ systemctl list-units --type=target
  UNIT               LOAD   ACTIVE SUB     DESCRIPTION
  basic.target       loaded active active Basic System
  bluetooth.target   loaded active active Bluetooth Support
  cryptsetup.target  loaded active active Local Encrypted Volumes
  getty-pre.target   loaded active active Preparation for Logins
  getty.target       loaded active active Login Prompts
  graphical.target   loaded active active Graphical Interface
  ......
```

2. 切换到不同的目标

Ubuntu 旧版本使用 init 命令加上运行级别代码参数切换到不同的运行级别。Ubuntu 新版本使用 systemctl 工具在不重启的情况下切换到不同的目标，具体格式如下。

```
systemctl isolate 目标名.target
```

3. 管理默认启动目标

采用 systemd 之后，默认启动目标为 graphical.target，这个目标对应的运行级别为 5：

```
cxz@linuxpc1:~$ systemctl get-default
graphical.target
cxz@linuxpc1:~$ runlevel
N 5
```

通过 systemctl set-default 命令可以更改默认启动目标。例如，以下命令将/etc/systemd/system/default.target 重新链接到/lib/systemd/system/multi-user.target。无论是设置默认启动目标为 runlevel2.target、runlevel3.target、runlevel4.target，还是设置为 multi-user.target，都会指向 multi-user.target。设置完毕，重新启动系统会进入文本模式，并且运行级别为 3：

```
sudo systemctl set-default runlevel2.target
```

Ubuntu 将对应运行级别为 3 的 multi-user.target 和对应运行级别为 5 的 graphical.target 作为常用的两个目标。

4. 进入系统救援模式和紧急模式

执行以下命令进入系统救援模式（单用户模式）。
```
sudo systemctl rescue
```
这将进入最小的系统环境，以便修复系统。根目录以只读方式挂载，不激活网络，只启动很少的服务，进入这种模式需要 root 密码以登录。

如果救援模式进入不了，可以执行以下命令进入系统紧急模式。
```
sudo systemctl emergency
```
这种模式也需要 root 密码以登录，不会执行系统初始化，完成 GRUB 启动，以只读方式挂载根目录，不装载/etc/fstab，非常适合用于文件系统故障处理。

6.2.9 配置和使用 systemd 日志

要加强网络和信息系统安全能力建设，日志就是一个必不可少的安全手段和维护系统的有力工具。日志的收集与分析是网络和信息系统安全防御的重要环节。日志还有助于故障排除。新版本的 Ubuntu 既支持传统的系统日志服务 syslog，又支持新型的 systemd 日志。rsyslog 是 syslog 的多线程增强版，也是 Ubuntu 默认的系统日志系统。systemd 日志是一种改进的日志管理服务，下面重点讲解。

电子活页 6-1　配置和使用系统日志服务 rsyslog

systemd 日志具体由 systemd-journald 守护进程实现。该守护进程可以收集内核、启动过程早期阶段的日志、系统守护进程在启动和运行中的标准输出和错误信息，以及 rsyslog 的日志。有些 rsyslog 工具无法收集的日志，systemd-journald 也能够记录下来。systemd 统一管理所有单元的启动日志，这样只用一个 journalctl 命令就可查看所有的系统日志。

1. 配置 systemd 日志服务

systemd 日志的配置文件为/etc/systemd/journald.conf，可以通过更改其中的选项来控制 systemd-journald 的行为，以满足用户的需求。要使更改生效，需要使用 systemctl restart systemd-journald 命令重启日志服务。

其中，Storage 选项用于控制在何处存储日志数据。其值"volatile"表示仅在内存中存储，即位于/run/log/journal 目录下；"persistent"表示持久存储，优先存储在磁盘上，即位于/var/log/journal 目录（如有需要会创建）下，在刚开始启动或磁盘不可写时则在/run/log/journal 目录下临时保存；"auto"是默认设置，其功能类似于"persistent"，只是不会创建/var/log/journal 目录；"none"表示关闭所有存储，所有收集到的日志数据会被丢弃，但日志转发（如转发到控制台、内核日志缓存或 syslog socket）不受影响。

SystemMaxUse 选项用于更改日志大小限制。持久存储日志数据时，这些数据最多会占用/var/log/journal 所在文件系统空间的 10%。要更改此限制，则需明确设置 SystemMaxUse 选项。

以 ForwardTo 打头的几个选项用于设置日志转发。例如，以下两项设置用于将日志转发到终端设备/dev/tty12 上：
```
ForwardToConsole=yes
TTYPath=/dev/tty12
```
以下设置表示将日志转发到传统的 syslog 或 rsyslog 系统日志服务：
```
ForwardToSyslog=yes
```
执行 systemctl status systemd-journald 命令可查看 systemd 日志服务的当前状态，并且显示运行时日志（Runtime Journal）和系统日志（System Journal）的存储位置和磁盘空间。

2. 查看 systemd 日志条目

systemd 将日志数据存储在带有索引的结构化二进制文件中。日志数据包含与日志事件相关的额外信息，如原始消息的设备和优先级等。日志是经过压缩和格式化的二进制数据，所以查看和定位的速度很快。使用 journalctl 命令查看所有日志（内核日志和应用日志）。

journalctl 命令默认按照从旧到新的顺序显示完整的系统日志条目。它以加粗文本突出显示级别为 notice 或 warning 的信息，以红色文本突出显示级别为 error 或更高级别的信息。

要利用日志进行故障排除和审核，就要加上特定的选项和参数，按特定条件和要求来搜索并显示 systemd 日志条目。下面分类介绍常用的日志查看操作。

（1）按条目数查看日志。若要显示最新 5 条日志记录，可执行：

```
journalctl -n 15
```

执行以下命令会实时滚动显示最新日志（最新的 10 条）：

```
journalctl -f
```

（2）按类别查看日志。使用-p 选项指定日志过滤级别，以下命令会显示指定级别为 err 和比它更高级别的条目。

```
journalctl -p err
```

只查看内核日志（不显示应用日志）：

```
journalctl -k
```

（3）按时间范围查看日志。查找具体时间的日志时，使用两个选项--since（自某时间节点开始）和--until（到某时间节点为止）将输出限制为特定的时间范围，两个选项都接收格式为 YYYY-MM-DD hh:mm:ss 的时间参数。如果省略日期，则命令会假定日志为当天的日志；如果省略时间部分，则默认为自 00:00:00 开始的一整天，除了日期和时间字段外，这两个选项还接收 yesterday、today 和 tomorrow 作为有效日期的参数。例如，以下命令会输出当天记录的所有日志条目。

```
journalctl --since today
```

查看 2023 年 2 月 25 日 20:30:00 到 2023 年 3 月 10 日 12:00:00 的日志条目：

```
journalctl --since "2023-02-25 20:30:00" --until "2023-03-10 12:00:00"
```

（4）指定日志输出格式。可以定制要显示的日志输出格式，使用-o 选项加上适当的参数来实现。例如，以 JSON 格式（单行）输出：

```
journalctl -o json
```

改用可读性更好的 JSON 格式（多行）输出：

```
journalctl -o json-pretty
```

显示最详细的日志信息：

```
journalctl -o verbose
```

（5）查询某单元（服务）日志。若某单元（服务）启动或运行异常，可以查看其日志来分析排错：

```
journalctl -u 单元（服务）名
```

（6）组合查询日志。可以组合成多个选项进行日志查询。例如，查询今天与 systemd 单元文件 atd.service 启动相关的所有日志条目：

```
journalctl _SYSTEMD_UNIT=atd.service --since today
```

3. 管理维护 systemd 日志

可以使用以下命令查看 systemd 日志当前的磁盘使用情况：

```
journalctl --disk-usage
```

使用 journalctl 命令可以清除日志归档文件以释放磁盘空间。其方法是使用选项--vacuum-size 限制归档文件的最大磁盘使用量，使用选项--vacuum-time 清除指定时间之前的归档文件，使用选项--vacuum-files 限制归档文件的最大数量。这 3 个选项可以同时使用，以便从 3 个维度去限制归档文件。若将某选项设为 0，则表示取消该选项的限制。

6.3　系统启动配置

了解 Linux 操作系统启动过程有助于进行相关配置，诊断和排除故障。就 Linux 启动过程来看，管理员可配置的有两个环节，一是引导加载程序（Boot Looder）配置，二是 systemd 相关配置。

6.3.1 Linux 操作系统启动过程分析

systemd 是一种系统初始化方式，也是 Linux 操作系统的第一个用户进程（进程号为 1）。内核准备就绪后运行 systemd，systemd 的任务是运行其他用户进程、挂载文件系统、配置网络、启动守护进程等。

1. Linux 启动过程

（1）BIOS 或 UEFI 启动。计算机启动时首先加载 BIOS 或 UEFI，此阶段涉及硬件初始化和自检，然后 BIOS 或 UEFI 会找到一个可引导的设备。引导设备可以是软盘、CD-ROM、硬盘、U 盘等。Linux 通常从硬盘上引导。

（2）启动引导加载程序（Boot Loader）。这是在操作系统内核运行之前运行的一段小程序。Ubuntu 使用 GRUB 作为默认引导加载程序。

BIOS 完成加电自检（Power On Self Test，POST），并选择引导设备之后，就会读取该设备的主引导记录（Master Boot Record，MBR）引导扇区。MBR 位于磁盘第一个扇区（0 柱面 0 磁头 1 扇区）中。如果 MBR 中没有存储操作系统，就需要读取启动分区的第一个扇区（引导扇区）。当 MBR 加载到内存之后，BIOS 将控制权交给 MBR，接着 MBR 启动引导加载程序。

UEFI 不像 BIOS，完全用不到 MBR。UEFI 完成加电自检之后，UEFI 固件被加载，由该固件初始化那些启动要用到的硬件。固件读取其引导管理器以确定从何处（如哪个硬盘及分区）加载哪个 UEFI 程序。固件按照引导管理器中的启动项目，加载 UEFI 程序即启动引导加载程序。

（3）加载内核。GRUB 载入 Linux 操作系统内核并运行，初始化设备驱动程序，以只读方式挂载根文件系统（Root File System）。

（4）系统初始化。内核在完成核内引导以后，新版本的 Ubuntu 使用 systemd 代替之前版本的 init 来开始系统初始化，验证如下：

```
cxz@linuxpc1:~$ ls -l /sbin/init
lrwxrwxrwx 1 root root 20  3月  2 20:58 /sbin/init -> /lib/systemd/systemd
```

在启动过程中，systemd 最主要的作用就是准备 Linux 操作系统运行环境，包括系统的主机名称、网络设置、语言处理、文件系统格式以及其他系统服务和应用服务的启动等。所有的这些任务都会通过 systemd 的默认启动目标（/etc/systemd/system/default.target）来配置。

systemd 依次执行各项任务来完成系统的最终启动。首先，systemd 执行 initrd.target 目标的单元，包括挂载/etc/fstab 文件中的文件系统；其次，执行 sysinit.target 目标的单元，初始化系统及加载 basic.target 目标单元准备启动系统；然后，启动 multi-user.target 目标的服务程序；最后启动 gtty.target 目标的单元，以及登录服务。如果系统的 default.target 指向 graphical.target，则还要执行 graphical.target 所需的服务以启动图形用户界面来让用户登录。

2. 检测和分析 systemd 启动过程

systemd 专门提供了一个工具 systemd-analyze 来检测和分析其启动的过程，以找出在启动过程中出错的单元，然后跟踪并改正引导组件的问题。下面列出一些常用的 systemd-analyze 命令。

执行以下命令查看启动耗时，即启动内核空间和用户空间时所花的时间。
```
systemd-analyze time
```
执行以下命令查看正在运行的每个单元的启动耗时，并按照时长排序。
```
systemd-analyze blame
```
执行以下命令检查指定的单元文件以及被指定的单元文件引用的其他单元文件的语法错误。
```
systemd-analyze verify 单元
```

执行 systemd-analyze critical-chain 命令分析启动时的关键链，查看严重消耗时间的单元列表。不带参数将显示当前启动目标的关键链。结果按照启动耗时排序，"@"之后表示单元启动的时间（从系统引导到单元启动的时间），"+"之后表示单元启动消耗的时间。可以指定参数显示指定单元的关键链：

```
systemd-analyze critical-chain cups.service
```

systemd-analyze plot 命令将整个启动过程写入一个 SVG 格式的文件，便于以后查看和分析。例如：

```
systemd-analyze plot > boot.svg
```

6.3.2 Linux 操作系统初始化配置

新版本的 Ubuntu 由 systemd 执行系统初始化，使用启动目标替代传统的运行级别。默认启动目标由/etc/systemd/system/default.target 定义。

通常，直接编写一个 systemd 单元文件用于开机自动执行所需的程序或脚本，然后执行 systemctl enable 命令来启用该文件。

6.3.3 引导加载程序 GRUB 配置

在系统启动过程中，从引导加载程序开始运行，到内核加载之前都由 GRUB 负责。内核保存在/boot 目录中，通过 GRUB 将内核加载到内存。GRUB 作为一种多操作系统启动管理器，除引导 Linux 之外，还可以在多操作系统共存时管理多操作系统的引导。管理员可以对 GRUB 进行配置管理，以实现对系统启动选项的控制，干预系统的启动过程。

GRUB 实际上是一个微型的操作系统，可以识别一些常用的文件系统，GRUB 运行时会读取其配置文件/boot/grub/grub.cfg。在 Ubuntu 系统中，该配置文件是由/etc/grub.d 目录中的模板和/etc/default/grub 文件中的设置自动生成的。因此，我们不要直接去修改/boot/grub/grub.cfg 文件，如果确有必要修改 GRUB 配置，可以修改/etc/default/grub 文件中的设置和/etc/grub.d 目录中的模板，再执行 update-grub 命令更新/etc/default/grub 文件。

1. 使用/etc/default/grub 文件进行基本配置

默认情况下，/etc/default/grub 文件的内容如下（编者加上了注释）：

```
GRUB_DEFAULT=0    # 默认启动项，按启动菜单项顺序启动，例如，要默认从第 4 个菜单项启动，数字改为 3，
如果改为 saved，则默认为上次启动项
GRUB_TIMEOUT_STYLE=hidden    # 开机时是否显示 GRUB 引导界面，hidden 表示不显示
GRUB_TIMEOUT=0    # 进入默认启动项的等待时间（如果改为-1，每次启动时需手动确认）
GRUB_DISTRIBUTOR=`lsb_release -i -s 2> /dev/null || echo Debian` #GRUB 发布者名称
GRUB_CMDLINE_LINUX_DEFAULT="quiet splash"    # 自动添加的内核启动参数
GRUB_CMDLINE_LINUX=""          # 手动添加内核启动参数到菜单项中
```

GRUB_CMDLINE_LINUX_DEFAULT 设置仅引导过程中生效，而 GRUB_CMDLINE_LINUX 设置会一直生效。Linux 操作系统启动后，内核先启用 GRUB_CMDLINE_LINUX 参数，再启用 GRUB_CMDLINE_LINUX_DEFAULT 参数。如果是恢复模式，只有 GRUB_CMDLINE_LINUX 生效。其中的内核参数 quiet 用于屏蔽内核消息的输出，splash 用于启动屏幕画面，如果不提供就可能导致屏幕一片空白。

修改文件后，要使之生效，应执行 update-grub 命令。

2. 使用/etc/grub.d 目录下的配置文件

/etc/grub.d 目录中有很多以数字开头的配置文件，按照数字从小到大的顺序执行。下面列出其中几个主要的脚本文件。

- 00_header 主要用于配置最基本的开机界面。
- 10_linux 用来配置不同的内核，自动搜索当前系统，建立当前系统启动菜单，主要针对实际的 Linux 内核的启动环境来启用配置。
- 30_os_prober 用于设置其他分区中的系统（适合硬盘中有多个操作系统的情形）。

微课6-5　动态修改 GRUB 引导参数

- 40_custom 和 41_custom 用于用户自定义配置。通常在 40_custom 文件中手动加上启动菜单项。

修改这些文件后，要使之生效，也应执行 update-grub 命令。

3. 动态修改 GRUB 引导参数

进入 GRUB 界面后，可以按特殊键<e>来修改引导参数，这样可以在系统启动过程中修改内核参数，也就是传一个参数给内核。下面示范操作过程。

（1）Ubuntu 默认不显示 GRUB 界面。当系统启动时，按<Shift>键进入图 6-1 所示的 GRUB 界面。

用户可以根据提示从多个启动菜单中选择一个。选择"Ubuntu"则会再提供两种选择，一是按<e>键进入 GRUB 编辑模式，可以编辑启动项（修改参数），二是按<c>键进入命令行模式。

（2）按<e>键进入 GRUB 编辑模式。

进入 GRUB 编辑模式之后，可以通过临时修改内核参数进入特殊模式，这对于系统启动排除故障很有帮助。这里以救援模式为例。按<↓>键找到以 linux 开头的那一行，将行尾的字符串"$vt_handoff"替换为"systemd.unit=rescue.target"，如图 6-2 所示。

图6-1　GRUB 界面

图6-2　GRUB 编辑界面

（3）完成修改后，按<Ctrl>+<x>快捷键或<F10>键启动系统，进入指定的模式，本例中为救援模式，如图 6-3 所示。执行 systemctl default 或 exit 命令可以进入普通模式；这里按<Enter>键进入救援模式（此时按<Ctrl>+<D>快捷键也会进入普通模式），根据需要执行故障排除命令，最后执行 systemctl reboot 命令来重启系统。与普通模式相比，救援模式加载的服务较少，启动较快。

图6-3　进入救援模式

提 示　本例环境中显示的不可读的菱形字符实际上是文本模式下无法正常显示的中文信息。在 Ubuntu 安装过程中如果选择的语言是中文，系统默认的语言将会是中文。即使安装有中文语言包，在文本模式下也无法正常显示中文。可以修改语言配置文件/etc/default/locale，将 LANGUAGE 值修改为 "en_US:en"，改用英文界面。

由本例得知，默认情况下任何人无须密码都能进入 GRUB 编辑模式，这就有相当大的安全隐患。因此可以设置 GRUB 密码，只有拥有密码的用户才能修改 GRUB 参数。其方法是修改 GRUB 配置文件，设定用户名和密码，以防止非法者更改 GRUB 参数。

电子活页 6-2　通过密码控制 GRUB 的使用

6.3.4　系统启动进入特殊模式排除故障

如果引导加载程序不能够正常工作以及执行初始化程序，可以考虑进入救援模式、紧急救援模式，进行用户密码重置（忘记用户密码，无法登录时），修复文件系统错误，在启动过程中禁用或启用 systemd 服务，完成常规的故障排除。

微课 6-6　系统启动　　电子活页 6-3　进入
进入特殊模式　　　救援和紧急模式
排除故障　　　　修复系统

6.4　进程的调度启动——自动化任务配置

Linux 可以将任务配置为在指定的时间、时间区间，或者系统负载低于特定值时自动运行，这实际上就是一种进程的调度启动。这种自动化任务又称计划任务管理，它作为一种例行性安排通常用于执行定期备份、监控系统、运行指定脚本等工作。与大多数 Linux 版本一样，Ubuntu 既支持 Cron 等传统的自动化任务工具，又支持 systemd 定时器这种新型的自动化任务管理方式。

6.4.1　使用 Cron 服务安排周期性任务

Cron 服务用来管理周期性执行的任务调度，非常适合日常系统维护工作。它安排的周期性任务可分为系统级和用户级，系统级又可以细分为全局性和局部性的计划任务管理。

1. 使用配置文件/etc/crontab 定义系统级周期性任务

Cron 服务主要使用配置文件/etc/crontab 来管理系统级周期性任务。下面是该配置文件的一个实例（中文注释为编者所加）：

```
## 默认 Shell 环境
SHELL=/bin/sh
## 运行命令的默认路径
PATH=/usr/local/sbin:/usr/local/bin:/sbin:/bin:/usr/sbin:/usr/bin
##  以下部分定义任务调度
# m h dom mon dow user    command
17 * * * *    root  cd / && run-parts --report /etc/cron.hourly
25 6 * * *    root test -x /usr/sbin/anacron || ( cd / && run-parts --report /etc/cron.daily )
47 6 * * 7    root test -x /usr/sbin/anacron || ( cd / && run-parts --report
```

```
/etc/cron.weekly )
    52 6 1 * *   roottest -x /usr/sbin/anacron || ( cd / && run-parts --report
/etc/cron.monthly )
```

上述共4行任务定义，每行格式如下。

分钟（m） 小时（h） 日期（dom） 月份（mon） 星期（dow） 用户身份（user） 要执行的命令（command）

前5个字段用于表示计划时间，数字取值范围：分钟（0~59）、小时（0~23）、日期（1~31）、月份（1~12）、星期（0~7，0或7代表星期日）。尤其要注意以下几个特殊符号的用途：星号"*"为通配符，表示取值范围中的任意值；连字符"-"表示数值区间；逗号","用于分隔多个数值列表；正斜杠"/"用来指定间隔频率。在某范围后面加上"/整数值"，表示在该范围内每跳过该整数值执行一次任务。例如"*/3"或者"1-12/3"用在"月份"字段表示每3个月，"*/5"或者"0-59/5"用在"分钟"字段表示每5min。

第6个字段表示执行任务命令的使用者身份，例如root。

最后一个字段就是要执行的命令。Cron调用run-parts命令，定时运行相应目录下的所有脚本。在Ubuntu中，该命令对应的文件为/bin/run-parts，用于一次运行整个目录的可执行程序。这里将本例中4项任务调度的作用说明如下。

第1项任务每小时执行一次，在每小时的第17分钟运行/etc/cron.hourly下的脚本。

第2项任务每天执行一次，在每天6:25执行。

第3项任务每周执行一次，在每周第7天的6:47执行。

第4项任务每月执行一次，在每月1日的6:52执行。

以上执行时间可自行修改。后面3项任务比较特殊，会先检测/usr/sbin/anacron文件是否可执行，如果不能执行，则调用run-parts命令运行相应目录中的所有脚本。实际上，Ubuntu中/usr/sbin/anacron是可执行的，这就不会调用后面的run-parts命令，但是anacron可执行/etc/cron.daily、/etc/cron.weekly和/etc/cron.monthly目录中的脚本，这将在后面讲解。

例如，要建立一项每小时执行一次检查的任务，可以为这个任务建立一个脚本文件check.sh，然后将该脚本放到/etc/cron.hourly目录中即可。

 提 示　由于Ubuntu中预设了大量的例行任务，Cron服务默认开机自动启动。通常Cron服务的监测周期是1min。也就是说，它每分钟会读取配置文件/etc/crontab，以及etc/cron.d和/var/spool/cron目录的内容，根据其具体配置执行任务。这样在更改相关的任务调度配置后，不必重新启动Cron服务。

2. 在etc/cron.d目录中定义个别的周期性任务

/etc/crontab配置文件适合存放全局性的计划任务。每小时、每天、每周和每月要执行的任务的时间点都只能有一个，例如每小时执行一次的任务在第17分钟执行。如果要为计划任务指定其他时间点，则可以考虑在/etc/cron.d/目录中添加自己的配置文件，其格式同/etc/crontab的格式，文件名可以自定义。例如，添加一个文件backup用于执行备份任务，其内容如下。

```
## 每月第1天4:10AM执行自定义脚本
10 4 1 * * * /root/scripts/backup.sh
```

Cron服务执行时，就会自动扫描该目录下的所有文件，按照文件中的时间设定执行其中的命令。注意，脚本文件名不能包含"."。

3. 使用crontab命令为普通用户定制任务调度

上述配置都是系统级的，只有root用户能够通过/etc/crontab文件和/etc/cron.d/目录来定制Cron服务任务调度。而普通用户只能使用crontab命令创建和维护自己的Cron服务配置文件。该命令的基本用法如下。

```
crontab [-u 用户名] [ -e | -l | -r ]
```

选项-u 用于指定要定义任务调度的用户名，没有此选项则为当前用户；-e 用于编辑用户的 Cron 服务调度文件；-l 用于显示 Cron 服务调度文件的内容；-r 用于删除用户的 Cron 服务调度文件。

使用crontab 命令生成的Cron 服务调度文件位于/var/spool/cron/crontabs 目录中，以用户账户名命名，其语法格式基本同/etc/crontab 文件，只是少了一个用户身份字段。例如，执行以下命令，将打开文本编辑器，参照/etc/crontab 格式定义任务调度，任务调度文件保存为/var/spool/cron/ crontabs/cxz:

```
crontab -u cxz -e
```

本例自动调用 nano 编辑器，输入以下语句：

```
* * * * * echo '测试 Cron 作业每分钟执行一次' >>/home/cxz/crontest.txt
```

文件保存之后，1min 之后查看/home/cxz/crontest.txt 的内容：

```
cxz@linuxpc1:~$ tail -f /home/cxz/crontest.txt
测试 Cron 作业每分钟执行一次
```

 提示　　Cron 服务根据时间、日期、星期、月份的组合来调度周期性任务。有时也需要安排一次性任务，在 Linux 中通常使用 at 工具在指定时间内调度一次性任务。另外，batch 工具用于在系统平均负载降到 0.8 以下时执行一次性任务，这两个工具都由 at 软件包提供，由 at 服务（守护进程名为 atd）支持。

6.4.2　使用 anacron 唤醒停机期间的调度任务

anacron 并非要取代 Cron 服务，而是要扫除 Cron 服务存在的盲区。

1. 为什么要使用 anacron

Cron 服务用于自动执行常规系统维护任务，可以很好地服务于全天候运行的 Linux 系统。但是，遇到停机等情况时，因为不能定期运行 Cron 服务调度任务，可能会耽误本应执行的系统维护任务。例如，使用/etc/crontab 配置文件来启用每周要定期启动的调度任务，默认设置为每周日 6:47 运行/etc/cron.weekly 目录下的任务脚本，假如每周需要执行一项备份任务，一旦到周日 6:47 因某种原因（如停机）未执行，过期就不会重新执行。使用 anacron 就可以解决这个问题。

anacron 只是一个程序而非守护进程，可以在启动计算机时运行 anacron，也可以通过 systemd 定时器或 Cron 服务运行该程序。在默认情况下，anacron 也是每个小时由 systemd 定时器执行一次。Anacron 可以检测相关的调度任务有没有被执行，如果超期未执行，就直接执行，执行完毕或没有需执行的调度任务时，anacron 就停止运行，直到下一次被执行。

2. 配置 anacron

anacron 使用多种方式运行，不同的运行方式都有相应的配置。anacron 除了在系统启动时运行外，还可以由 systemd 定时器或 Cron 服务调度运行，它还有自己的配置文件。

微课 6-7 配置 anacron

（1）使用 systemd 定时器安排 anacron 运行。如果系统正在运行 systemd，可以使用 systemd 定时器来安排 anacron 的定期运行。这可以通过/lib/systemd/system/anacron.timer 文件进行配置，默认配置如下。

```
[Unit]
Description=Trigger anacron every hour
```

```
[Timer]
OnCalendar=*-*-* 07..23:30
RandomizedDelaySec=5m
Persistent=true

[Install]
WantedBy=timers.target
```

上述配置表示 anacron 每小时运行一次，随机延迟的时间在 5min 之内。OnCalendar 字段用于设置要运行任务的实际时间，时间格式为"周-年-月-日 时:分:秒"。周几可以省略，"*"表示任何符合要求的日期或时间，".."用于指定连续的一段时间。本例"*-*-* 07..23:30"表示每天 7 时~23 时的第 30 分钟触发 anacron 的运行。Persistent 字段设置为 true，这样就不会因为关机而错过必须执行的任务，这对 anacron 而言是必需的。

该定时器配套的服务单元文件为/lib/systemd/system/anacron.service，默认配置如下。

```
[Unit]
Description=Run anacron jobs
After=time-sync.target
ConditionACPower=true
Documentation=man:anacron man:anacrontab

[Service]
EnvironmentFile=/etc/default/anacron
ExecStart=/usr/sbin/anacron -d -q $ANACRON_ARGS
IgnoreSIGPIPE=false
KillMode=mixed
KillSignal=SIGUSR1

[Install]
WantedBy=multi-user.target
```

其中，anacron 命令的选项-d 表示 anacron 在前台运行，选项-q 表示禁止将信息输出到标准错误中。

（2）使用 Cron 服务安排 anacron 运行。如果系统未运行 systemd，则使用系统的 Cron 服务安排 anacron 运行，相应的配置文件为/etc/cron.d/anacron，默认设置如下。

```
SHELL=/bin/sh
30 7-23 * * *   root  [ -x /etc/init.d/anacron ] && if [ ! -d /run/systemd/system ];
then /usr/sbin/invoke-rc.d anacron start >/dev/null; fi
```

这表示每天 7 时~23 时的第 30 分钟检查 systemd 是否运行，如没有就启动 anacron。

（3）anacron 根据/etc/anacrontab 配置文件执行每天、每周和每月的调度任务。当该配置文件发生改变时，anacron 下一次运行时会检查到配置文件的变化。该文件的修改需要 root 特权，默认配置如下。

```
SHELL=/bin/sh
HOME=/root
LOGNAME=root
# These replace cron's entries   （以下设置替换 cron 配置中的条目）
1    5   cron.daily   run-parts --report /etc/cron.daily
7    10  cron.weekly  run-parts --report /etc/cron.weekly
@monthly 15  cron.monthly run-parts --report /etc/cron.monthly
```

前 3 行设置 anacron 运行的默认环境，后 3 行设置 3 个 anacron 任务，分别是每天执行、每周执行和每月执行的。每个任务定义包括 4 个字段，具体格式如下。

周期（天）	延迟时间（分钟）	任务标识	要执行的命令

第 1 项任务标识为 cron.daily，每天执行一次；第 2 项任务标识为 cron.weekly，每 7 天（1 周）执行一次；第 3 项任务标识为 cron.monthly，每月执行一次，@monthly 表示每月。任务的延迟时间以分钟为单位，例如，当 anacron 启动后，第 1 个任务等待 5min 才会执行。设置延迟时间是为了当 anacron 启动时不会因为执行很多 anacron 任务而导致过载。

定时执行的任务由 run-parts 命令启动。在 Ubuntu 中该命令位于/bin 目录下，它实际上是一个 Shell

脚本，用于遍历目标目录，执行第一层目录下具有执行权限的文件。

（4）每天、每周和每月定时更新时间戳。在默认情况下，Ubuntu 的/etc/cron.daily、/etc/cron.weekly 和/etc/cron.monthly 目录中都有一个名为 0anacron 的脚本文件会被首先运行。例如，/etc/cron.daily/ 0anacron 文件的主要内容如下。

```
test -x /usr/sbin/anacron || exit 0
anacron -u cron.daily
```

anacron 的选项-u 表示将所有作业的时间戳更改为当前日期。按照 Ubuntu 默认设置，anacron 开机时运行一次，每天 7 时~23 时的第 30 分钟运行一次。anacron 每次运行时会读取/etc/anacrontab 配置并检查相应的时间戳来决定是否执行相应任务。以每天调度任务为例，anacron 从配置文件读取到 标识为 cron.daily 的任务，判断其周期为 1 天，接着从/var/spool/anacron/cron.daily 中取出最近一次 执行 anacron 的时间戳，比较后若差异天数为 1 天以上（含 1 天），就准备执行每天调度任务。这个任 务默认延迟时间为 5min，实际就会再等 5min 执行命令 run-parts /etc/cron.daily。此时，先运行 /etc/cron.daily 目录下的 0anacron 脚本，更改时间戳，再运行该目录下的其他脚本，执行完毕后， anacron 关闭。读者可据此分析 cron.weekly、cron.monthly 的脚本调度过程。

提示 anacron 不可以定义频率在 1 天以下的调度任务。不应该将每小时执行一次的 Cron 任 务转换为 anacron 形式。

3. anacron 与 Cron 服务结合使用

Ubuntu 通过 anacron 来解决每天、每周和每月要定期启动的调度任务。在默认情况下，systemd 定时器安排 anacron 每小时运行一次。anacron 根据/etc/anacrontab 的配置执行/etc/cron.daily、 /etc/cron.weekly 和/etc/cron.monthly 目录中的调度任务脚本。管理员可以根据需要将每天、每周和每 月要执行任务的脚本放在上述目录中。

这里再举一个例子强调 anacron 的作用。如果将每个周日需要执行的备份任务在/etc/crontab 中配 置，一旦周日因某种原因未执行，过期就不会重新执行该任务。但如果将备份任务脚本置于 /etc/cron.weekly/目录下，那么该任务就会定期执行，几乎一定会在一周内执行一次。

6.4.3 使用 systemd 实现自动化任务管理

某些任务需要定期执行，或者是开机启动后执行，或者是在指定的时间执行，以前需要通过 Cron 服务来实现这些计划任务管理，现在 systemd 提供的定时器也能胜任这些工作，并且使用方式更为灵活。 systemd 定时器是由名为 timer（定时器）的单元类型来实现的，用来定时触发用户定义的操作，以取 代 Cron 等传统的自动化任务管理服务。

1. 定时器单元文件

以.timer 为扩展名的 systemd 单元文件封装了一个由 systemd 管理的定时器，用于支持基于定时 器的启动。每个定时器单元都必须有一个与其匹配的服务单元（.service），用于在特定的时间启动。具 体要执行的任务则在服务单元中指定。

与其他单元文件类似，定时器通过相同的路径（默认为/usr/lib/systemd/system 目录）装载。不同 的是，该文件中包含[Timer]节。该节会定义何时以及如何激活定时事件，常用字段如下。

- OnActiveSec：设置该定时器自身被启动之后多久执行服务单元的任务。
- OnBootSec：设置开机启动完成（内核开始运行）之后多久执行服务单元的任务。
- OnUnitActiveSec：设置该定时器触发的服务单元成功执行后，间隔多久再运行一次。

以上字段定义的是相对时间，即相对于特定时间点之后的时间间隔。

- OnCalendar：设置要运行任务的实际时间（系统时间），使用的是绝对时间。
- Persistent：仅对 OnCalendar 字段定义的定时器有意义。默认值为"no"，如果设为"yes"，则表示将匹配单元的上次触发时间永久保存，当定时器单元再次被启动时，如果匹配单元本应该在定时器单元停止期间至少被启动一次，那么将立即启动匹配单元，这样就不会因为关机而错过必须执行的任务，能够实现类似 anacron 的功能。
- Unit：设置该定时器单元所匹配的单元，也就是要被该定时器启动的单元。默认值是与此定时器单元同名的服务单元（仅单元文件扩展名不同）。一般来说不需要设置，除非要使用不同的单元名。

2. 定时器类型

systemd 定时器分为以下两种类型。

- 单调定时器：从一个特定的时间点开始过一段时间后触发定时任务。所谓单调时间，是指从开机那一刻（零点）起，只要系统正在运行，该时间就不断地单调均匀递增，永远不会往后退。通常使用 OnBootSec 和 OnUnitActiveSec 定义单调定时器。
- 实时定时器：通过日历事件（某个特定时间）触发（类似于 Cron 服务）定时任务。使用 OnCalender 字段指定实时定时器的特定时间。

3. 匹配单元文件

每个.timer 文件所在目录都要有一个匹配的.service 文件。.timer 文件用于激活并控制.service 文件。.service 文件中不需要包含[Install]节，因为这个单元由定时器单元接管。必要时，可通过定时器单元文件的[Timer]节中的 Unit 字段来指定一个与定时器不同名的服务单元。

4. 使用 systemd 定时器替代 Cron 服务

大多数情况下，systemd 定时器可以替代 Cron 服务。它与 Cron 服务相比具有如下优势。

- 有助于调试。任务可以不依赖于它们的定时器单独启动，以简化调试。另外，所有的 systemd 的服务运行都会被记录到 systemd 日志中，任务也不例外，以便于调试。
- 每个任务可配置运行于特定的环境中。
- 每个任务可以与 systemd 的服务相结合，充分利用 systemd 的优势。

不过，systemd 定时器没有内置电子邮件通知功能（Cron 服务有 MAILTO），也没有内置与 Cron 服务类似的 RANDOM_DELAY（随机延时）功能来指定一个数字用于定时器延时执行。

5. systemd 定时器示例

要使用 systemd 定时器，关键是要创建一个定时器单元文件和一个配套的服务单元文件，然后启动这些单元。这里以一个定期显示当前时间的任务为例，来示范单调定时器的创建和使用。单调定时器适合使用相对时间的任务调度。

微课 6-8　创建和使用
systemd 单调定时器

（1）编写一个定时器单元文件，本例将其命名为 monotest.timer，保存在 /etc/systemd/system 目录中。其内容如下。

```
[Unit]
Description=Run every 3min and on boot

[Timer]
OnBootSec=1min
OnUnitActiveSec=3min

[Install]
```

```
WantedBy=timers.target
```

为便于测试，这里将时间间隔设置很小，计划系统启动 1min 后执行任务，成功执行后，每隔 3min 再次执行该任务。

（2）编写一个配套的服务单元文件来定义计划定时执行的任务，本例将其命名为 monotest.service，保存在/etc/systemd/system 目录中。其内容如下。

```
[Unit]
Description=Test monotonic timer

[Service]
Type=simple
ExecStart=/home/cxz/monotest.sh
```

（3）编写任务脚本文件，这里是一个简单的消息显示，仅仅用于示范（实际工作中用到的大多数是系统维护操作，如定期备份任务等），其内容如下。

```
#!/bin/bash
(echo -n '单调定时器测试，当前时间: ';date)>/home/cxz/monotest.txt;
```

为该脚本赋予执行权限，可执行以下命令来实现。

```
cxz@linuxpc1:~$ chmod +x monotest.sh
```

（4）由于单元文件是新创建的，执行以下命令重新装载单元文件。

```
cxz@linuxpc1:~$ sudo systemctl daemon-reload
```

（5）执行以下命令使新建的定时器能够开机启动，并启动定时器。

```
cxz@linuxpc1:~$ sudo systemctl enable monotest.timer  && sudo systemctl start
monotest.timer
```

这里启动的是.timer 文件，而不是.service 文件。因为配套的.service 文件由.timer 文件启动。

（6）执行以下命令列出定时器。

```
cxz@linuxpc1:~$ systemctl list-timers
NEXT                          LEFT              LAST                        PASSED
UNIT                          ACTIVATES
 Thu 2023-03-16 16:08:53 CST 2min 8s left  Thu 2023-03-16 16:05:52 CST  51s ago
monotest.timer                    monotest.service
```

（7）实时查看/home/cxz/monotest.txt 文件内容来测试定制的计划任务。

```
cxz@linuxpc1:~$ tail -f monotest.txt
单调定时器测试，当前时间: 2023 年 03 月 16 日 星期四 16:05:53 CST
单调定时器测试，当前时间: 2023 年 03 月 16 日 星期四 16:08:53 CST
```

（8）实验完毕，执行以下命令删除上述定时器及其相关文件，恢复实验环境。

```
cxz@linuxpc1:~$ sudo systemctl disable monotest.timer  && sudo systemctl stop
monotest.timer
cxz@linuxpc1:~$ sudo rm /etc/systemd/system/monotest.*
cxz@linuxpc1:~$ sudo rm monotest.*
```

6.5 习题

1. Linux 进程有哪几种类型？什么是守护进程？
2. 简述进程的手动启动和调度启动。
3. Linux 初始化有哪几种方式？每种方式有什么特点？
4. 什么是 systemd 单元？
5. systemd 单元文件有何作用？
6. 简述单元文件与启动目标的关系。
7. target 单元文件是如何实现复杂的启动管理的？
8. 是否需要区分单元管理与单元文件管理？

9. systemd 日志主要收集哪些信息？

10. Ubuntu 启动经过哪 4 个阶段？

11. 什么是 GRUB？GRUB 有什么作用？

12. 通过 Cron 服务安排每周一至周五凌晨 3 点执行某项任务，调度时间如何表示？

13. anacron 有什么作用？与 Cron 服务任务调度有什么不同？

14. systemd 定时器分为哪两种类型？两种类型的主要区别是什么？

15. 执行 ps 命令查看当前进程。

16. 熟悉单元管理与单元文件管理的 systemctl 命令操作。

17. 请查阅资料，整理出与传统电源管理命令对应的 systemctl 电源管理命令。

18. 熟悉 systemd 日志条目查看命令。

19. 动态修改 GRUB 引导参数进入 Ubuntu 救援模式。

第 7 章
Ubuntu桌面应用

07

Ubuntu 是目前 Linux 桌面操作系统的典型代表，它所提供的桌面应用很有特色，颇受广大用户青睐。访问 Internet 是现代操作系统的基本要求，Ubuntu 提供了较为完善的 Internet 应用。随着音频、视频的流行，多媒体已成为一类非常活跃的计算机应用，Ubuntu 桌面版对多媒体的播放和编辑提供了有力的支持。对桌面操作系统来说，办公软件非常重要，Ubuntu 预装有与 Windows 桌面办公软件 Microsoft Office 类似，功能相当的 LibreOffice 办公套件。对于考虑日常办公要使用 Linux 操作系统取代 Windows 操作系统的用户来说，Ubuntu 桌面版就是比较好的选择，这对桌面操作系统的国产替代具有一定的借鉴意义。研发和使用国产操作系统都有利于将信息产业的安全牢牢掌握在自己手中。让广大用户在国产操作系统中便捷地使用办公等各种桌面应用也是操作系统国产替代的关键一环。本章会简单介绍相关桌面应用的功能特性和基本使用。

学习目标

① 了解和使用 Ubuntu 常用的 Internet 应用软件。

② 了解图形图像、音频、视频的查看、播放和编辑工具。

③ 了解 LibreOffice 办公套件的组成，熟悉该套件的使用。

7.1 Internet 应用

Ubuntu 会预装常用的 Internet 应用软件（也称应用程序，以下简称应用），还可以方便地安装第三方应用。这里主要介绍网页浏览、文件下载、电子邮件收发等常见的 Internet 应用。

7.1.1 Web 浏览器

Web 浏览器是最基本的上网工具，Windows 操作系统内置 Edge，而 Ubuntu 预装 Firefox 浏览器，注意 Ubuntu 22.04 LTS 是通过 Snap 包预装 Firefox 的。

1. Firefox 简介

该浏览器全称为 Mozilla Firefox，中文俗称"火狐"，是由 Mozilla 基金会与开源团体共同开发的开源网页浏览器，可以免费使用。Firefox 的开发目标是尽情地上网浏览，为大多数人提供最好的上网体验。

作为一款跨平台的浏览器，Firefox 支持多种操作系统，如 Windows、Mac OS X、GNU/Linux

以及 Android 等。其代码是独立于操作系统的，可以在许多操作系统上编译，如 AIX、FreeBSD 等。

Firefox 支持多种网络标准，如 HTML、XML、XHTML、SVG 1.1（部分）、CSS（除了标准之外，还有扩充的支持）、ECMAScript（JavaScript）、DOM、MathML、DTD、XSLT、XPath 和 PNG 图像文件（包含透明度支持）等。

Firefox 支持标签页浏览、拼写检查、即时书签、自定义搜索等功能。标签页浏览使得用户不再需要打开新的窗口来浏览网页，而只需要在现有的窗口中打开一个新的标签页即可，从而达到了节约任务栏空间和加快浏览速度的效果。

Firefox 重视个性化支持。用户可以通过安装附加组件（扩展）来新增或修改 Firefox 的功能。附加组件的种类包罗万象，如鼠标手势、广告窗口拦截、加强的标签页浏览等。可以从 Mozilla 官方维护的附加组件官网下载，或从其他的第三方开发者取得。智能地址栏（Awesomebar）具有自动学习的特性，在地址栏中输入一些词语，自动补全的功能会马上开启，并提供一系列从用户的浏览历史中提取出来的匹配的站点，同样也包括用户曾经加入书签和使用标记的站点。

Firefox 重视安全性和用户隐私保护。它使用 SSL/TLS 加密方式保证用户与网站之间数据传输的安全性，通过沙盒安全模型（Sandbox Security Model）来限制网页脚本对用户数据的访问。Firefox 内置基于 Google Safe Browsing 的安全浏览系统，能帮助用户远离恶意网站和钓鱼网站的威胁。此外，它还支持实时站点 ID 检查、插件检查、隐私浏览等。

2. 在 Ubuntu 上使用 Firefox

在确认 Internet 连接的前提下，在 Ubuntu 上运行 Firefox 浏览器，Firefox 的操作与其他浏览器的差不多，在地址栏中输入正确的网址并按<Enter>键即可访问相关网站。

可以根据需要设置首选项。单击浏览器中工具栏右侧的 ≡ 按钮即可弹出图 7-1 所示的菜单，从中选择所需的选项即可进行相应的配置操作。

选择其中的"设置"，打开"设置"窗口，如图 7-2 所示，默认显示"常规"界面。在"常规"界面可以进行一些基本设置，也可根据需要切换到其他设置界面进行设置。

图 7-1　弹出的菜单

图 7-2　Firefox 首选项设置

所谓标签页浏览，就是在同一个窗口内打开多个页面进行浏览，Firefox 默认设置已支持此功能。单击标签页顶端右侧的加号按钮 ✚ 即可打开一个新的标签页，如图 7-3 所示，可以在不同的标签页输入网址以浏览，并可方便地切换。

附加组件主要用于解决 Firefox 的扩展性问题，便于用户根据需要定制浏览器。单击工具栏右侧的 ≡ 按钮即可弹出菜单，选择其中的"附加组件"，打开附加组件管理界面，如图 7-4 所示。选择"扩展"，可以查看当前已安装的扩展，还可以添加、删除或禁用扩展。其他的主题、插件、语言等附加组件的操作与此相同。

图 7-3　Firefox 多标签浏览

图 7-4　Firefox 附加组件管理界面

除了推荐的附加组件之外，还可以在搜索框中通过关键词查找附件组件进行下载安装。切换到"推荐"选项卡，单击"寻找更多组件"按钮可访问"Firefox Add-ons"网站，浏览查找所需的组件进行下载安装。至于其他一些功能或用法，这里不一一介绍。

7.1.2　下载工具

与 Windows 一样，Ubuntu 桌面版也支持多种多样的下载工具。除了传统的 FTP 和 HTTP 下载工具外，Ubuntu 桌面版还支持多点下载的 P2P 下载软件。内置的 Firefox 浏览器本身就支持 FTP 和 HTTP 下载。另一款内置的命令行工具 wget 支持通过 HTTP、HTTPS、FTP 这 3 个常见的 TCP/IP 协议下载，并可以使用 HTTP 代理。Ubuntu 默认安装有 Transmission 这样的 BitTorrent 客户端。另外，APT 软件下载工具也是 Ubuntu 的特色之一。Ubuntu 桌面版还可以根据需要安装第三方下载工具，FileZilla 就是高效、易用的 FTP 客户端。这里主要介绍 Transmission 和 FileZilla 这两款下载软件。

1. BitTorrent 客户端 Transmission

BitTorrent 简称 BT，可译为"比特流"或"比特风暴"。BT 下载属于 P2P 应用，是一类能提供多点下载的 P2P 软件，特别适合用于下载电影、软件等较大的文件。

BT 本质上是一种在线发布工具，其下载过程中要用到种子，BT 种子就是专门提供给 BT 软件下载的链接，类似网页上的普通下载点。种子文件扩展名为.torrent，包含一些 BT 下载所必需的信息。BT 下载用户主要从种子中读取数据，寻找文件下载点。BT 用户下载时，每台机器都提供种子，下载的人越多，种子也就越多，速度也就越快。BT 下载使用 Tracker 协议，在 BT 系统中，服务器主要用来跟踪查找用户，又称 Tracker 服务器。

与传统的 HTTP 下载或 FTP 下载相比，BT 下载不需要占用服务器的带宽，能够利用客户端闲置的资源，BT 下载用户越多，速度越快，BT 下载文件越大，速度越快。

Ubuntu 内置的 Transmission 是一种 BT 客户端，消耗硬件资源极少，界面极度精简。使用 Transmission 一类的 BT 客户端下载，首先要获取种子文件（.torrent），用户可以通过浏览器搜索下载，或者使用其他下载工具下载。

官方声明 Transmission 是一款文件分享软件，运行一个种子文件，其中的数据会上传并分享给他人，分享的内容及其相关责任由用户自己负责。

2. FTP 客户端 FileZilla

FTP 文件传输是最基本的网络服务之一，最适合在不同类型的计算机之间传输文件，主要用于提供高速下载站点。这些站点通常使用 FTP 客户端工具访问。在 Linux 中，FileZilla 是一个免费开源的 FTP 软件，具备所有的 FTP 软件功能。它具有非常有条理的界面，以及管理多站点的简便方式。在 Ubuntu 上可以执行以下命令来安装它：

```
sudo apt install filezilla
```

也可以改用 PPA 来安装 FileZilla，首先需要执行以下命令添加相关的 PPA 源：

```
sudo apt-add-repository ppa:n-muench/programs-ppa
```

安装完毕，运行该程序会打开图 7-5 所示的主界面，下载之前首先要设置访问的站点。

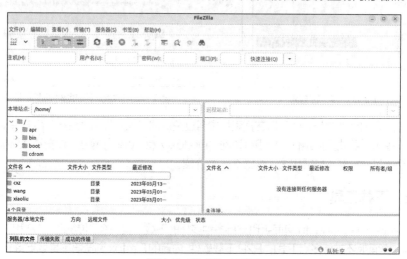

图 7-5　FileZilla 主界面

7.1.3　电子邮件收发工具

几乎所有的电子邮件服务商都支持用户通过 Web 浏览器在线收发电子邮件，但是电子邮件较多的用户通常会选用专门的电子邮件客户端工具来收发和处理电子邮件。Ubuntu 早期版本中，大多数都使用 Evolution 客户端，其用户接口和功能与 Windows 中的 Outlook 相似，它是 Linux 平台上使用最为广泛的协作软件之一。目前，Ubuntu 预装的电子邮件客户端是 Thunderbird，这是由 Mozilla 浏览器的电子邮件功能部件所改造的电子邮件工具。

Thunderbird 简单易用，功能强大，支持个性化配置，支持 IMAP、POP 以及 HTML 电子邮件格式。Thunderbird 安全性好，不仅支持垃圾电子邮件过滤和反"钓鱼"欺诈，而且提供适合企业应用的安全策略，包括 S/MIME、数字签名、信息加密，以及对各种安全设备的支持。

下面简单示范一下 Thunderbird 的使用。首次启动该软件后，会弹出图 7-6 所示的界面要求设置电子邮件账户，这里设置为现有的电子邮件账户，输入已有的电子邮件账户及其密码（注意第三方客户端通过电子邮件服务商的 POP3/SMTP/IMAP 服务收发电子邮件，一般不能提供普通密码，而是要使用电子邮箱的授权码，本例 163 电子邮箱的授权码需要登录到电子邮箱设置界面进行设置），单击"继续"按钮，Thunderbird 自动从 Mozilla ISP 数据库中查找、提取该电子邮件账户的配置信息，如图 7-7 所示，单击"完成"按钮，完成账户设置。

图 7-6　电子邮件账户设置

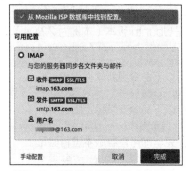

图 7-7　提取该电子邮件账户的配置

完成电子邮件账户设置之后，即可进行电子邮件收发，如图 7-8 所示。如果需要更多的功能，可以充分利用 Thunderbird 菜单来实现，如图 7-9 所示。

图 7-8　Thunderbird 收件箱

图 7-9　Thunderbird 菜单

7.1.4　聊天工具

腾讯公司的聊天工具微信、QQ、TIM 除了用于聊天和社交之外，还可以用于用户的日常办公。但针对这些软件，官方都没有提供 Linux 安装包，在 Ubuntu 计算机上可以考虑使用 Wine 容器软件来运行 Windows 版本的软件。Wine 全称为 Wine Is Not an Emulator，意为"Wine 不是模拟器"，是一款能在非 Windows 操作系统上运行 Windows 应用程序的容器软件，可以在 Linux、macOS、Android 等平台使用。使用 Wine 安装 Windows 应用程序时还可以使用专门的配置工具，如 Winecfg、Winetricks 等，本例示范操作中选用 Winetricks 工具。

TIM 是 QQ 的办公简洁版，是专注于团队办公协作的跨平台沟通工具。它无缝同步 QQ 好友和消息，提供云文件、在线文档、电子邮件、日程、收藏、会议等办公功能，支持多人在线协作编辑 Word、Excel 文档。建议办公用户安装 TIM。下面以 Windows 版的 TIM 为例，示范安装及相关的管理操作。

微课 7-1　安装 Wine 环境

1. 安装 Wine 环境

在 Ubuntu 22.04 LTS 中可以使用 Ubuntu 软件中心或 APT 安装 Wine 环境，但是安装的版本较低。建议通过 WineHQ 官网安装最新的稳定版本，本例选择的是 8.0 版本。

（1）执行以下命令启用 32 位架构，这样在 64 位系统上才能运行 32 位 Windows 应用程序。

```
sudo dpkg --add-architecture i386
```

（2）依次执行以下命令下载和添加软件库密钥。

```
sudo mkdir -pm755 /etc/apt/keyrings
sudo wget -O /etc/apt/keyrings/winehq-archive.key https://dl.winehq.org/wine-builds/winehq.key
```

（3）根据 Ubuntu 版本（本例为 22.04）选择 WineHQ 的软件源文件进行下载。

```
sudo wget -NP /etc/apt/sources.list.d/ https://dl.winehq.org/wine-builds/ubuntu/dists/jammy/winehq-jammy.sources
```

（4）执行以下命令更新软件列表。

```
sudo apt update
```

（5）执行以下命令安装稳定版。

```
sudo apt install --install-recommends winehq-stable
```

（6）安装完毕即可查看版本进行验证。

```
cxz@linuxpc1:~$ wine --version
wine-8.0
```

（7）执行以下命令安装 Winetricks。

```
sudo apt install winetricks
```

Winetricks 实际上只是一个脚本文件，如果需要最新版本，也可以直接下载脚本文件来运行。

2. 使用 Wine 安装 Windows 版的腾讯 TIM

（1）通过浏览器在腾讯官网下载 Windows 版的 TIM 安装包。

（2）在终端窗口中执行 winetricks 命令（也可以直接从应用程序列表中找到 Winetricks 图标）启动 Winetricks，首次运行将提示更新 Wine 配置（见图 7-10），并且根据要求安装 Wine Mono 安装器，如图 7-11 所示，单击"安装"按钮。

微课 7-2　使用 Wine 安装 Windows 版的腾讯 TIM

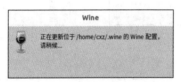

图 7-10　更新 Wine 配置

图 7-11　安装 Wine Mono 安装器

此处不建议执行 sudo winetricks 命令，因为这将在 root 用户主目录中安装软件。

（3）Wine Mono 安装器安装完成之后弹出图 7-12 所示的对话框，这里选择"选择默认的 Wine 容器"单选按钮。当然也可以根据需要创建新的 Wine 容器。

（4）单击"确定"按钮，出现图 7-13 所示的对话框，可以管理当前容器，这里选择"运行卸载程序"单选按钮。

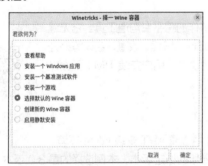

图 7-12　选择默认的 Wine 容器

图 7-13　管理当前容器

（5）单击"确定"按钮，弹出图 7-14 所示的对话框，使用仿 Windows 操作系统的"添加/删除程序"工具来安装和卸载软件。

（6）单击"安装"按钮，弹出图 7-15 所示的对话框，找到刚下载的 TIM 安装包，注意需从"文件类型"下拉列表中选择"程序(*.exe)"，然后单击"打开"按钮。

图 7-14　添加/删除程序

图 7-15　选择安装包

（7）出现图 7-16 所示的对话框，单击"立即安装"按钮。安装完毕即可运行 TIM，登录之后即可正常使用，如图 7-17 所示。

图 7-16　安装 TIM

图 7-17　使用 TIM

3. 启动使用 Wine 安装的腾讯 TIM

有的 Windows 安装包会在应用程序列表甚至桌面上创建图标，这样启动就很方便。另有一些安装包就没有这样的功能，为此需要自行解决启动问题。具体有以下 3 种方案，这里以腾讯 TIM 为例进行说明。

（1）通过文件管理器打开应用程序。首先打开主目录，启用隐藏文件的显示，打开.wine/drive_c/Program Files (x86)/Tencent/TIM/Bin 子目录，从中找到 TIM.exe（TIM 的启动程序），如图 7-18 所示，右击该文件并选择"Wine Windows Program Loader"，打开 TIM。

（2）直接在命令行中执行命令。本例在当前用户的 Shell 中执行的命令为：

```
env WINEPREFIX=$HOME/.wine  wine start /unix $HOME/.wine/dosdevices/c:/'Program
Files (x86)/Tencent/TIM/Bin/TIM.exe'
```

（3）添加应用程序图标。首先在/usr/share/applications 目录中创建名为 TIM.desktop 的文件，添加以下内容。

```
[Desktop Entry]
Name=TIM
Exec=env WINEPREFIX=/home/cxz/.wine  wine start /unix /home/cxz/.wine/dosdevices/c:/
'Program Files (x86)/Tencent/TIM/Bin/TIM.exe'
Type=Application
StartupNotify=true
Icon=/home/cxz/.wine/dosdevices/c:/Program Files (x86)/Tencent/TIM/TIMUninst.ico
```

注意，Exec 值中文件夹名含空格需要使用引号。至于其中用到的用户主目录，读者需根据自己的实际情形更换。

然后从应用程序列表中找到 TIM 图标来打开 TIM。

4. 卸载使用 Wine 安装的腾讯 TIM

执行 winetricks 命令，参照前面的安装步骤卸载程序，打开"添加/删除程序"对话框，找到要卸载的软件，如图 7-19 所示，单击"修改/删除"按钮，根据提示操作即可。之后，还需手动删除用户主目录中.wine/drive_c 和.wine/dosdevices 两个子目录有关 TIM 的文件和目录，创建的图标文件也要删除。

图 7-18　使用 Wine 装载程序打开 TIM

图 7-19　卸载 Wine 安装的应用程序

> **提示**　　Wine 不像虚拟机或模拟器一样模仿内部的 Windows 逻辑，而是将 Windows API（Application Program Interface，应用程序接口）调用转换成动态的 POSIX 调用，减少了不必要的内存占用和性能消耗，可以让用户将 Windows 应用程序部署到 Linux 桌面操作系统中运行。该工具对桌面操作系统的国产替代过渡阶段具有一定的意义，适合在以 Linux 为主的国产自主操作系统上运行暂时没有替代版本的 Windows 应用程序。不过，Wine 并不能保证可以运行所有的 Windows 应用程序，有些软件会出现不兼容的问题。编者尝试安装微信 3.9 版本不成功，但是安装微信 3.5 版本就没有问题。

7.2　多媒体应用

对于桌面操作系统来说，多媒体应用是必不可少的。本节主要介绍图形图像、音频、视频等多媒体内容的查看、播放和编辑工具。

7.2.1 图形图像工具

Ubuntu 预装有图像查看器，可用来浏览和查看常见格式的图像，其使用非常简单，此处不做介绍。这里重点介绍图形图像编辑处理工具。Ubuntu 主要使用的三大图形图像工具是 GIMP、Inkscape 和 Dia，其功能相当于 Photoshop、CorelDraw 和 Microsoft Visio，分别用于图像处理、矢量图编辑和图表编辑。

1. 图像编辑器 GIMP

GIMP 是 GNU 图像处理程序（GNU Image Manipulation Program）的英文首字母缩写。它几乎包括所有图像处理所需的功能，通常被视作 Photoshop 的替代者。

GIMP 作为 Linux 开源软件，在推出时就受到许多绘图爱好者的喜爱，虽然其接口相当"轻巧"，但其功能不输于专业的绘图软件。它使用 Gfig 插件支持矢量图层的基本功能。Gfig 插件支持一些矢量图形特性，如渐变填充、Bezier 曲线和曲线勾画等。

GIMP 提供各种图像处理工具和滤镜，还有许多的组件模块。通过工具，可以使用绝大部分的 Photoshop 插件。

Ubuntu 早期版本预装 GIMP 作为默认的图像处理工具，现在 Ubuntu 已经不预装该软件。可以通过 Ubuntu 软件中心搜索安装，也可以通过 Snap 包或 APT 安装。本例执行 sudo apt install gimp 命令通过 APT 方式安装。安装完毕，启动该软件进行位图编辑，其界面如图 7-20 所示。

图 7-20　GIMP 界面

GIMP 有各式各样的工具，包括刷子、铅笔、喷雾器、克隆等工具，并可对刷子、模式等进行定制。

2. 矢量图像编辑器 Inkscape

与用点阵（屏幕上的点）表示的栅格图（位图）不同，在矢量图像中图像的内容以简单的几何元素（如直线、圆和多边形等）进行存储和显示。矢量图像易于存储，在显示时也方便对图像进行拉伸。

与 Photoshop 一样，GIMP 更擅长于位图处理。要创建和处理矢量图像，建议在 Ubuntu 中使用 Inkscape。Inkscape 的功能与 Illustrator、Freehand、CorelDraw 等软件相似，号称 Linux 下的 CorelDraw。

Inkscape 是一套开源的矢量图像编辑器，完全遵循与支持 XML、SVG、CSS 等开放性的标准格式。SVG（Scalable Vector Graphics）是指可伸缩矢量图像，是基于可扩展标记语言（标准通用标记语言的子集）用于描述二维矢量图像的一种图形格式。它由 W3C（World Wide Web Consortium，万维网联盟）制定，是一个开放标准。

Inkscape 用于创建并编辑 SVG，支持包括形状、路径、文本、标记、克隆、Alpha 混合、变换、渐变、图案、组合等 SVG 特性。它也支持创作共用的元数据、节点编辑、图层、复杂的路径运算、位图描摹、文本路径、流动文本、直接编辑 XML 等。它还可以导入 JPEG、PNG、TIFF 等位图格式，并可以输出 PNG 等多种位图格式。

可以通过 Ubuntu 软件中心搜索安装 Inkscape，也可以通过 Snap 包或 APT 安装。本例执行 sudo apt install inkscape 命令安装。安装完毕，启动该软件执行矢量图像编辑，其界面如图 7-21 所示。

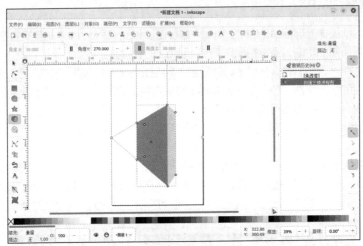

图 7-21　Inkscape 界面

3. 图表编辑器 Dia

与 CorelDraw 等专业矢量绘图工具不同，Microsoft Visio 是一类专门的矢量绘图工具，主要用于流程图、电路图等图表的绘制。在 Ubuntu 中也可以使用类似的软件 Dia。

Dia 是开源的图表绘制软件，将多种需求，如流程图、网络图、UML 图、实体关系图、电路图等，以模组化来设计。各模组之间的符号仍可以通用，并没有限制。Dia 可以制作多种示意图，并且借助 XML 可以新增多种图形。Dia 使用 dia（自有格式）或 XML 格式（默认以 gzip 压缩节省空间）作为文件格式。Dia 能够导入 EPS、SVG、XFIG、WMF、PNG 等格式，图表可以导出为 postscript 和其他格式。

可通过 Ubuntu 软件中心搜索安装 Dia，也可通过 APT 命令行安装。本例执行 sudo apt install dia 命令安装。安装完毕，在终端命令行中执行 dia 命令启动该软件编辑图表，其界面如图 7-22 所示。

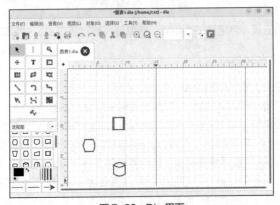

图 7-22　Dia 界面

7.2.2 多媒体播放

Ubuntu 预装有音频播放器和视频播放器。

Rhythmbox 是 Ubuntu 默认安装的音乐播放和管理软件,可以播放各种音频格式的音乐,管理收藏的音乐。Rhythmbox 提供了很多功能,如音乐回放、音乐导入、抓取和刻录音频 CD、显示歌词等。通过配置插件,Rhythmbox 还可扩展更多的功能。应用程序列表中未提供该软件的图标,可以在活动视图的搜索框中输入 Rhythmbox,或者在终端窗口中执行 rhythmbox 命令来打开软件。

Totem 电影播放机是 Ubuntu 默认安装的视频播放软件,可播放多种格式的视频,以及 DVD、VCD 与 CD。默认情况下,该软件可能无法播放一些格式的视频或电影,这是由于尚未安装相应的解码器(codec)。不过,现在的版本已经可以自动搜索解码器并下载来播放大多数格式的视频。应用程序列表中为该软件提供的是"视频"图标,可以用来启动该软件。还可以在活动视图的搜索框中输入 Totem,或者在终端窗口中执行 totem 命令来打开该软件。

另外,VLC 是 Linux 比较受欢迎的媒体播放器,能播放来自各种网络资源的 MPEG、MPEG-2、MPEG-4、DivX、MOV、WMV、QuickTime、MP3、Ogg/Vorbis 文件、DVD、VCD,以及多种格式的流媒体等,当然也能播放本地的媒体文件。第 5 章在讲解 Snap 包安装方式时,就是以安装 VLC 为例的。当然,还可以通过 Ubuntu 软件中心搜索安装 VLC,或者通过以下命令通过 APT 安装。

```
sudo apt install vlc
```

7.2.3 音频编辑

Ubuntu 没有预装音频编辑软件,可以考虑安装 Audacity 工具。作为一款多音轨音频编辑器软件,它可用于录制、播放和编辑数字音频。Audacity 带有数码特效和频谱分析工具,操作便捷并支持无限次撤销和重做。它支持的文件格式包括 Ogg、Vorbis、MP2、MP3、WAV、AIFF 和 AU 等。可以通过 Ubuntu 软件中心搜索安装,也可以通过 Snap 包或 APT 安装。执行以下命令通过 APT 安装。

```
sudo apt install audacity
```

安装完毕,启动该软件进行音频文件编辑,其界面如图 7-23 所示。

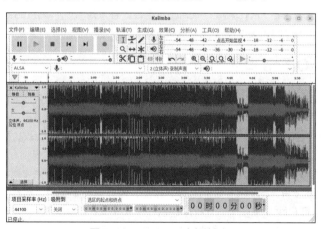

图 7-23 Audacity 音频编辑器

7.2.4 视频编辑

Ubuntu 没有预装视频编辑软件,可以考虑安装 OpenShot 软件。作为一款免费、开源、非线性的视频编辑器，它能使用许多流行的视频、音频和图像格式来创建、编辑视频、影片等。它支持许多视频处理功能，如重划大小、修剪剪切视频、实时预览、图片覆盖、标题模板、视频解码、数码变焦、音频混合和编辑、数字视频效果等。Ubuntu 22.04 官方软件源中没有提供 OpenShot 软件，可以先添加 OpenShot 的 PPA 库，再进行安装：

```
sudo add-apt-repository ppa:openshot.developers/ppa
sudo apt install openshot-qt python3-openshot
```

安装完毕，启动该软件编辑视频，其界面如图 7-24 所示。

图 7-24　OpenShot 视频编辑器界面

7.3　办公软件应用

对于表现出色的桌面操作系统 Ubuntu 来说，办公软件非常重要。目前，Windows 桌面办公软件 Microsoft Office 套件比较普及，国内用户逐步改用金山办公提供的跨平台办公软件 WPS Office。Ubuntu 预装有与 Microsoft Office 类似、功能相当的 LibreOffice 套件，它能够胜任文本处理、电子表格处理、演示文稿制作、绘图、公式编辑、数据库管理等，并且是开源和免费的。Ubuntu 22.04 LTS 桌面版预装的是 7.3 版本的 LibreOffice，这是从桌面到云端的强大、简化、安全、兼容的全能办公套件。

7.3.1　LibreOffice 概述

LibreOffice 是 Apache OpenOffice 办公套件衍生版，同样免费开源，以 Mozilla Public License V2.0 许可证分发源代码，但相比 OpenOffice 增加了很多特色功能。

LibreOffice 是一个全功能的办公套件，已被世界上部分地区的教育、行政、商务部门以及个人用户接受并使用。它包含 6 大组件：Writer、Calc、Impress、Draw、Math、Base，可用于文本文档、电子表格、演示文稿、绘图、公式、数据库的编辑和处理。

LibreOffice 的界面没有 Microsoft Office 那么华丽，但非常简单实用，对系统配置要求较低，占用资源很少。与 Microsoft Office 由多个分立程序组合在一起不同，LibreOffice 只有一个主程序，其他程序都是基于这个主程序派生的，可以在任何一个程序中创建所有类型的文档。其操作也很简单，只需在菜单栏中选择"文件">"新建"（或者单击工具栏上新建文档按钮 右侧的下拉按钮），选择所需要的文档类型，就可以打开相应的程序和工具。

例如，如果运行了 LibreOffice Calc，出现的是 Calc 的界面、菜单和工具栏，但实际上已经打开了所有的 LibreOffice 程序（如 Writer、Impress 等）。这样在任意一个已打开的 LibreOffice 窗口中都可以直接新建 LibreOffice 的其他文件，使用起来非常便捷。如图 7-25 所示，在 Calc 界面中可以通过下拉菜单直接创建其他类型的文档。

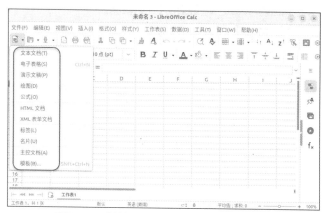

图 7-25　直接新建 LibreOffice 的其他类型文档

LibreOffice 能够与 Microsoft Office 系列以及其他开源办公软件深度兼容，且支持的文档格式相当全面。LibreOffice 拥有强大的数据导入和导出功能，能直接导入 PDF 文档、Microsoft Works、IBM Lotus Word Pro 等，支持主要的 Open XML 格式。

LibreOffice 自身的文档格式为 ODF（OpenDocument Format），可译为开放文档格式。ODF 是一种规范，是基于 XML 的文件格式，已成为国际标准。作为纯文本文档格式，ODF 与传统的二进制格式不同，它最大的优势在于其开放性和可继承性，具有跨平台性和跨时间性。基于 ODF 格式的文档在若干年以后仍然可以被最新版的任意平台、任意一款办公软件打开使用，而传统的基于二进制格式的文档在多年以后可能面临不兼容等问题。ODF 向所有用户免费开放，可以让不同程序、平台之间都自由地交换文件。

ODF 格式的文本文档的扩展名一般为 odt。一个 ODT 文档实质上是一个打包的文件，并且通常都经过了 zip 格式的压缩。LibreOffice 各组件使用的默认文档格式如下。

- 文本文档：*.odt。
- 电子表格：*.ods。
- 演示文稿：*.odp。
- 绘图：*.odg。
- 公式：*.odf。
- 数据库文档：*.odb。

7.3.2　LibreOffice Writer（文字处理）

LibreOffice Writer 是 LibreOffice 的文字处理程序，类似于 Microsoft Office 的 Word，同时也是使用频率很高的办公软件。

Writer 具有丰富的文字处理功能，可以用来创建文本文档、手册、信函等，提供适用于各种用途的模板，用户还可以创建自己的文件模板。Writer 还支持标签、名片、信纸等特殊文档的制作。

Writer 的文档排版功能非常实用。使用"格式"菜单可以对段落、文字格式、边框等进行设计和修改；使用简繁体转换功能可以方便简体文字和繁体文字之间的互换；用户可以在文件中创建表格、索引、目录等，还可以根据需要定义文档的结构、外观。它还提供灵活多样的样式，不仅可以对标题、正文等设置基本样式，而且可以使用编号样式、页面样式等。

强大的绘图功能和专业的表格计算功能也是 Writer 的特色。它提供直线、矩形、椭圆、自由形曲线、符号、箭头等多种绘图工具，便于用户在文档中自行绘制图形。使用它的表格计算功能，可以方便地在所创建的表格中执行计算，显示结果。

Writer 还支持 HTML 编辑器、XML 编辑器和公式编辑器。

Writer 的界面如图 7-26 所示（兼容 Word 格式）。

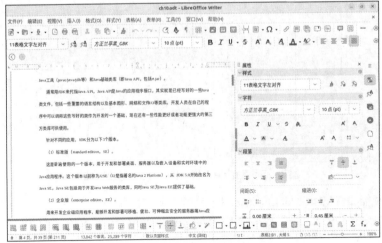

图 7-26　LibreOffice Writer 界面

注意，LibreOffice 没有大纲视图这个概念，但是提供了比大纲视图功能更多的"导航"工具。从视图菜单中选择"导航"即可，或者按<F5>键，将弹出"导航"窗格（如果窗格很小，可以通过拖放放大），可以根据文档中的要素，如标题、图像等进行导航。如果开启了侧边栏视图，则可以单击侧边栏按钮 ≡，从弹出的菜单中选择"导航"来打开导航视图，如图 7-27 所示。

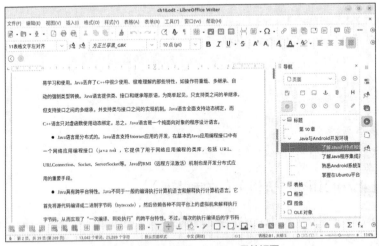

图 7-27　LibreOffice Writer 导航视图

Writer 默认文档格式为 ODT，它也支持 Microsoft 的 Word 文档格式，还可以直接将文档保存为 PDF 格式。

主控文档（*.odm）可用于管理大型文档，例如，具有许多章节的图书。可将主控文档视为单个 LibreOffice Writer 文件的容器，这些单个文件称为子文档。主控文档具有如下特点。

- 输出主控文档时，会输出所有子文档的内容、索引以及所有文本内容。
- 可以在主控文档中为所有子文档创建目录和索引目录。
- 子文档中使用的样式，例如新的段落样式，会自动导入主控文档中。

- 查看主控文档时，主控文档中已存在的样式优先于从子文档导入的具有相同名称的样式。

- 对主控文档的更改永远不会使子文档发生更改。

在主控文档中添加文档或创建新的子文档时，主控文档中会创建一个链接。不能在主控文档中直接编辑子文档的内容，但可以通过"导航"窗格打开任何子文档进行编辑。

微课 7-3 使用主控文档编辑大型文档

7.3.3 LibreOffice Calc（电子表格）

LibreOffice Calc 是一个类似于 Microsoft Excel 的电子表格程序，可以用来创建电子表格并加以处理，能够完成从数据录入、统计计算到输出等一系列电子表格处理功能。

Calc 的数据计算出色，它可以对表内及表与表之间的数据进行计算，而且支持一些专业的函数计算，还可以快速实现对数据的分类汇总、筛选、排序等操作。

Calc 具有专业的数据统计功能，可以对数据进行统计，通过已有的条件计算其他变量。它还能将表中的数据以一种非常直观的方式表示出来，通过双击图表进行编辑。

LibreOffice Calc 的界面如图 7-28 所示。与 Microsoft Office Excel 一样，Calc 包含电子表格的基本元素——单元格、行、列，默认也是有 3 个工作表，这些工作表标签页可以根据实际需要添加和重命名。

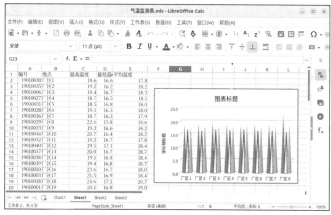

图 7-28 LibreOffice Calc 界面

Calc 的默认文件格式是 ODS，它也支持 Microsoft Office 的 Excel 格式，并且总体上兼容 Excel。需要注意的是，由于 Excel 和 Calc 这两种电子表格程序在许多函数上定义略有不同，Calc 对于许多应用函数的 Excel 文档的兼容性还不是很好。

7.3.4 LibreOffice Impress（演示文稿）

LibreOffice Impress 是一个类似于 Microsoft PowerPoint 的演示文稿（幻灯片）软件，可以用来制作精美而富有个性的演示文稿，其操作简单、使用方便，是 Ubuntu 上制作教学、报告、演示等幻灯片的首选。

Impress 提供多种模板和效果，可以在一个文档里管理多个页面，也可以让用户制作的演示文稿保持同一种风格。它支持中英文各种字体，可以制作带有图形、图表、自绘图形的幻灯片，也可以插入各种对象，并对对象进行各种操作，还支持各种幻灯片过渡效果、各种对象动画效果、多种配色方案。

Impress 提供多种播放方式，可以实现自动播放、循环播放等。

Impress 默认文件格式是 ODP，并兼容 Microsoft PowerPoint 的文件格式。它还提供不同格式的输出，可以将演示文稿导出为 JPEG、PNG 等多种图片格式。此外，它还能将演示文稿导出为 HTML

格式，在 Firefox、Edge 等浏览器上播放。

LibreOffice Impress 的主界面如图 7-29 所示，其界面主要是由上部的菜单栏、工具栏、格式工具栏及工作区域构成，其中工作区域包括左侧的幻灯片窗格、中间的幻灯片编辑区和右侧的任务窗格。

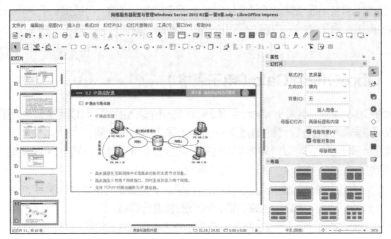

图 7-29　LibreOffice Impress 主界面

7.3.5　LibreOffice Draw（绘图）

LibreOffice Draw 是一个类似于 Microsoft Visio 的矢量图形绘制程序，可以绘制流程图、组织机构图等。它也可以对一些位图进行操作。

Draw 已经完整地集成到 LibreOffice 办公套件中，可在该套件的不同组件之间方便地交换图像。例如，用户在 Draw 中创建了一幅图片，只需复制粘贴即可在 Writer 中重用这幅图片。用户也可通过 Draw 的子功能和工具在 Writer 或 Impress 中直接使用绘图功能。

Draw 的主界面如图 7-30 所示。该界面中，默认左侧是页面窗格，用于给出每个页面的缩略图，用户可将 Draw 的绘图区分割成多页，多页绘图主要在简报中使用。右侧是工作区，用于绘制图形。工具栏位于底部，用户可通过"视图"菜单定制可见工具的数目。

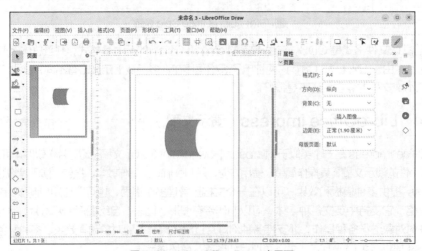

图 7-30　LibreOffice Draw 主界面

Draw 无法与高端图像处理程序相比，但与其他办公软件中集成的绘图工具相比，Draw 的功能更为强大，其主要的绘制功能包括图层管理、磁性网格点系统、尺寸和测量显示、用于组织图的连接符、3D 功能（用于绘制小型三维物体，有纹理和光照效果）、绘制和页面样式一体化，以及贝塞尔曲线等。

7.3.6 LibreOffice Math（公式编辑）

LibreOffice Math 是一个简易的公式编辑器，能够以标准格式快速创建、编排并显示数学、化学、电子以及其他自然科学的公式和方程式。Math 常用作文本文档中的公式编辑器，也可用于其他类型的文档，或者单独使用。

将公式嵌入 Writer 文本文档或其他 LibreOffice 组件的文档中时，所创建的公式将被视为嵌入文档中的对象进行处理。例如，要向 Writer 文本文档中插入公式，首先需要打开该文本文档，从菜单中选择"插入"＞"对象"＞"公式"，将弹出公式编辑器窗口，如图 7-31 所示。

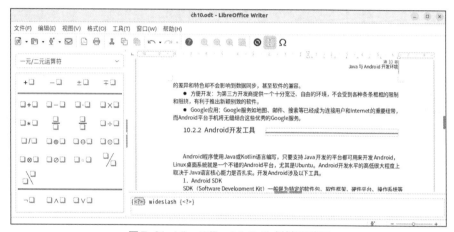

图 7-31　LibreOffice Math 公式编辑器窗口

窗口左侧为元素窗格，可以选择不同的公式元素；右侧上半部分为公式可视化窗格，所输入的公式内容在此区域实时显示，也可进行编辑；右侧下半部分为公式编辑区域，可以在此区域输入公式的标记语言代码。

Math 公式编辑器采用一种标记语言来表达公式。例如，代码"%beta"将会创建希腊字母 β。这种标记语言被设计成与公式的英语读法尽可能相似。例如，"a over b"将会创建一个分式 a/b。从元素窗格中选择所需的公式符号，在对应的占位符中输入或编辑公式内容即可。

当完成公式编辑时，按<ESC>键或单击所编辑公式以外的区域，退出公式编辑器并返回文档编辑界面。在 Writer 文本文档中，双击公式对象将会重新打开公式编辑器，可以继续编辑或修改公式。

在终端窗口中执行命令 libreoffice-math 可以单独打开 LibreOffice Math 公式编辑器，编辑好的公式可以保存为 LibreOffice 自己的 ODF 格式的文件，还可以保存为通用的 MathML 格式（.mml）。

电子活页 7-1
LibreOffice Base
（数据库）

LibreOffice 还提供了桌面数据库。LibreOffice Base 是一个类似于 Microsoft Access 的桌面数据库程序，提供了创建和管理数据库、设计表单和报表等功能。

7.4　习题

1. 使用和配置 Firefox 浏览器，熟悉其特性。
2. 从网上获取一个种子文件（.torrent），使用 Transmission 下载相应的文件。

3. 安装 Wine 环境并了解其基本用法，然后通过 Wine 安装腾讯 QQ 的 Windows 版本，并对部分功能进行试用。试用完毕后，卸载 QQ 软件。

4. 安装图形图像工具 GIMP、Inkscape 和 Dia，然后试用其主要功能。

5. 安装三维图形图像软件 Blender，了解其主要功能，然后进行试用。

6. 简述 LibreOffice Writer 主控文档的特点。

7. 试用 LibreOffice 套件的文本处理、电子表格处理、演示文稿制作、绘图、公式编辑等功能。

8. 安装 LibreOffice Base，试用其桌面数据库管理功能。

9. 安装 WPS Office，并试用其各项功能。

第8章

Shell编程

08

Shell 是与 Linux 交互的基本工具,有两种执行命令的方式。一种是交互式,即用户每执行一条命令,Shell 就解释执行一条。另一种是批处理(Batch),需要事先编写一个 Shell 脚本,其中包含若干条命令,让 Shell 一次将这些命令执行完,编写 Shell 脚本的过程即 Shell 编程。Shell 编程最基本的功能就是汇集一些在命令行输入的连续命令,将它们写入脚本中,通过直接执行脚本来启动一连串的命令行指令,如用脚本定义防火墙规则或者执行批处理任务。如果经常用到相同执行顺序的操作命令,就可以将这些命令写成脚本文件,以后要进行同样的操作时,只要在命令行中输入其文件名即可。Shell 编程属于高级系统管理。网络强国和数字中国需要能胜任信息系统管理和维护的高技能人才,管理员应学习和掌握 Shell 编程,学会系统管理和维护的自动化操作。Shell 编程也是最基本的 Linux 编程,能够训练编程思维。

学习目标

① 熟悉 Shell 编程的基本步骤,掌握脚本的执行和调试方法。

② 了解 Shell 变量、表达式和运算符,学会使用它们编写程序。

③ 了解条件语句和循环语句,学会编写流程控制程序。

④ 掌握函数的定义和调用,学会使用函数对 Shell 程序进行模块划分。

⑤ 学会在 Shell 脚本中使用正则表达式与文本处理命令,实现自动化运维任务。

8.1 Shell 编程基本步骤

Shell 既是一种命令语言(以交互方式解释和执行用户输入的命令),又可作为程序设计语言,它定义了各种变量和参数,并提供了许多在高级语言中才具有的控制结构,包括循环和分支。Shell 脚本是指使用 Shell 提供的语句所编写的命令文件,又称 Shell 程序。Shell 程序有很多类似 C 语言和其他程序设计语言的特征,但是又没有程序设计语言那样复杂。Shell 脚本可以包含任意从键盘输入的 Linux 命令。Shell 脚本是解释执行的,不需要编译。Shell 程序从脚本中一行一行读取并执行这些命令,相当于一个用户把脚本中的命令一行一行输入 Shell 命令提示符后执行。下面介绍 Shell 编程的基本步骤。

8.1.1 编写 Shell 脚本

1. Shell 脚本的编写

Shell 脚本本身就是一个文本文件。与大多数程序语言入门示范一样,这里编写一个最经典、最简单的入门程序，即在屏幕上显示一行字符串"Hello World!"。

```
#!/bin/bash
#显示 "Hello World!"
echo "Hello World!"
```

与其他脚本语言编程一样，Shell 编程无须编译器，也不需要集成开发环境（Integrated Development Environment，IDE），一般使用文本编辑器即可。大多数 Shell 程序员首选的编辑器是 Vi 或 Emacs，在桌面环境中可直接使用图形化编辑器 gedit 或 kate。现在推荐初学者使用更为简单的 nano 字符终端文本编辑器。

2. Shell 脚本的基本构成

Shell 编程首先要了解 Shell 脚本的基本构成。下面给出一个复杂一些的脚本实例，用于显示当前日期时间、执行路径、用户账户及所在的目录位置。

```
#!/bin/bash
#这是一个测试脚本
echo -n "当前日期和时间: "
date
echo -n "程序执行路径: "$PATH
echo "当前登录用户名: `whoami`"
echo -n "当前目录:"
pwd
#end
```

通常，在第 1 行以"#!"开头，指定 Shell 脚本的运行环境，即声明该脚本使用哪个 Shell 程序运行。Linux 中常用的 Shell 解释器有 bash、sh、csh、ksh 等，其中 bash 是 Linux 默认的 Shell，本书的例子都是基于 bash 讲解的。在 Ubuntu 中默认还安装了 sh，其他 Shell 版本默认没有安装，需要时可以自行安装。例中第 1 行"#!/bin/bash"用来指定脚本通过 bash 这种 Shell 执行。在指定执行的 Shell 时，一定要在第 1 行定义；如果没有指定，则以当前正在执行的 Shell 来解释执行。

以"#"开头的行是注释行，Shell 在执行时会直接忽略"#"之后的所有内容。养成良好的注释习惯对合作者（团队）和编程者自己都是很有必要的。

与其他编程语言一样，Shell 会忽略空行。可以使用空行将脚本按功能或任务进行分隔。

echo 命令用来显示提示信息，选项-n 表示在显示信息时不自动换行。不加该选项，默认会在命令最后自动加上一个换行符以实现自动换行。

"whoami"字符串左右的反引号（`）用于命令替换（转换），也就是将它所标识的字符串视为命令执行，并使用输出结果替换该命令。

3. 包含外部脚本

和其他语言一样，Shell 也可以包含外部脚本，将外部脚本的内容合并到当前脚本。包含外部脚本文件的用法如下。

```
. 脚本文件名
```

或:

```
source 脚本文件名
```

两种方式的作用一样，简单起见，一般使用点号，但要要注意，点号和脚本文件名之间一定要有一个空格。

例如，可以通过包含外部脚本将上述两个例子的内容合并在一起。第 1 个例子作为主脚本，文件名为 Hello，第 2 个例子作为要嵌入的脚本，文件名为 Login。将主脚本的内容修改如下，即可包含另一个脚本。

```
#!/bin/bash
```

```
#显示 "Hello World!"
echo "Hello World!"
. ./Login
```

注意，其中第 2 个点号表示当前目录。

8.1.2 执行 Shell 脚本

执行 Shell 脚本有以下几种方式，具体说明如表 8-1 所示。

表 8-1 执行 Shell 脚本的方式

方式	说明	用法
在命令行中直接执行脚本	执行 Shell 脚本的方式与执行一般的可执行文件的方式基本相同； 将 Shell 脚本文件的权限设置为可执行	chmod +x 脚本文件 ./ 脚本文件 [参数]
使用指定的 Shell 解释器执行脚本	直接运行 Shell 解释器，其参数就是 Shell 脚本的文件名； 不要求脚本文件具有执行权限，不必在第 1 行指定 Shell 解释器	Shell 解释器 脚本文件 [参数]
使用 source 命令执行脚本	在当前 Shell 环境下读取并执行 Shell 脚本文件中的代码并依次执行，不能使用 sudo 命令来执行 source 命令； source 命令通常用 "." 命令来替代； 不要求脚本文件具有执行权限，不必在第 1 行指定 Shell 解释器	source 脚本文件 或 . 脚本文件
将输入重定向到 Shell 脚本	Shell 从指定文件中读入命令行，并进行相应处理； 不要求脚本文件具有执行权限； 脚本文件作为参数，其后不能再带参数	bash < 脚本文件

下面简单示范一下在命令行中直接执行脚本。将第 1 个例子存为 hello 文件，使它具有执行权限，然后执行脚本，过程如下。

```
cxz@linuxpc1:~$  chmod +x hello
cxz@linuxpc1:~$  ./hello
Hello World!
```

例中执行脚本命令时在脚本文件名前加上了 "./"，表明启动当前目录下的脚本文件 hello。如果不加 "./"，直接用脚本文件 hello，Linux 会到命令搜索路径（由环境变量$PATH 定义）中去查找该脚本文件，由于此例脚本位于用户主目录，显然会找不到。

如果像命令那样直接输入脚本文件名，则需要让该脚本所在的目录被包含在环境变量$PATH 所定义的命令搜索路径中，否则就要明确指定脚本文件的路径。执行命令 echo $PATH 可查询当前的命令搜索路径（通常是/bin、/sbin、/usr/bin、/usr/sbin）。如果放置 Shell 脚本文件的目录不在当前的命令搜索路径中，可以将这个目录追加到命令搜索路径中。

电子活页 8-1 调试 Shell 脚本

与其他编程语言一样，Shell 也支持脚本调试，以查找和消除错误。在 bash 中，Shell 脚本的调试主要是利用 bash 命令解释程序的选项来实现的。

8.2 Shell 变量

与其他语言不同，在 Shell 编程中，变量是非类型性质的，不必指定变量是数字还是字符串。

8.2.1 变量类型

Linux 的 Shell 编程支持以下 3 种变量类型。

- 用户自定义变量。用户自定义变量在编写 Shell 脚本时定义，可在 Shell 程序内任意使用和修改。

可将它看作局部变量，仅在当前 Shell 实例中有效，其他 Shell 启动的程序不能访问这种变量。

· 环境变量。环境变量在前面章节已经介绍过，作为系统环境的一部分，不必去定义它就可以在 Shell 程序中使用，某些变量（如 PATH）可以在 Shell 中修改。可以将环境变量看作全局变量。

· 内部变量。内部变量是 Linux 所提供的一种特殊类型的变量。此类变量在程序中用来做出判断。在 Shell 程序内，这类变量的值是不能修改的。常见的内部变量有$#（传送给 Shell 程序的位置参数的数量）、$?（最后命令的完成码或者在 Shell 程序内部执行的 Shell 程序的返回值）、$0（Shell 程序的名称）、$*（调用 Shell 程序时所传送的全部参数组成的单字符串）等。

8.2.2 变量赋值和访问

Shell 支持自定义变量。

1. 变量定义

Shell 编程中使用变量无须事先声明，给变量赋值的过程也就是定义一个变量的过程。变量的定义很简单，一般格式如下。

```
变量名=值
```

定义变量时，变量名不加符号（$）。在赋值符两边不允许有空格；如果值中含有空格、制表符或换行符，则要将这个字符串用引号标识；在同一个变量中，可以一次存放整型值，下一次再存储字符串。变量名的命名应当遵循如下规则。

· 首个字符必须为字母（a~z、A~Z）。

· 中间不能有空格，可以使用下画线（_）。

· 不能使用标点符号。

· 不能使用 Shell 中的关键字（bash 中可用 help 命令查看关键字）。

下面给出数值和字符串赋值的例子。

```
#将一个数值赋值给变量 x
x=8
#将一个字符串赋值给变量 hello
hello="Hello World!"
```

已经定义的变量可以被重新定义或赋值，注意再次赋值时变量名前不能加符号"$"。

还可以用一个变量给另一个变量赋值，具体格式如下。

```
变量 2=$变量 1
```

2. 变量访问

如果要访问变量，可以在变量名前面加一个符号（$）。例如变量名为 myName，使用$myName 就可以访问该变量。通常使用命令 echo 来显示变量。例如：

```
#显示变量 hello 的值:
echo $hello
```

变量名加花括号（{}）是可选的。有些场合为避免变量名与其他字符串混淆，帮助 Shell 解释器识别变量的边界，访问变量时需要为变量名加上花括号。例如：

```
#将一个字符串赋值给变量 skill
skill="Shell"
#变量显示在字符串中
echo "I am good at ${skill}Script"
```

如果不给 skill 变量加上花括号，解释器会将$skillScript 当成一个变量，由于没有为该变量赋值，其值为空。给所有变量加上花括号是个好的编程习惯。

3. 只读变量

使用 readonly 命令可以将变量定义为只读变量，只读变量的值不能被改变。例如：

```
#将一个字符串赋值给变量 hello
hello="Hello World!"
#将该变量定义为只读
readonly hello
```

4. 删除变量

使用 unset 命令可以删除变量。具体格式如下。

```
unset 变量名
```

变量被删除后不能再次使用，unset 命令不能删除只读变量。下面给出一个例子：

```
hello="Hello World!"
unset hello
echo $hello    #未能输出值
```

5. 添加环境变量

可以使用 export 命令将变量添加到环境中，作为临时的环境变量（一种全局变量）。具体格式如下。

```
export 变量名=变量值
```

该变量只在当前的 Shell 或其子 Shell 下有效，一旦 Shell 关闭了，变量也就失效了，再打开新的 Shell 时该变量就不存在了，如果需要再次使用，还需要重新定义。要使环境变量永久生效，则需要编辑配置文件（如/etc/profile）。

export 命令仅将变量加到环境中，如果要从程序的环境中删除该变量，则可以使用 unset 命令或 env 命令，env 命令也可临时改变环境变量值。

8.2.3 内部变量

常见的内部变量及其说明如表 8-2 所示。

表 8-2 常见的内部变量及其说明

变量	说明
$0	当前脚本的文件名
$n	传递给脚本或函数的参数。n 是一个数字，表示第几个参数。例如，第 1 个参数是$1，第 2 个参数是$2，以此类推
$#	传递给脚本或函数的参数个数
$*	传递给脚本或函数的所有参数
$@	传递给脚本或函数的所有参数。被双引号（""）标识时，与 $* 稍有不同
$?	上一个命令的退出状态，或函数的返回值
$$	当前 Shell 的 PID。对于 Shell 脚本，就是这些脚本所在的 PID

例如，执行以下命令可以查看当前 Shell 的 PID。

```
cxz@linuxpc1:~$ echo $$
3065
```

$?可用于获取上一个命令的退出状态，即上一个命令执行后的返回结果。退出状态是一个数字，一般情况下，大部分命令执行成功会返回 0，失败会返回 1。不过，也有一些命令返回其他值，表示不同类型的错误。

8.2.4 位置参数

内部变量中有几个表示运行脚本时传递给脚本的参数，通常称为位置参数（Positional Parameter）或命令行参数。当编写一个带有若干参数的 Shell 脚本时，可以用命令行或从其他 Shell 脚本调用它。位置参数使用系统给出的专用名，存放在变量中的第 1 个参数名为 1，可以通过$1 来访问；第 2 个参数名为 2，可以通过$2 来访问它，以此类推。当参数超过 10 个时，要用花括号将参数序号标识，如${10}、${12}等。

$0 是一个比较特殊的位置参数，用于表示脚本本身的文件名。$*和$@都表示传递给函数或脚本的所有参数。$#则表示传递参数的个数。下面给出一个脚本文件示例，用于显示位置参数。

```
#!/bin/bash
echo "脚本文件名: $0"
echo "第 1 个参数 : $1"
echo "第 2 个参数 : $2"
echo "引用值: $@"
echo "引用值: $*"
echo "参数个数 : $#"
```

将该脚本保存，例中文件名为 test_pp，接着示范传递参数。

```
cxz@linuxpc1:~$ bash test_pp AA BB CC
脚本文件名: test_pp
第 1 个参数 : AA
第 2 个参数 : BB
引用值: AA BB CC
引用值: AA BB CC
参数个数 : 3
```

调用 Shell 脚本可以省略位置居后的位置参数。例如，Shell 脚本要求使用两个参数，可以只用第 1 个参数来调用，但是不能只利用第 2 个参数来调用。对于省略的居后的位置参数，Shell 将它们视为空字符串处理。

$*和$@在不被双引号（""）标识时，都以"$1" "$2" … "$n"的形式输出所有参数。但是当它们被双引号标识时，"$*"会将所有的参数作为一个整体，以"$1 $2 … $n"的形式输出所有参数；"$@"会将各个参数分开，以"$1" "$2" … "$n"的形式输出所有参数。

在 Shell 脚本中可以利用 set 命令为位置参数赋值或重新赋值。set 命令的具体格式如下。

```
set [参数列表]
```

该命令后面无参数时，将显示系统中的系统变量（环境变量）值；如果有参数，将分别为位置参数赋值，多个参数之间用空格隔开。例如，在上例脚本文件 test_pp 中第 1 行后面加入以下语句，从命令行提供的位置参数将被 set 命令所赋的值取代。

```
set PPP QQQ
```

8.2.5 变量值输出

1. echo 命令

Shell 变量可以使用 echo 命令实现标准输出，在屏幕上输出指定的字符串。例如：

```
mystr="OK!"
echo $mystr
```

除了简单的输出之外，echo 命令还可以用来实现更复杂的输出格式控制。例如，将变量混在字符串中输出：

```
echo "$mystr This is a test"
```

要让变量与其他字符连接起来，则需要使用花括号进行变量替换。执行下面的语句，显示结果为
2023-5-10：

```
mouth=5
echo "2023-${mouth}-10"
```

如果需要原样输出字符串（不进行转义），则应使用单引号。例如：

```
echo '$str\"'
```

输出内容使用双引号，将阻止 Shell 对大多数特殊字符进行解释，但符号（$）、反引号（`）和双引号（"）
仍然保持其特殊意义，如果要在双引号中的内容中显示这些符号，需要使用转义符，下面给出一个例子。

```
echo "$mystr\$"
```

2. printf 命令

printf 命令用于格式化输出，可以将其看作 echo 命令的增强版。printf 命令可以输出简单的字符串，
但不会像 echo 那样自动换行，必须显式添加换行符（\n）。例如：

```
printf 'Hello! \n'
```

printf 命令可以提供格式字符串，具体格式如下。

```
printf  格式字符串  [参数列表...]
```

参数列表给出输出的内容，参数之间使用空格分隔，不用逗号。格式字符串可以没有引号，但最好
加引号，单双引号均可。

格式字符串中每个控制符（%）对应一个参数。下例中%d 和%s 分别表示输出十进制数和字符串。

```
cxz@linuxpc1:~$ printf "%d %s\n"  100  "abc"
100 abc
```

当参数多于控制符（%）时，控制符可以重用，也可以将所有参数都转换。例如：

```
cxz@linuxpc1:~$ printf "%s\n" Hello World
Hello
World
```

如果没有相应的参数，%s 用 NULL 代替，%d 用 0 代替。

8.2.6 变量值读取

通过键盘读入变量值，是 Shell 程序设计的基本交互手段之一。使用 read 命令可以将变量的值作为
字符串从键盘读入，具体格式如下。

```
read 变量
```

在执行 read 命令时可以不指定变量，它会将接收到的数据放置在环境变量 REPLY 中。

read 命令读入的变量可以有多个，第 1 个数据给第 1 个变量，第 2 个数据给第 2 个变量，如果输
入数据个数过多，则最后所有的值都给第 1 个变量。下面的脚本示例读取两个数，并显示出来。

```
#!/bin/bash
read -p "请输入两个数字： " v1 v2
echo $v1
echo $v2
```

例中 read 命令带有选项-p，用于定义提示语句，屏幕先输出一行提示语句，还可以使用选项-n 对
输入的字符进行计数，当输入的字符数目达到预定数目时，自动退出，并将输入的数据赋值给变量。

8.2.7 变量替换

变量替换可以根据变量的状态（如是否为空、是否定义等）来改变它的值。使用花括号来标识一个
变量的开始和结束。可以使用以下几种变量替换形式。

${var}：替换为变量本来的值。

${var:-word}：如果变量 var 为空或已被删除，则返回 word，但不改变 var 的值。

${var:=word}：如果变量 var 为空或已被删除，则返回 word，并将 var 的值设置为 word。

${var:?message}：如果变量 var 为空或已被删除，则将消息 message 发送到标准错误输出，可以用来检测变量 var 是否可以被正常赋值。这种变量替换出现在 Shell 脚本中，脚本将停止运行。

${var:+word}：如果变量 var 被定义，则返回 word，但不改变 var 的值。

下面给出一个例子。

```
echo ${var:-"变量未设置"}
var=123456
echo "变量的值为：${var}"
```

执行该脚本显示以下结果：

```
变量未设置
变量的值为：123456
```

如果使用单引号来标识替换的变量，则变量替换将不起作用，变量值仍然原样输出。例如：

```
cxz@linuxpc1:~$ echo '${var:-"变量未设置"}'
${var:-"变量未设置"}
```

电子活页 8-2　Shell
的数组

Shell 还支持数组类型的变量。bash 支持一维数组，不支持多维数组。

8.3　表达式与运算符

bash 支持很多运算符，包括算术运算符、整数关系运算符、字符串运算符、文件测试运算符、布尔运算符和三目运算符等。在介绍这些运算符之前，先介绍一下表达式。

8.3.1　表达式

bash 的表达式可以分为算术表达式和逻辑表达式两种类型。

1. 算术表达式

数学运算涉及表达式求值。bash 自身并不支持简单的数学运算，但是可以通过 awk 和 expr 等命令来实现数学运算，其中 expr 较为常用，使用它能够完成表达式的求值操作。例如以下语句将两个数相加，同时将计算结果输出。

```
expr 5 + 3
```

注意，操作数（用于计算的数）与运算符之间必须有空格，否则 expr 命令会简单地将其当作字符串输出。当然，用于计算的数可以用变量表示，例如：

```
expr $n + $m
```

也可以将 expr 命令计算的值赋给变量，例如：

```
val=`expr 2 + 2`
```

注意，完整的表达式要使用符号（`）标识，这个符号是在<ESC>键下边的反单引号，其目的是实现命令替换。

更为简单的方式是使用$[ ]或$(( ))表达式进行数学运算，例如：

```
val=$[5+3]
```

$(( ))的用法与$[ ]相同，运算符与操作数之间可以有空格，也可以没有空格。

(( ))用于整数运算时，其内部使用变量时不需要加$，在(( ))前面加上$表示获取其操作结果，例如：

```
cxz@linuxpc1:~$ m=5;n=10
cxz@linuxpc1:~$ ((c=m*n))
```

```
cxz@linuxpc1:~$ echo $c
50
```

还可以使用 let 命令来计算整数表达式的值，例如：

```
let val=$n+$m
```

注意，这种形式要求运算符与操作数之间一定不能有空格。

2. 逻辑表达式

逻辑表达式主要用于条件判断，值为 true（或 0）表示结果为真；值为 false（非 0 值）表示结果为假。通常使用 test 命令来判断表达式的真假。具体格式如下。

```
test 逻辑表达式
```

例如，以下语句用于比较两个字符串是否相等。

```
test "abc"="xyz"
```

Linux 各版本都包含 test 命令，但该命令有一个更常用的别名，即左方括号（[]）。具体格式如下。

```
[ 逻辑表达式 ]
```

当使用左方括号而非 test 命令时，其后必须始终跟着一个空格、要评估的逻辑表达式、一个空格和右方括号，右方括号表示所需评估逻辑表达式的结束。逻辑表达式两边的空格是必需的，这表示要调用 test 命令，以区别于同样经常使用方括号的字符、模式匹配操作（正则表达式）等。

使用 test 命令判断逻辑表达式，然后返回 true 或 false，该命令通常和 if、while 或 until 等命令结合使用，用于条件判断，以便对程序流进行控制。

[[ ]] 是比 test 命令和 [] 更高级的一种逻辑运算符，使用时无须担心空字符串，可以直接使用逻辑运算符连接多条语句，例如 [[表达式 1 && 表达式 2]]。它还可以支持正则表达式，语法格式为 [[字符串 =~ 正则表达式]]。

逻辑表达式一般是对文本、数字或文件、目录属性的比较，可以包含变量、常量和运算符。运算符可以是字符串运算符、整数关系运算符、文件测试运算符或布尔运算符。如果要使用通用的比较运算符 <、<=、>、>=，则需要使用双圆括号，如 ((10>5))。

8.3.2　算术运算符

算术运算符用于数值计算，主要的算术运算符有 +（加法）、-（减法）、*（乘法）、/（除法）、%（取余）和 =（赋值）。下面给出一个使用算术运算符的简单例子。

```
#!/bin/bash
a=1
b=2
val=`expr $a + $b`
echo "a + b : $val"
#乘号(*)前边必须加转义符号反斜杠(\)才能实现乘法运算
val=`expr $a \* $b`
echo "a * b : $val"
```

电子活页 8-3　在 Shell 中使用 bc 进行浮点数运算

提示　　bash 仅支持整数运算，对于浮点数运算可以借助 bc 命令实现。该命令可以很方便地进行浮点运算，并进行进制转换与计算，可用的运算符包括加（+）、减（-）、乘（*）、除（/）、幂（^）、取余（%），还可以用于浮点数的大小比较。

8.3.3　整数关系运算符

Shell 支持整数比较，这需要使用整数关系运算符。整数比较仅支持数字，不支持字符串，除非字符串的值是数字。常用的整数关系运算符如表 8-3 所示（示例中假定 a、b 两个变量的值分别为 10 和 20），注意运算符与操作数之间应当加上空格。

表 8-3　常用的整数关系运算符

运算符	功能说明	示例
-eq	检测两个数是否相等，相等则返回 true	[$a -eq $b] 返回 false
-ne	检测两个数是否不相等，不相等则返回 true	[$a -ne $b] 返回 true
-gt	检测运算符左边的数是否大于右边的，如果是，则返回 true	[$a -gt $b] 返回 false
-lt	检测运算符左边的数是否小于右边的，如果是，则返回 true	[$X -lt $Y] 返回 true
-ge	检测运算符左边的数是否大于或等于右边的，如果是，则返回 true	[$X -ge $Y] 返回 false
-le	检测运算符左边的数是否小于或等于右边的，如果是，则返回 true	[$X -le $Y] 返回 true

还有两个符号用于比较数字，"=="等同于"-eq"，"!="等同于"-ne"。

8.3.4　字符串运算符

字符串运算符用于检测字符串。常用的字符串运算符如表 8-4 所示（示例中假定 a、b 两个变量的值分别为"abc"和"def"）。

表 8-4　常用的字符串运算符

运算符	功能说明	示例
=	检测两个字符串是否相等，相等则返回 true	[$a = $b] 返回 false
!=	检测两个字符串是否不相等，不相等则返回 true	[$a != $b] 返回 true
-z	检测字符串长度是否为 0，为 0 则返回 true	[-z $a] 返回 false
-n	检测字符串长度是否不为 0，不为 0 则返回 true	[-n "$b"] 返回 true
$	检测字符串是否为空，不为空则返回 true	[$a] 返回 true

8.3.5　文件测试运算符

文件测试运算符用于检测文件的各种属性，以文件名为参数。常用的文件测试运算符如表 8-5 所示。

表 8-5　常用的文件测试运算符

运算符	功能说明
-b	检测文件是否为块设备文件，如果是，则返回 true
-c	检测文件是否为字符设备文件，如果是，则返回 true
-d	检测文件是否为目录文件，如果是，则返回 true
-f	检测文件是否为普通文件（既不是目录文件，又不是设备文件），如果是，则返回 true
-g	检测文件是否设置了 SGID 位，如果是，则返回 true
-k	检测文件是否设置了 Sticky 位，如果是，则返回 true
-p	检测文件是否为具名管道，如果是，则返回 true
-u	检测文件是否设置了 SUID 位，如果是，则返回 true
-r	检测文件是否可读，如果是，则返回 true
-w	检测文件是否可写，如果是，则返回 true
-x	检测文件是否可执行，如果是，则返回 true
-s	检测文件是否为空（文件大小是否大于 0），如果不为空，则返回 true
-e	检测文件（包括目录）是否存在，如果是，则返回 true

8.3.6 布尔运算符

布尔运算符用于对一个或多个逻辑表达式执行逻辑运算，结果为 true 或 false，通常用来对多个条件进行判断。布尔运算符如表 8-6 所示（示例中假定 a、b 两个变量的值分别为 5 和 10）。

表 8-6 布尔运算符

运算符	功能说明	示例
-a	"与"运算。两个表达式都为 true 才返回 true	[$a -lt 10 -a $b -gt 15] 返回 false
-o	"或"运算。有一个表达式为 true 就返回 true	[$a -lt 10 -o $b -gt 15] 返回 true
!	"非"运算。表达式值为 true 则返回 false，否则返回 true	[! $a -lt 10] 返回 true

另外，还可以使用"&&"符号进行逻辑"与"运算，使用"||"符号进行逻辑"或"运算。这两个符号的用法与"-a"和"-o"不同，必须将整个逻辑表达式放在[[ ]]中才有效。例如：

```
[[ 表达式 1 && 表达式 2 ]]
```

"!"符号可以在[ ]、[[ ]]中使用。

8.3.7 三目运算符

前面的运算符只涉及单个操作数或两个操作数，即所谓的单目运算或二目运算。还有一种三目运算，其运算符为"?:"，具体格式如下。

```
<条件表达式> ? <值 1> : <值 2>
```

条件表达式是一个布尔表达式，当其值为 true 时返回值 1，否则返回值 2，从而实现简单的条件分支。bash 使用$(())实现三目运算。下面给出一个例子，注意返回值不支持字符串。

```
cxz@linuxpc1:~$ echo $((10>5?2:4))
2
```

8.4 流程控制语句

在默认情况下，Shell 按顺序执行每一条语句，直到脚本文件结束，也就是线性执行语句序列，这是一种最基本的顺序结构。Shell 虽然简单，也需要与用户交互，需要根据用户的选择决定执行序列，还可能需要将某段代码反复执行，这都需要流程控制。Shell 提供了基本的控制结构，如分支结构（if 语句、case 语句）和循环结构等。在介绍这两种控制结构之前，先讲解一下多条命令的组合执行。

8.4.1 多条命令的组合执行

在 Shell 语句中，可以使用符号将多条命令组合起来执行。第 1 章讲到过分号（;）和管道操作符（|），前者可以用来将多条命令依次执行，即使分号前面的命令出错也不影响后面命令的执行；后者将其前面命令的输出作为其后面命令的输入，实现管道操作。这里介绍使用逻辑"与"符号（&&）、逻辑"或"符号（||）和圆括号连接多条命令的方法。在这样的组合中，后面命令是否执行取决于前面的命令是否执行成功。命令执行是否成功是通过内部变量$?来判断的，该变量是上一个命令的退出状态，值为 0 表示命令执行成功，其他任意值都表示执行失败。

1. 使用逻辑"与"符号"&&"连接多条命令

逻辑"与"符号用法如下。

```
命令 1 && 命令 2
```

使用该符号连接的命令会按照顺序从前向后执行，但是只有该符号前面的命令执行成功后，后面的命令才能被执行。例如：

```
ls doc &>/dev/null && echo "doc exists" && rm -rf doc
```

这个命令组合用于先列出 doc 目录，执行成功后，显示该目录存在的信息，再使用 rm 命令删除它。

2. 使用逻辑"或"符号"||"连接多条命令

逻辑"或"符号用法如下。

```
命令 1 || 命令 2
```

该符号的效果与"&&"正好相反，所连接的命令会按照顺序从前向后执行，但是只有该符号前面的命令执行失败后，后面的命令才能被执行。例如：

```
ls doc &>/dev/null || echo "no doc exists"
```

这个命令组合用于先列出 doc 目录，执行失败后，再执行后面的命令显示该目录不存在的信息；如果存在该目录，则不执行后面的命令。

3. 联合使用符号"&&"和"||"

通常都会先进行逻辑"与"，再进行逻辑"或"，例如：

```
命令 1 && 命令 2 || 命令 3
```

因为命令 2 和命令 3 大多数是要执行的命令，相当于"如果……就……否则……就……"这样的逻辑组合。如果命令 1 正确执行，就接着执行命令 2，再根据命令 2 执行是否成功来决定是否执行命令 3；如果命令 1 执行错误，就不执行命令 2，但会根据当前$?变量的值（命令 1 执行后返回）决定是否执行命令 3。

符号"&&"和"||"后面的命令总是根据当前$?变量的值来决定是否执行。再来看下面的用法：

```
命令 1 || 命令 2 && 命令 3
```

如果命令 1 正确执行，就不会执行命令 2，但依然会执行命令 3；如果命令 1 执行失败，则执行命令 2，根据命令 2 的执行结果来判断是否执行命令 3。

4. 使用圆括号"()"组合多条命令

圆括号可以将多条命令作为一个整体执行，常常用来结合"&&"或"||"实现更复杂的功能。例如：

```
ls doc &>/dev/null || (id wang && cd /home/wang; echo "test!";ls -l )
```

这个命令组合用于先列出 doc 目录，如果没有该目录，则执行圆括号中的命令，先查看是否有 wang 用户，如果有，继续后面操作。

第 6 章中 Cron 配置文件中就用到了这种组合，例如：

```
test -x /usr/sbin/anacron || ( cd / && run-parts --report /etc/cron.daily )
```

在 Ubuntu 上，anacron 默认是可执行的，第 1 条命令执行后返回$?变量的值为 0，后面圆括号中的命令组合（包括两条命令）是不会执行的。如果去掉语句行中的圆括号，则执行结果就不同了，第 2 条命令 cd /不会执行，而此时$?变量的值仍然是 0，第 3 条命令 run-parts 仍然会执行。

8.4.2　分支结构

对于先做判断再选择执行路径的情况，使用分支结构，这需要用到条件语句。条件语句用于根据指定的条件来选择执行程序，实现程序的分支结构。Shell 提供了两个条件语句：if 语句和 case 语句。

1. if 语句

if 语句通过判定条件表达式做出选择。大多数情况下，可以使用 test 命令来对条件进行测试，如可以比较字符串、判断文件是否存在等。例如：

```
if test $[变量1] -eq $[变量2]
```

实际应用中，通常用方括号来代替 test 命令，注意两者格式的差别。根据语法格式，if 语句可分为 3 种类型，具体的语法格式和示例如表 8-7 所示。

表 8-7　if 语句的语法格式和示例

语句类型	语法格式	示例
if ... else	if [条件表达式] then 　语句序列 fi	a=1; b=2 if [$a -lt $b] then 　echo "a 小于 b" fi
if ... else ... fi	if [条件表达式] then 　语句序列 1 else 　语句序列 2 fi	a=1; b=2 if [$a -lt $b] then 　echo "a 小于 b" else 　echo "a 不小于 b" fi
if ... elif ... fi	if [条件表达式 1] then 　语句序列 1 elif [条件表达式 2] then 　语句序列 2 elif [条件表达式 3] then 　语句序列 3 …… else 　语句序列 n fi	a=1; b=2 if [$a == $b] then 　echo "a 等于 b" elif [$a -gt $b] then 　echo "a 大于 b" elif [$a -lt $b] then 　echo "a 小于 b" else 　echo "所有条件都不满足" fi

其中，if ... else 语句是最简单的 if 语句。如果条件表达式结果返回 true，"then"后边的语句将会被执行，否则不会执行任何语句。最后必须以"fi"（将"if"反过来写）语句结尾来闭合"if"语句。注意，条件表达式和方括号[ ]之间必须有空格，否则会出现语法错误。

if ... else ... fi 语句是较常用的 if 语句。如果表达式结果返回 true，那么"then"后边的语句将会被执行；否则执行"else"后边的语句。

if ... elif ... fi 语句可以对多个条件表达式进行判断，哪一个条件表达式的值为 true，就执行哪个条件表达式后面的语句；如果都为 false，那么执行"else"后面的语句。"elif"其实是"else if"的缩写。"elif"理论上可以有无限多个，足以处理任何复杂的条件分支。

If 语句可以嵌套，一个 if 语句内可以包含另一个 if 语句。if 语句中的 elif 或 else 都是可选的。

2. case 语句

case 语句是一种多选择结构，与其他语言中的"switch ... case"语句类似。case 语句匹配一个值或一个模式，如果匹配成功，执行相匹配的命令。如果存在很多条件，那么可以使用 case 语句来代替 if 语句。case 语句的语法格式和示例如表 8-8 所示。示例显示当前登录 Linux 的用户（不同用户给出不同的反馈结果）。

表8-8　case 语句的语法格式和示例

语法格式	示例
case 值 in 模式 1) 　　语句序列 1 　　;; 模式 1) 　　语句序列 2 　　;; …… 模式 n) 　　语句序列 n 　　;; *) 　　其他语句序列 esac	case $USER in zhong) 　echo "欢迎老师登录！" 　　;; wang|zhang) 　　echo "欢迎同学测试！" ;; root) 　　echo "超级管理员！" 　　echo "热烈欢迎！" ;; *) 　echo "欢迎 $USER ！";; esac

在 case 语句中，值可以是变量或常数。模式可以包含多个值，使用"|"将各个值分开，只要值匹配模式中一个值即可视为匹配。例如"3|5"表示匹配 3 或 5 均可。

Shell 将值逐一同各个模式进行比较，当发现匹配某一模式后，就执行该模式后面的语句序列，直至遇到两个分号";;"为止。";;"与其他语言中的 break 类似，用于终止语句执行，跳到整个 case 语句的最后。注意，不能省略该符号，否则继续执行下一模式之下的语句序列。一旦模式匹配，则执行完匹配模式相应命令后就不再继续尝试匹配其他模式。

"*"表示任意模式，如果不能匹配任何模式，则执行"*"后面的语句序列。由于 case 语句依次检查匹配模式，"*)"的位置很重要，应当放在最后。

8.4.3　循环结构

循环结构用于反复执行一段代码。Shell 提供的循环结构有 3 种，分别是 while、until 和 for，具体的语法格式和示例如表 8-9 所示，其中 3 个示例的用途都是求 1~100 的总和。

表8-9　循环结构的语法格式和示例

循环结构	语法格式	示例
while	while 测试条件 do 　　语句序列 done	total=0; num=0 while [$num –le 100] do 　　total=`expr $total + $num` 　　num=`expr $num + 1` done echo "结果等于：$total"
until	until 测试条件 do 　　语句序列 done	total=0; num=0 until [$num –gt 100] do 　　total=`expr $total + $num` 　　num=`expr $num + 1` done echo "结果等于：$total"

续表

循环结构	语法格式	示例

for	for 变量 [in 列表]
	do
	    语句序列
	done
		total=0
		for $num in {1..100}
		do
		    total=`expr $total + $num`
		done
		echo "结果等于：$total"

    while 循环用于不断执行一系列语句，直到测试条件为 false。先进行条件测试，如果结果为 true，则进入循环体（do 和 done 之间的部分）执行其中的语句序列；语句序列执行完毕，控制返回循环顶部，然后做条件测试，直至测试条件为 false 时才终止 while 语句的执行。只要测试条件为 true，do 和 done 之间的语句序列就一直会执行。

    until 循环用来执行一系列语句，直到所指定的测试条件为 true 时才终止循环。先进行条件测试，如果返回值为 false，则继续执行循环体内的语句，否则跳出循环。until 循环与 while 循环在处理方式上刚好相反，一般 while 循环优于 until 循环，但在某些时候，也只是极少数情况下，until 循环更加有用。

    与其他编程语言类似，Shell 支持 for 循环。until 循环与 while 循环通常用于条件性循环，遇到特定的条件才会终止循环。而 for 循环适用于明确知道重复执行次数的情况，它将循环次数通过变量预先定义好，使用计数方式控制循环。for 循环中的变量是指在循环内部用来匹配列表当中的对象。列表是在 for 循环的内部要操作的对象，可以是一组值（如数字、字符串等）组成的序列，每个值通过空格分隔，每循环一次，就将列表中的下一个值赋给变量。"in 列表"部分是可选的，如果不用它，for 循环将自动使用命令行的位置参数。下面的脚本用于显示主目录下的文件。

```
#!/bin/bash
for FILE in $HOME/*.*
do
   echo $FILE
done
```

    在循环过程中，有时候需要在未达到循环结束条件时强制跳出循环，像大多数编程语言一样，Shell 也使用 break 和 continue 来跳出循环。

    break 语句用来终止一个重复执行的循环。这个循环可以是 for、until 或者 while 语句构成的循环。具体格式如下。

```
break [n]
```

    其中，n 表示要跳出几层循环。默认值是 1，表示只跳出一层循环。

    下面是一个嵌套循环的例子，如果 var1 等于 4，并且 var2 等于 2，就跳出循环。

```
#!/bin/bash
for var1 in 1 4 7
do
   for var2 in 2 5 8
   do
     if [ $var1 == 4 -a $var2 == 2 ]
     then
       break 2
     else
       echo "第 1 层: $var1"
       echo "第 2 层: $var2"
    fi
   done
done
```

    continue 语句用于跳过循环体中位于它后面的语句，回到本层循环的开头，进行下一次循环。其语法格式如下：

```
continue [n]
```

其中，n表示从包含 continue 语句的最内层循环体向外跳到第 n 层循环。默认值为 1。

exit 语句用来退出一个 Shell 程序，并设置退出值。其语法格式如下：

```
exit [n]
```

其中，n 是设定的退出值。如果未给出 n 值，则退出值为最后一个命令的执行状态。

8.5　函数

函数可以将一个复杂功能划分成若干模块，让程序结构更加清晰，代码重复利用率更高。与其他编程语言一样，Shell 程序也支持函数。函数是 Shell 程序中执行特殊过程的部件，并且在 Shell 程序中可以被重复调用。在比较复杂的脚本中，如果使用函数则会方便很多，可以避免使用重复代码的 Shell 程序。

8.5.1　函数的定义和调用

Shell 函数必须先定义后使用。函数定义的格式如下：

```
[function] 函数名()
{
    命令序列
    [return 返回值]
}
```

其中，关键字 function 可以缺省。函数返回值可以显式增加 return 语句；如果不加该语句，则会将最后一条命令运行结果作为返回值。

调用函数只需要给出函数名，不需要加圆括号，就像一般命令那样使用。函数的调用形式如下。

```
函数名 参数1 参数2 …… 参数n
```

参数是可选的。关于函数参数后面专门介绍，先看不带参数的函数。下面看一个简单的例子，先定义函数，再进行调用。

```
#!/bin/bash
# 定义函数
Hello () {
    echo "Hello World! "
}
# 调用函数
Hello
```

8.5.2　函数的返回值

Shell 函数返回值只能是整数，一般用来表示函数执行成功与否，0 表示成功，其他值表示失败。如果要返回其他数据，例如一个字符串，往往会得到错误提示"numeric argument required"（需要数值参数）。如果要让函数返回任意值，如字符串，可以采用以下几种方法。

1. 使用全局变量

Shell 函数没有提供局部变量，所有的函数都与其所在的父脚本共享变量。这样就可以先定义一个变量，用来接收函数的计算结果，脚本在需要的时候访问这个变量来获得函数的返回值。使用变量时要注意，不要修改父脚本里不期望被修改的内容。这里给出一个简单的函数返回值示例。

```
#!/bin/bash
# 定义函数
```

```
Hello () {
    mystr='Hello World!'      //将字符串赋给一个变量作为函数返回值
}
# 调用函数
Hello
# 显示函数中赋值的变量
echo $mystr
```

这种方法可以让函数返回多个值，只需使用多个全局变量。

2. 在函数中使用标准输出

将一个 Shell 函数作为一个子程序调用（命令替换），将返回值写到子程序的标准输出，可以达到返回任意值的目的。请看下面的示例。

```
#!/bin/bash
# 定义函数
Hello () {
    #将字符串赋给一个变量作为函数返回值
    mystr='Hello World!'
    #显示字符串（标准输出）
    echo $mystr
}
# 使用命令替换将函数的输出值赋给变量
result=$(Hello)
# 显示变量
echo $result
```

其中，命令替换也可使用反引号的形式，如 result=`Hello`。

3. 在函数中使用 return 返回整数值

前面提到$?是一个特殊的内部变量，可用于获取上一个命令执行后的返回结果，可以直接通过在函数中使用 return 语句来返回值。下面给出示例。

```
#!/bin/bash
addNum (){
    #将两个参数值的和赋给变量
    val=`expr $1 + $2`
    #使用 return 将变量值返回
    return $val
}
#调用函数（带参数）
addNum 4 5
#获取函数返回值
ret=$?
echo "两个数的和是: $ret !"
```

8.5.3 函数参数

在 Shell 中调用函数时可以向其传递参数。与脚本一样，在函数体内部也是通过$n的形式来获取参数的值。例如，$1 表示第 1 个参数，$2 表示第 2 个参数。上例已经示范了函数参数的使用。

8.6 Shell 正则表达式与文本处理命令

Linux 包括大量的文本内容或文本文件，如源代码文件、标准输入输出（相当于特殊的文本文件）、普通文本文件、各种配置文件、日志文件等。管理员使用 Shell 运维时应掌握对文本内容的高效处理。正则表达式是一种用来描述某些字符串匹配规则的工具。由于正则表达式语法简练、功能强大，得到了包括 Shell 在内的许多程序语言的支持。Linux 提供了功能强大的文本处理工具，如 grep、sed、awk、vi 等，这些工具都支持正则表达式，我们在 Shell 脚本中将这些命令和正则表达式结合起来使用，可以实现非常强大的自动化处理功能，轻松实现系统运维自动化。grep、sed 和 awk 等文本内容过滤和处理命令可以直接在 Shell 脚本中使用。

8.6.1　Shell 正则表达式

正则表达式主要用于检查一个字符串是否符合指定的规则，或者将字符串中符合规则的内容提取出来。Shell 脚本往往要处理某些文本内容，例如从配置文件、命令输出、日志文件中过滤和提取符合要求的特定字符串，或者替换、删除特定的字符串。这种任务如果单纯依靠 Shell 语言本身，往往要编写复杂的代码来实现。但是，如果改用正则表达式，则会以非常简短的代码来完成。

1. 正则表达式的构成

正则表达式所定义的规则称作模式（Pattern），可以用于从文本中查找到符合指定模式的文本。通常，语法中的正则表达式所指的就是模式。它与通配符有着本质的区别。通配符是由 Shell 解释器本身处理的，主要用在文件名参数中。正则表达式是由特定的命令行工具处理的，例如 grep、sed、awk、vi 等，都可使用正则表达式过滤、替换或者输出需要的字符串。正则表达式一般是以行为单位进行处理的。

正则表达式是由一系列字符组成的字符串，由普通字符和元字符组成。普通字符只表示它们的字面含义，不会对其他字符产生影响。元字符是正则表达式中具有特殊意义的字符，其作用是使正则表达式具有处理能力。一个正则表达式可能包括多个普通字符或元字符，从而形成普通字符集和元字符集。最简单的正则表达式甚至不包含任何元字符。

2. 正则表达式的类型

正则表达式主要分为以下 3 种类型。

（1）基本正则表达式。

常用的基本正则表达式（Basic Regular Expression，BRE）元字符如表 8-10 所示。

表 8-10　常用的 BRE 元字符

元字符	说明
^	匹配行首，例如^linux 匹配以 linux 字符串开头的行
$	匹配行尾，例如 linux$匹配以 linux 字符串结尾的行
^$	匹配空行
*	匹配前面的字符 0 次或多次，例如 1133*匹配 113、1133、11131456 等
.	匹配除换行符（\n）之外的任意单个字符（包括空格），例如 13.匹配 1133、11333 等，但不匹配 13
[0-9]	匹配 0~9 中的任意一个数字字符（要写成递增）
[A-Za-z]	匹配大写字母或者小写字母中的任意一个字符（要写成递增）
[^A-Za-z]	匹配除了大写与小写字母之外的任意一个字符（写成递增）
[abc]	匹配方括号中的任意一个字符
[^abc]	不匹配 abc 中的任何一个字符
\	匹配转义后的字符，用于指定{、}、[、]、/、\、+、*、.、$、^、|、?等特殊字符
\<	匹配单词词首，例如\<test 匹配以 test 开头的单词
\>	匹配单词词尾

续表

元字符	说明
\?	匹配前面的字符 0 次或 1 次
\{n,m\}	匹配前一个字符出现 $n \sim m$ 次
\{n,\}	至少重复 n 次
\{n\}	重复 n 次

（2）扩展正则表达式。

扩展正则表达式（Extended Regular Expression，ERE）支持比 BRE 更多的元字符。新增的常用 ERE 元字符如表 8-11 所示。

表 8-11　新增的常用 ERE 元字符

元字符	说明
+	匹配前面的字符 1 次或多次，作用和"*"很相似，但它不匹配 0 个字符的情况
?	限定前面的字符最多只出现 1 次，即前面的字符可以重复 0 次或者 1 次
|	表示多个正则表达式之间"或"的关系
()	表示一组可选值的集合。"|"和"()"经常在一起使用，表示一组可选值
\{ \}	指示前面正则表达式匹配的次数。例如"[0-9]\{3\}"精确匹配 3 个 0~9 的数字

（3）Perl 正则表达式。

Perl 正则表达式（Perl Regular Expression，PRE）的元字符与 ERE 的元字符大致相同。另外，PRE 还增加了一些元字符，如表 8-12 所示。

表 8-12　新增的 PRE 元字符

元字符	说明
\d	匹配 0~9 中的任意一个数字字符，等价于表达式[0-9]
\D	匹配一个非数字字符。\D 等价于表达式[^0-9]
\s	匹配任何空白字符，包括空格、制表符以及换页符等，等价于表达式[\f\n\r\t\v]
\S	匹配任何非空白字符，等价于表达式[^\f\n\r\t\v]

8.6.2　使用 grep 命令查找文本文件内容

第 3 章已经介绍过 grep 命令的基本用法，这里再补充一下有关匹配模式的用法。

grep 命令支持 3 种类型的正则表达式，默认使用的是 BRE（选项-G），选项-E 表示使用 ERE，选项-P 则表示使用 PRE。这里给出一个使用 BRE 正则表达式的简单例子。

```
cxz@linuxpc1:~$ grep -G "^cxz" /etc/passwd
cxz:x:1000:1000:cxz,,,:/home/cxz:/bin/bash
```

搜索的结果中关键词"cxz"会被标红显示。

还有一个选项-F 表示匹配的是普通字符串，模式中的字符表示其自身的字面意义。

选项-e 用于显式指定匹配的模式。如果该选项被多次使用或与选项-f 组合使用，则会搜索与所有指定模式匹配的内容。例如：

```
cxz@linuxpc1:~$ grep -e "^cxz" -e "sync$" /etc/passwd
sync:x:4:65534:sync:/bin:/bin/sync
cxz:x:1000:1000:cxz,,,:/home/cxz:/bin/bash
```

该选项通常用于防止以"-"开头的模式被解释为命令选项。

还可以使用选项对查找结果的输出进行控制。如-m 用于定义多少次匹配后停止搜索，-n 用于指定输出的同时输出行号，-H 用于为每一匹配项输出文件名，-r 用于在指定目录中递归查询其中

167

的所有文件。

还有一个命令 egrep 是 grep 命令的扩展，它支持更多的正则表达式元字符。

8.6.3 使用 sed 命令处理文本文件内容

可以使用 sed 命令通过脚本编排的指令来筛选和转换文本文件内容，如分析统计关键字的使用，对内容进行增删、替换等。无须使用文本编辑器，用户只需一条 sed 命令就可以完成文本文件的内容修改。sed 命令主要用来自动修改一个或多个文本文件，例如以非交互方式对配置文件进行更改。

微课8-1 使用sed
命令处理文本文件内容

1. sed 命令的基本用法

sed 命令主要以行为单位处理文本文件，可以对文本文件中的行进行替换、删除、添加或选定。语法格式如下。

```
sed [选项]... {脚本(如果没有其他脚本)} [输入文件]...
```

该命令利用脚本来处理文本文件。可以使用选项-e（--expression）来指定脚本内容，也可以使用选项-f（--file）来指定脚本文件，以便从该文件中读取脚本，如果未使用其中任何一个选项指定脚本，则第一个非选项参数将被视为脚本。其他非选项参数被视为输入文件，如果不提供输入文件，则程序将从标准输入中读取数据。默认情况下，所有来自文件中的数据都会显示出来，加上选项-n，则只有经过 sed 命令特殊处理的行（或操作）才会输出到屏幕上。

使用 sed 命令的关键是编写用于处理文本文件的脚本。它主要以行为单位处理文本文件。脚本中使用命令处理行，大多数命令都可以由一个地址或一个地址范围作为前导来限制它们的作用范围。脚本通常用引号标识。

2. sed 命令的子命令

sed 命令处理由地址指定的各输入行，如果没有指定地址则处理所有的输入行。sed 的子命令以单字母为主，例如 a 子命令用于在目标行的下面新增一行或多行；c 子命令用于替换指定行；d 子命令用于删除指定行；i 子命令用于在目标行的上面插入一行或多行；p 子命令用于显示指定行，通常与选项-n 一起使用；s 子命令用于替换内容，通常与正则表达式配合使用。!表示后面的命令对所有未被选定的行起作用；#用于添加注释。操作多行时，除最后一行外，每行末尾需用"\"符号续行。

3. sed 命令的地址

sed 的地址既可以是一个行号（"$"表示最后一行），也可以是一个正则表达式。在使用行号时，注意 sed 的行数从 1 开始。使用地址范围时，起止行号之间用","分隔，也可以用"起始行号,+N"的格式表示从指定行开始的 N 行。下面的例子用于显示/etc/passwd 文件中第 3 行~第 5 行的内容。

```
cxz@linuxpc1:~$ sed -n '3,5p' /var/log/syslog
Mar 23 14:44:51 linuxpc1 snapd[961]: overlord.go:268: Acquiring state lock file
Mar 23 14:44:51 linuxpc1 snapd[961]: overlord.go:273: Acquired state lock file
Mar 23 14:44:51 linuxpc1 snapd[961]: daemon.go:247: started snapd/2.58.2
```

其中，'3,5p'就是脚本内容。可以一次执行多条子命令，使用";"分隔多条子命令。例如脚本'3p;5p;9p'用于显示第 3 行、第 5 行和第 9 行的内容。

4. 使用 sed 命令修改文本文件

默认情况下，sed 命令不会改变文本文件本身，只有使用选项-i 才可以改变文本文件内容。下面的例子在/etc/hosts 文件末尾添加注释。

```
cxz@linuxpc1:~$ sudo sed -i '$a # This is my hosts file' /etc/hosts
```

通常，在 Shell 脚本中使用 sed 命令的选项-i 来修改配置文件，以完成自动化配置。

5. 使用 sed 命令替换文件内容

sed 替换命令 s 适合替换文本内容，基本用法如下。

```
sed [选项]... 's/原字符串/新字符串/' 文件
sed [选项]... 's/原字符串/新字符串/g' 文件
```

这两种格式的区别在"g"标记。没有"g"标记表示只替换第一个匹配到的字符串，有"g"标记表示替换所有能匹配到的字符串。

6. 在 sed 命令中使用正则表达式

sed 命令可以使用正则表达式高效实现复杂的查找和替换功能。它的正则表达式使用两个正斜杠标识。sed 命令默认使用 BRE，使用选项-r 则可以使用 ERE。下面的例子使用正则表达式去除 SSH 配置文件中的注释行（以"#"开头）和空行。

```
cxz@linuxpc1:~$ sed 's/#.*//g' /etc/ssh/ssh_config | sed /^$/d
Include /etc/ssh/ssh_config.d/*.conf
Host *
    SendEnv LANG LC_*
    HashKnownHosts yes
    GSSAPIAuthentication yes
```

sed 命令本身是一个管道命令，本例中管道符号前的 sed 命令用于去除注释行，然后将其结果提交给管道符号后的 sed 命令进一步去除空行。

值得一提的是，在 sed 命令中，"&"元字符比较特别，它用于保存查找串以便在替换串中引用，如 's/abc/&123/' 表示 abc 将被替换为 abc123。

提 示　　sed 命令是基于行来处理的文件流编辑器，无法操作空文件。可以考虑使用 echo 命令向空文件中添加内容。例如，echo "Please test!" >> file.txt 会将内容添加到目标文件末尾。

8.6.4　使用 awk 命令处理文本文件内容

与 sed 命令相比，awk 命令具有更强的文本分析、处理能力，它不仅能够对行进行操作，而且能够对列进行操作。它在数据文件操作、文本搜索和处理等方面都有应用，可以用来进行更复杂的文本处理和报表生成。awk 命令还有自己的样式扫描和文本处理语言，可以通过脚本实现非常复杂的功能。Ubuntu 中该工具名为 mawk，mawk 等同于 Linux 通用的 awk 命令，本书中仅介绍 awk 命令的基本使用。

微课 8-2　使用 awk 命令分析处理文本文件内容

1. awk 命令的基本用法

awk 常用的功能是从文本中基于指定规则提取内容，然后针对提取的内容进行处理。基本用法如下。

```
awk [选项]... 脚本 [输入文件]...
```

除了通过参数提供要处理的文本文件外，还可以通过管道操作提供要处理的文本文件。

与 sed 命令一样，该命令的关键是提供用于处理文本文件的脚本。复杂的 awk 脚本可以保存到脚本文件中，通过选项-f 指定脚本文件供 awk 命令读取。大多数情况下，直接在命令行中以参数形式提供 awk 脚本。awk 脚本由一系列模式操作对和函数定义组成。脚本通常使用单引号或双引号标识，格式如下。

```
'{[模式] 操作}'
```

其中，模式用于指定 awk 命令要查找的内容，以提取符合条件的信息；而操作（Action）是对符合条件的内容所执行的一系列命令。操作由一个或多个命令、函数、表达式组成，它们之间由换行符或分号隔开，并置于"{}"符号内。"{}"符号用于对一系列命令进行分组，相当于代码块。

下面的例子从/etc/passwd 文件中获取所有的用户账户数据。

```
cxz@linuxpc1:~$ awk '{print $0}' /etc/passwd
root:x:0:0:root:/root:/bin/bash
daemon:x:1:1:daemon:/usr/sbin:/usr/sbin/nologin
......
```

awk 命令通常以文件的行作为处理单位。awk 命令每接收文件的一行，就执行相应的命令来处理文本。处理完输入文件的最后一行后，awk 命令便结束运行。

每行数据相当于一条记录，可以指定符号将其分隔为多个字段（列），使用选项-F 明确指定分隔符，以便区分字段。例如，下面的例子将/etc/passwd 文件中的第 1 行中的第 1 个字段（账户名）和第 6 个字段（用户主目录）通过 print 命令进行字符串拼接后，再显示出来。

```
cxz@linuxpc1:~$ awk -F":" 'NR==1 { print $1 " " $6 }' /etc/passwd
root /root
```

2. awk 命令的变量、运算符、操作命令、函数和控制语句

使用 awk 命令一般会用到内置变量，例如$n 表示当前记录的第 n 个字段；$0 表示整行记录；NR 表示已经读出的行数（从 1 开始）；FS 用于指定字段分隔符（默认为空格和制表符）；RS 用于指定行分隔符（默认为换行符）；ORS 用于指定输出记录的分隔符（默认为换行符）；OFMT 用于定义数字输出的格式（默认为%.6g）。

用户也可以使用选项-v 来设置自定义变量，将外部变量传递给 awk 命令。具体格式为"-v 变量名=变量值"，每定义一个变量需要使用一个选项-v。

awk 命令提供算术运算符、赋值运算符、关系运算符、逻辑运算符和正则运算符等。例如，逻辑运算符可以指定多个条件，逻辑或运算符为||，逻辑与运算符为&&。

awk 命令中同时提供 print 和 printf 两种输出操作命令。其中，print 命令的参数可以是变量、数值或者字符串，字符串必须用双引号标识，参数用逗号分隔。printf 命令的用法和 C 语言中的 printf 基本相似，可以格式化字符串，适合输出复杂的文本格式。printf 需要指定格式，后面的字符串定义内容需要使用双引号标识。下面给出一个例子，结合 free 命令提取当前主机上的总内存和已用内存（单位改为 MB）。

```
cxz@linuxpc1:~$ free -m | awk 'NR==2 {printf "总内存: %d 已用内存: %d\n",$2,$3}'
总内存: 7914 已用内存: 2236
```

awk 命令本身不提供修改文件的选项，但是通过输出命令的重定向可以间接实现文件内容的修改，基本用法如下。

```
awk '{print > "输入文件"}' 输入文件
```

注意，重定向符号后面的文件名需要加引号。

awk 命令提供一些内置函数，如 split()用于将字符串分隔后保存至数组中，tolower()用于将所有字母转为小写字母，toupper()用于将所有字母转为大写字母。

awk 命令提供多种流程控制语句来实现复杂的编程,如条件语句 if-else、循环语句 while、do-while、for，条件分支语句 case。例如，以下条件表达式表示匹配第 3～10 行的记录:

```
if(NR>=3 && NR<=10)
```

3. 使用模式指定匹配条件

awk 命令支持多种模式定义。默认情况下，awk 命令使用空模式，可以匹配任意输入行。与 sed 命令一样，其模式用两个正斜杠标识，也可以使用正则表达式，awk 命令支持 ERE。指定模式之后，awk 命令就只处理能够匹配模式的行。

最简单的是字符串匹配，也可以使用元字符。例如，以下例子用于查找/etc/fstab 文件中以 "UUID"开头的行。

```
cxz@linuxpc1:~$ awk '/^UUID/{print $0}' /etc/fstab
UUID=25b056c6-923b-47ee-90c6-441ecc7909be /           ext4    errors=remount-ro
0        1
UUID=8AE8-6D35 /boot/efi     vfat    umask=0077      0        1
```

模式也可以使用匹配表达式，"~" 运算符表示匹配，"~!"表示（不匹配）。下面的例子从 etc/passwd 文件中找出第 5 个字段中包含 "ssh"的行。

```
cxz@linuxpc1:~$ awk '$5~/ssh/{print $0}' /var/log/syslog
  Mar  23 15:09:23 linuxpc1 gnome-keyring-ssh.desktop[2319]:
SSH_AUTH_SOCK=/run/user/1000/keyring/ssh
```

模式还可以使用关系（布尔）表达式，如对字符串或数字进行比较，结果为 true 才执行操作代码。

在 awk 命令中还可以使用 BEGIN 和 END 模块来实现更复杂的应用。

电子活页 8-4　在 awk 命令中使用 BEGIN 和 END 模块

8.6.5　Shell 系统运维脚本实例

掌握了以上 Shell 编程知识，就能够编写简单的 Shell 脚本来完成系统运维任务。下面示范编写一个实时检测当前主机可用内存的 Shell 脚本。

```
#!/bin/bash
#获取本服务器的 IP 地址
myIP=$(ip a | grep -wE '[0-9]{1,3}\.[0-9]{1,3}\.[0-9]{1,3}\.[0-9]{1,3}' | grep -v
127.0.0.1 | sed -n '1p' | awk '{print $2}' | cut -d '/' -f 1)
# 定义获取内存使用率的函数
function getMemUsage {
  mem_total=$( free | awk ' NR==2 {print $2}' )
  mem_used=$( free | awk ' NR==2 {print $3}' )
  mem_usage=$( echo "scale=4;$mem_used/$mem_total*100" | bc | awk '{printf
"%.2f",$1}' )
  }
# 参考 C 语言程序定义一个主入口函数
main(){
    #脚本持续运行，每 10 分钟（600 秒）执行一次，直至用户强制中断
    while true
    do
        getMemUsage
        # 获取当前时间并采用特定格式
        cur_time=$(date "+%Y-%m-%d %H:%M:%S")
        cur_dir=$(cd $(dirname $0); pwd)
        echo "主机 IP: $myIP    时间: $cur_time    内存使用率: $mem_usage%" >>
$cur_dir/memlog.txt
        sleep 600
    done
}
# 执行程序主入口函数
main
```

执行该脚本，每 10 分钟往当前目录下 memlog.txt 文件中记录一次内存使用率数据。注意，其中计

算内存使用率用到 bc 命令，不要将重定向到 bc 命令之前的语句双引号换成单引号，因为单引号中使用
"$"引用的变量无法被解析，而是作为字符串输入了 bc 命令，这会导致出现"illegal character"错误。

8.7 习题

1. Shell 编程如何包含外部脚本？
2. 执行 Shell 脚本有哪几种方式？
3. Shell 编程支持哪几种变量类型？
4. 简述 Shell 位置参数。
5. Shell 编程如何实现数学运算？
6. 逻辑表达式使用 test 命令和它的别名"["有何不同？
7. 解释"命令 1 && 命令 2 || 命令 3"和"命令 1 || 命令 2 && 命令 3"两种组合的含义。
8. 简述条件语句 if 和 case 的区别。
9. Shell 循环结构有哪几种实现方式？
10. 为什么要掌握 Linux 操作系统的文本内容处理？
11. 正则表达式分为哪几种类型？
12. 编写 Shell 程序，显示当前日期时间、执行路径、用户账户及其所在的目录位置。
13. 编写 Shell 程序，判断一个文件是不是字符设备文件，并给出相应的提示信息。
14. 编写 Shell 程序，从键盘输入两个字符串，比较两个字符串是否相等。
15. 编写 Shell 程序，分别用 for、while 和 until 语句按顺序输出数字 1~20。
16. 编写批量创建 Linux 用户的 Shell 程序。
17. 编写实时检测当前可用磁盘空间的 Shell 程序（要求使用 Shell 函数）。
18. 使用 sed 命令修改/etc/profile 配置文件来定义环境变量。
19. 使用 awk 命令操作/etc/passwd 文件，统计当前的用户账户数。

第9章
C/C++编程

随着越来越多的程序员选择 Linux 平台来编写程序，Ubuntu 桌面版已经成为重要的软件开发平台。C 和 C++是两种经典的编程语言，目前在业界依然具有举足轻重的地位。Linux 本身就是用 C 语言编写的。本章的重点不是介绍如何编写 C 和 C++程序，而是以 C/C++程序开发为例讲解在 Ubuntu 中如何建立和使用程序编译和开发环境，如 GCC 编译器和 make 工具。考虑到图形用户界面编程的重要性，本章还介绍图形用户界面开发框架 GTK+，并讲解相应的 C/C++集成开发环境（Integrated Development Environment，IDE）的部署和使用。在 Linux 上开发 C/C++程序，尤其是图形用户界面程序，是替代 Wintel 体系，为国产操作系统提供自己的应用软件，打造国产软件生态环境的重要途径。

学习目标

① 了解 Linux 平台上 C/C++程序的编辑器、编译器和调试器。

② 理解 make 和 Makefile 的编译机制，能够使用 Autotools 产生 Makefile。

③ 了解 GTK+图形用户界面工具包，能够搭建 GTK 编程环境。

9.1 Linux 编程基础

C 或 C++是 Linux 最基本的编程语言，Linux 提供了相应的编程工具，包括编辑器、编译器和调试器，便于程序员使用。

9.1.1 源程序编辑器

源程序就是源代码，其本身是文本形式，可以使用任何文本编辑器编写。传统的 Linux 程序员往往首选经典的编辑器 Vi（Vim）或 Emacs。Emacs 不仅是功能强大的文本编辑器，而且是一个功能全面的 IDE，为很多种程序设计语言准备有相应的编辑模式，对 C、C++、Java、Perl、SQL 和 Lisp 编程提供支持。程序员可以使用 Emacs 编写代码、编译程序、收发电子邮件等。

在 Ubuntu 桌面环境中，简单的源程序编写也可以直接使用图形用户界面编辑器 gedit 或文本终端程序 nano。Linux 程序员现在也可选择与 Windows 平台上 Notepad++编辑器相当的 Notepadqq 编辑器，执行 sudo apt install notepadqq 命令即可安装该程序。跨平台的 Visual Studio Code 也适合编写源程序，若用来编写和调试 C/C++程序，需要安装 C/C++插件。

考虑到开发效率和便捷性，建议初学者在掌握基本的程序编译知识之后，选用 IDE，如 Anjuta、Qt Creator 等，来开发 C 或 C++程序。

9.1.2 GCC 编译器

在 Linux 平台上使用 C 或 C++语言编程，需要了解相应的编译工具 GCC。GCC 是由 GNU 开发的编译器，可以在多种软硬件平台上编译可执行程序，其执行效率比其他编译器高。它原本只能处理 C 语言（称为 GNU C Compiler），后来支持 C++，再后来又能支持 Fortran、Pascal、Objective-C、Java、Ada 等编程语言，以及各类处理器架构上的汇编语言，所以改称 GNU Compiler Collection（GCC）。作为自由软件，GCC 现已被大多数类 UNIX 操作系统（如 Linux、BSD、Mac OS X 等）采纳为标准的编译器，也适用于 Windows 操作系统。

1. GCC 编译的 4 个阶段

使用 GCC 编译并生成可执行文件需要经历 4 个阶段，如图 9-1 所示。

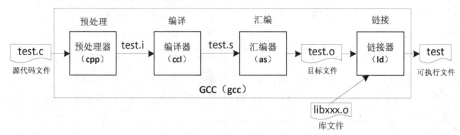

图 9-1　GCC 编译过程

（1）预处理。

GCC 首先调用 cpp（预处理器）命令对源代码文件进行预处理（Preprocessing）。在此阶段，将对源代码文件中的包文件和宏定义进行展开和分析，获得预处理过的源代码。

此阶段一般无须产生结果文件（.i），如果需要结果文件来分析预编译语句，可以执行 cpp 命令，或者执行 gcc 命令时加上选项-E。

（2）编译。

编译（Compilation）阶段调用 cll（编译器）命令将每个文件编译成汇编代码。编译器的选择取决于源代码的编程语言。编译器是一个复杂的程序，可以将一种语言翻译成另一种语言。例如，C 语言的编译过程是将 C 语言要翻译为汇编语言。编译过程可以根据编译器的实现方式和目标语言的特性而有所不同。例如，要求程序执行最快或者程序文件最小将会产生不同的汇编语言指令序列。

与预处理一样，此阶段通常无须产生结果文件（.s），如果需要结果文件，执行 cll 命令，或者执行 gcc 命令加上选项-S 即可。所生成的.s 文件是汇编源代码文件，具有可读性。

（3）汇编。

汇编（Assembly）过程是针对汇编语言的步骤，调用 as（汇编器）命令进行工作。一般情况下，扩展名为.s 的汇编语言文件，经过预编译和汇编之后都生成以.o 为扩展名的目标文件。

此阶段将每个文件转换成目标代码。由于每条汇编指令对应唯一的代码，汇编比编译更容易。目标文件包含用于程序调试或链接的额外信息。这是一种二进制格式（在 Linux 机器上称为 ELF 格式），需要使用像 objdump 这样的专门程序来查看。

此阶段通常要产生目标文件，因为它只取决于对应的 C 源代码文件（包括包含文件）。如果仅仅修改一个源文件，只需产生相应的目标文件。可以执行 gcc 命令加上选项-c，只生成目标文件，而不进行链接。一般来说，每个源文件都应该生成一个对应的中间目标文件（在 UNIX/Linux 下是.o 文件，在 Windows

下是.obj 文件）。

（4）链接。

当所有的目标文件都生成之后，GCC 就调用 ld 命令来完成最后的关键性工作，即将所有的目标文件和库合并成可执行文件，其结果是接近目标文件格式的二进制文件。

在链接（Linking）阶段，所有的目标文件被置于可执行程序中，同时所调用的库函数也从各自所在的库中链接到合适的地方。

 提 示 源文件首先会生成中间目标文件，再由中间目标文件生成可执行文件。在编译程序时，编译器需要确认语法正确，只检测程序语法、函数和变量声明是否正确。通常需要告诉编译器头文件的所在位置（头文件中应该只是声明，而其定义应该放在 C/C++文件中）。如果函数未被声明，则编译器会给出一个警告，但仍然可以生成目标文件。而在链接程序时，主要是链接函数和全局变量，链接器会在所有的目标文件中找寻函数的实现，如果找不到，就会报链接错误码，这就需要指定函数的目标文件。链接器不会处理函数所在的源文件，只负责处理函数的中间目标文件。

2. 静态链接与动态链接

链接分为两种，一种是静态链接，另一种是动态链接。

通常对函数库的链接是在编译时（Compile Time）完成的。将所有相关的目标文件与所涉及的函数库（Library）链接合成一个可执行文件。由于所需的函数都已合成到程序中，所以程序在运行时就不再需要这些函数库，这样的函数库被称为静态库（Static Libaray）。静态库文件在 Linux 下的扩展名为.a，称为归档文件（Archive File），文件名通常采用 libxxx.a 的形式；而在 Windows 下的扩展名为.lib，称为库文件（Library File）。

之所以在 Linux 下将静态链接库文件称为归档文件，是因为源文件几乎会导致编译生成的中间目标文件太多，而在链接时需要显式地指出每个目标文件名很不方便，将目标文件打个包（类似于归档）生成静态库就方便多了。可以使用 ar 命令来创建一个静态库文件。例如，执行以下命令将在当前目录下生成一个名为 libtest.a 的静态库文件。选项-c 表示只进行编译，不进行链接。

```
gcc -c test.c
ar cr libtest.a test.o
```

如果将函数库的链接推迟到程序运行时（Run Time）来实现，就要用到动态链接库（Dynamic Link Library）。Linux 下的动态链接库文件的扩展名为.so，文件名通常采用 libxxx.so 的形式，而在 Windows 中对应的是.dll 文件。

动态链接库的函数具有共享特性，链接时不会将它们合成到可执行文件中。编译时编译器只会做一些函数名之类的检查。在程序运行时，被调用的动态链接库函数被临时置于内存中某一区域，所有调用它的程序将指向这个代码段，因此这些代码必须使用相对地址而非绝对地址。编译时需通知编译器这些目标文件要用作动态链接库，使用位置无关代码（Position Independent Code，PIC，也译为浮动地址代码），具体使用 GCC 编译器时要加上选项-fPIC。下面给出一个创建动态链接库的示例，首先使用选项-fPIC 生成目标文件，然后使用选项-shared 建立动态链接库。

```
gcc -fPIC -c file1.c
gcc -fPIC -c file2.c
gcc -shared libtest.so file1.o file2.o
```

 提 示 使用静态链接的好处是，依赖的动态链接库较少，对动态链接库的版本不会很敏感，具有较好的兼容性；缺点是生成的程序比较大。使用动态链接的好处是，生成的程序比较小，占用的内存较少。

3. 编译C程序

Ubuntu 22.04 LTS 桌面版没有预装 GCC 编译器。可以执行 gcc –v 命令检查所安装的 GCC 版本。如果没有安装，执行 sudo apt install gcc 命令安装 GCC。第5章提到安装 build-essential 软件包组可以一次性安装包括 GCC、g++在内的 GNU 编译器和调试器。具体格式如下。

```
gcc [选项] [源文件]
```

首先需要编写程序代码，可以使用任何文本编辑器，保存源文件时将扩展名设置为.c。这里给出一个例子，在主目录中建立一个名为 testgcc.c 的源文件，其代码如下：

```
#include <stdio.h>
int main(void)
{
    printf("Hello World!\n");
    return 0;
}
```

然后执行以下命令对 testgcc.c 进行预处理、编译、汇编并链接形成可执行文件：

```
cxz@linuxpc1:~$ gcc -o testgcc testgcc.c
```

其中，选项-o 用于指定输出可执行文件的文件名。如果没有指定输出文件，默认的输出文件名为 a.out。

完成编译和链接后，即可在命令行中执行该程序。本例中执行结果如下。

```
cxz@linuxpc1:~$ ./testgcc
Hello World!
```

4. 编译C++程序

gcc 命令可以用来编译 C++程序，当编译文件扩展名为.cpp 的文件时，就会编译成 C++程序。但是 gcc 命令不能自动与 C++程序使用的库链接，所以通常要使用 g++命令来完成链接。为便于操作，一般编译和链接都改用 g++命令。实际上，在编译阶段，g++会自动调用 GCC，二者等效。g++是 GNU 的 C++编译器。对于.c 文件，gcc 将其当作 C 程序进行处理，而 g++将其当作 C++程序处理；对于.cpp 文件，gcc 和 g++均将其当作 C++程序进行处理。

Ubuntu 22.04 LTS 没有预装 g++，可以执行 g++ –v 命令检查所安装的 g++的版本。如果没有安装，执行 sudo apt install g++命令安装 g++。g++的基本用法如下。

```
g++ [选项] [源文件]
```

这里给出一个例子，在主目录中建立一个名为 testg++.cpp 的源文件，其代码如下。

```
#include <stdio.h>
#include <iostream>
int main()
{
    std::cout << "Hello world!" << std::endl;
    return 0;
}
```

使用 g++命令将该 C++源程序进行预处理、编译、汇编并链接形成可执行文件。完成编译和链接后，即可在命令行中执行该程序。

```
cxz@linuxpc1:~$ g++ -o testg++ testg++.cpp
cxz@linuxpc1:~$ ./testg++
Hello world!
```

5. gcc 编译命令输出选项

默认使用 gcc 命令可以直接生成可执行文件，但有时也需要生成中间文件，如汇编代码、目标代码等。gcc 命令提供多个选项来满足这种需求。

（1）-E 选项。

对源文件进行预处理，生成的结果输出到标准输出（屏幕）中。使用选项-E 不会生成输出文件，如果需要生成文件，可以将它重定向到一个输出文件，或者使用选项-o 指定输出文件。例如，执行以下命令将生成名为 testc.i 的源代码文件（经过预处理）。

```
gcc -o testc.i -E testc.c
```

或者

```
gcc -E testc.c > testc.i
```

（2）-S 选项。

对源文件进行预处理和编译，也就是编译成汇编代码。如果是预编译过的文件，将直接编译成汇编代码。如果不指定输出文件，将生成扩展名为.s 的同名文件，汇编代码文件可以用文本编辑器查看。例如，执行以下命令将生成名为 testc.s 的汇编代码文件。

```
gcc -S testc.c
```

（3）-c 选项。

对源文件进行预处理、编译和汇编，也就是生成目标文件（.obj）。如果是预编译过的文件，将直接进行编译和汇编，生成目标文件；如果是汇编代码，将直接进行汇编，生成目标文件。如果不指定输出文件，将生成扩展名为.o 的同名目标文件。例如，执行以下命令将生成名为 testc.o 的目标文件。

```
gcc -c testc.c
```

6. gcc 编译命令优化选项

同一条语句可以翻译成不同的汇编代码，其执行效率却不大一样。gcc 提供优化选项供程序员选择生成经过特别优化的代码。有 3 个级别的优化选项，从低到高分别是-O1、-O2 和-O3。级别越高优化效果越好，但编译时间越长。-O1（或者-O）表示优化生成代码；-O2 表示进一步优化；-O3 比-O2 更进一步优化，包括 inline()函数。另外，选项-O0 表示不进行优化处理。

理论上，选项-O3 可以生成执行效率最高的目标代码。不过过于追求执行效率可能会带来风险，通常选项-O2 是比较折中的选择，既可以基本满足优化需求，又比较安全可靠。

这些优化选项属于常规选项，如果要更为精细地控制优化，可以使用 gcc 命令的详细优化选项，此类选项通常很长，可以参考相关手册。

7. gcc 命令其他常用选项

gcc 命令的选项比较多，除了上述编译输出和编译优化选项外，其他常用的选项如下。

-g：生成带有调试信息的二进制形式的可执行文件。

-Wall：编译时输出所有的警告信息，建议编译时启用此选项。

-I：此选项后跟目录路径参数，将该路径添加到头文件的搜索路径中，gcc 会在搜索标准头文件之前先搜索该路径。

-l：此选项用来指定程序要连接的库，后面紧跟的参数就是库名。如-ltest 表示连接 ibtest.so 库。

-L：此选项指定要连接的库文件所在的目录路径。如果要连接的库文件位于/lib、/usr/lib 或/usr/local/lib 目录中，则直接使用-l 选项即可。但是，如果库文件存在于其他目录中，则需要同时使用-L 选项指定库文件目录。如-L /usr/X11R6/lib -lX11。

下面的例子带有以上部分选项。

```
gcc -g -Wall -I /usr/include/libxml2/libxml -lxml2 main.c aux.c -o tut_prog
```

此命令用于告知 GCC 编译源文件 main.c 和 aux.c，产生一个名为 tut_prog 的二进制文件，同时将在指定的目录中搜寻包含头文件，链接器使用库文件 libxml2.so 进行链接。

至于 g++命令的选项与此有些类似，具体查看相关参考手册。

8. 多个源文件的编译方法

如果有多个源文件需要编译，使用 GCC 有两种编译方法。

（1）多个文件一起编译。

例如，使用以下命令将 test1.c 和 test2.c 分别编译后链接成 test 可执行文件。

```
gcc test1.c test2.c -o test
```

若采用这种方法，当源文件有变动时，需要将所有文件重新编译。

（2）分别编译各个源文件，再对编译后输出的目标文件进行链接。

下面的命令示范了这种方法，当源文件有变动时，可以只重新编译修改的文件，未修改的文件不用重新编译。

```
gcc -c test1.c
gcc -c test2.c
gcc -o test test1.o test2.o
```

当然源文件非常多的情况下，就需要使用 make 工具了。在编译一个包含许多源文件的项目时，如果只用一条 gcc 命令来完成编译是非常浪费时间的。尤其是只修改了其中某一个文件的时候，完全没有必要将每个文件都重新编译一遍，因为很多已经生成的目标文件是不会改变的。要解决这个问题，关键是要灵活运用 GCC，同时还要借助像 make 这样的工具。

9.1.3　GDB 调试器

调试是软件开发不可缺少的环节。程序员通过调试跟踪程序执行过程，还可以找到解决问题的方法。GDB（GNU Debugger）是 GNU 发布的调试工具，它通过与 GCC 配合使用，为基于 Linux 的软件开发提供一个完善的调试环境。Ubuntu 默认已经安装好 GDB 软件。

1. 生成带有调试信息的目标代码

调试程序时必须在程序编译时包含调试信息，调试信息包含程序里的每个变量的类型，还包含在可执行文件中的地址映射以及源代码的行号，GDB 正是利用这些调试信息来关联源代码和机器码。

默认情况下，GCC 在编译时没有将调试信息插入所生成的二进制代码，如果需要在编译时生成调试信息，可以使用 gcc 命令的选项-g 或-ggdb。例如，下面的命令将生成带有调试信息的二进制文件 testcgdb。

```
cxz@linuxpc1:~$ gcc -o testcgdb -g testgcc.c
```

类似于编译优化选项，GCC 在产生调试信息时同样可以进行分级，在选项-g 后面附加数字 1、2 或 3 来指定在代码中加入调试信息的量。默认的级别是 2（-g2），此时产生的调试信息包括扩展的符号表、行号、局部或外部变量信息。级别 3（-g3）包含级别 2 中的所有调试信息，以及源代码中定义的宏。级别 1（-g1）不包含局部变量和与行号有关的调试信息，因此只能够用于回溯跟踪和堆栈转储之用。回溯跟踪指的是监视程序在运行过程中的函数调用历史，堆栈转储则是一种以原始的十六进制格式保存程序执行环境的方法，两者都是经常用到的调试手段。

值得一提的是，使用任何一个调试选项都会使最终生成的二进制文件的大小增加，同时增加程序在执行时的开销，因此调试选项通常仅在软件的开发和调试阶段使用。

2. 使用 gdb 命令进行调试

获得含有调试信息的目标代码后，即可使用 gdb 命令进行调试。在命令行中直接执行 gdb 命令，或者将要调试的程序作为 gdb 命令的参数。进入 GDB 交互界面后即可执行具体的 gdb 子命令。常用的 gdb 子命令如下。

help：显示帮助信息。

file 文件名：打开指定的可执行文件用于调试。

run：重新运行调试的程序。

list：列出源代码。

next：执行下一步。

next N：执行 N 次下一步。

step：单步进入。

run：强制返回当前函数。

call <函数>：强制调用函数。

break：设定断点。

continue：继续运行程序并直接运行到下一个断点。

kill：终止一个正在调试的程序。

quit：退出 GDB 调试器。

gdb 子命令可以使用简写形式，如 run 简写为 r，list 简写为 l。

下面给出一个例子，依次执行查看源码、设置断点、运行程序等调试操作。

```
cxz@linuxpc1:~$ gdb testcgdb
GNU gdb (Ubuntu 12.0.90-0ubuntu1) 12.0.90
......
(gdb) list                              # 查看源码
1       #include <stdio.h>
2       int main(void)
3       {
4           printf("Hello World!\n");
5           return 0;
6       }
(gdb) break 4                           # 设置断点
Breakpoint 1 at 0x1151: file testgcc.c, line 4.
(gdb) run                               # 运行程序
Starting program: /home/cxz/testcgdb
[Thread debugging using libthread_db enabled]
Using host libthread_db library "/lib/x86_64-linux-gnu/libthread_db.so.1".
Breakpoint 1, main () at testgcc.c:4
4           printf("Hello World!\n");
(gdb) next                              # 执行下一步
Hello World!
5           return 0;
(gdb) quit                              # 退出调试环境
```

9.2 使用 make 工具和 Makefile 文件实现自动编译

一个软件项目（Project，也有人译为"工程"），少则几十个源文件，多则数百个源文件，如果每次都要使用 gcc 命令进行编译，那么对程序员来说难度太大了。Linux 使用 make 工具和 Makefile 文件来解决此问题。Makefile 文件是一种描述文件，用于定义整个软件项目的编译规则，理顺各个源文件之间的依赖关系。make 工具基于 Makefile 文件就可以实现对整个项目的完全自动编译，从而提高软件开发的效率。Makefile 文件对于 Winodws 程序员来说可能会比较陌生，在 Windows 中往往通过 IDE 来实现整个项目的自动编译，这相当于通过友好的图形用户界面修改 Makefile 文件。有效地利用 make 工具和 Makefile 文件可以大大提高项目开发的效率。掌握 make 工具和 Makefile 文件，还有助于更深刻地理解和运用 Linux 应用软件。

9.2.1 make 工具

在 Linux/UNIX 环境中，make 一直是一个重要的编译工具。它主要的功能就是通过 Makefile 文件维护源程序，实现自动编译。make 工具可以只对上次编译后修改过的部分进行编译，对未修改的部分则跳过编译步骤，然后进行链接。对于自己开发的软件项目，需要使用 make 命令进行编译；对于以源码形式发布的应用软件，则需要使用 make install 进行安装，这一点已经在第 5 章讲解过。实际上大多数 IDE 也提供 make 命令。make 命令的基本用法如下。

```
make  [选项]  [目标名]
```

参数目标名用于指定要编译的目标。允许同时指定多个目标，按照从左向右的顺序依次编译指定的目标文件。目标可以是要生成的可执行文件，也可以是要完成特定功能的标签（通常 Makefile 中定义有 clean 目标，可用来清除编译过程中的中间文件）。如果 make 命令行参数中没有指定目标，则系统默认指向 Makefile 文件中第 1 个目标文件。

make 命令提供的选项比较多，这里介绍几个主要选项。

–f：其参数为描述文件，用于指定编译所依据的描述文件。如果没有指定此选项，系统将当前目录下名为 makefile 或者 Makefile 的文件作为描述文件。在 Linux 中，make 工具在当前工作目录中按照 GNUmakefile、makefile、Makefile 的顺序搜索 Makefile 描述文件。

–n：只显示生成指定目标的所有执行命令，但并不实际执行。通常用来检查 Makefile 文件中的错误。

–p：输出 Makefile 文件中所有宏定义和目标文件描述（内部规则）。

–d：使用 Debug（调试）模式，输出有关文件和检测时间的详细信息。

–c：其参数为目录，指定在读取 Makefile 之前改变到指定的目录。

9.2.2 Makefile 文件基础

Makefile 文件关系到整个项目的编译规则。一个软件项目中的源文件数量较多，通常按类型、功能、模块分别放在若干个目录中，Makefile 文件定义一系列规则来指定哪些文件需要先编译，哪些文件需要后编译，哪些文件需要重新编译，以及其他更复杂的功能操作。作为专门的项目描述文件，Makefile 文件可以使用文本编辑器编写。

Makefile 文件一般以 Makefile 或 makefile 作为文件名（不加任何扩展名）。对于这两个文件名，任何 make 命令都能识别。Linux 还支持 GNUmakefile 作为其文件名。如果以其他文件名命名 Makefile 文件，在使用 make 工具进行编译时需要使用选项–f 明确指定该描述文件的名称。

1. Makefile 文件基本语法

Makefile 文件通过若干条规则定义文件依赖关系。每条规则包括目标（Target）、条件（Prerequisite）和命令（Command）三大要素。基本语法格式如下。

```
目标 ... ：条件 ...
命令
...
...
```

其中，"目标"项定义一个目标文件，可以是目标代码文件（Object File），也可以是可执行文件，还可以是一个标签（Label）。"条件"项就是生成目标所需要的文件，可以是源代码文件，也可以是目标代码文件。"命令"项就是 make 工具需要执行的命令，可以是任意的 Shell 命令，并且可以有多条命令。"目标"和"条件"项定义的是文件依赖关系，要生成的目标依赖于条件中所指定的文件；"命令"项定义的是生成目标的方法，即如何生成目标。

Makefile 文件中的命令必须要以制表符<Tab>开始，不能使用空格开头。制表符之后的空格可以忽略。

Makefile 文件支持语句续行，以提高可读性。续行符使用反斜杠（\），可以出现在条件语句和命令语句的末尾，指示下一行是本行的延续。

可以在 Makefile 文件中使用注释，以符号"#"开头的内容被视为注释内容。

Makefile 文件支持转义符，使用反斜杠进行转义。例如，要在 Makefile 文件中使用"#"字符，可以使用"\#"来表示。

2. Makefile 文件示例

下面给出一个简单的示例，便于快速了解 Makefile 文件的结构和内容。

```
#第1部分
textedit : main.o input.o output.o command.o files.o tools.o
cc -o textedit main.o input.o output.o command.o \
files.o utils.o
#第2部分
main.o : main.c def.h
cc -c main.c
input.o : input.c def.h command.h
cc -c input.c
output.o : output.c def.h buffer.h
cc -c output.c
command.o : command.c def.h command.h
cc -c command.c
files.o : files.c def.h buffer.h command.h
cc -c files.c
utils.o : tools.c def.h
cc -c tools.c
#第3部分
clean :
rm textedit main.o input.o output.o
rm command.o files.o tools.o
```

这个示例包括 6 个源码文件（.c）和 3 个头文件（.h），分为 3 个部分。通过规则定义形成了一系列文件依赖关系链，如图 9-2 所示。

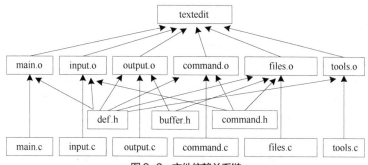

图 9-2　文件依赖关系链

第 1 部分表示要生成可执行文件 textedit，需要依赖 main.o 等 6 个目标代码文件，命令的内容表示要使用这 6 个目标代码文件（.o）编译成可执行文件 textedit，这里使用了续行符将较长的行分成两行。

在 UNIX 中 cc 指的是 cc 编译器，而在 Linux 下调用 cc 时，实际上并不指向 UNIX 的 cc 编译器，而是指向 GCC，也就是说 cc 是 GCC 的一个链接（相当于快捷方式）。选项-o 用于指定输出文件名。

第 2 部分为每一个目标代码文件定义所依赖的源码文件（.c）和头文件（.h）。命令表示将源码文件编译成相应的目标代码文件。

这里命令中的 cc 有一个选项-c，表示只进行编译，不链接成可执行文件，编译器只是将源代码文件生成.o 为扩展名的目标文件，通常用于编译不包含主程序的子程序文件。

第 3 部分比较特殊，没有定义依赖文件。"clean"不是一个文件，而是一个动作名称，有点像 C 语言中的标签一样，冒号后面没有定义依赖文件，make 工具不能自动获取文件的依赖性，也就不会自动执行其后所定义的命令。要执行此处的命令，就要在 make 命令中显式指出这个标签。就本例来说，执行 make clean 命令将删除可执行文件和所有的中间目标文件。此类应用还可用于程序打包、备份等，只需在 Makefile 中定义与编译无关的命令即可。

3. make 工具基于 Makefile 的编译机制

make 工具解析 Makefile 内容，根据以下两种情形进行自动编译。

（1）如果该项目没有编译过，也就是没有生成过目标，那么就根据所给的条件来生成目标，所有源文件都要编译并进行链接。

（2）如果该项目已经编译过，已经生成有目标，一旦条件发生变化，则需要重新生成目标。如果项目的某些源文件被修改，只编译被修改的源文件，并链接生成目标程序。如果项目的某些头文件改变，则需要编译引用了这些头文件的源文件，并链接生成目标程序。make 工具通过比较目标和条件中的文件的修改日期来识别文件是否被修改。如果条件中的文件的日期要比目标中的文件的日期要新，或者目标不存在，那么 make 工具就会执行后续定义的命令。

这里结合上例讲解 make 工具如何基于 Makefile 进行编译。

（1）make 工具首先在当前目录下查找名称为 Makefile 或 makefile 的文件。

（2）如果找到，接着查找该文件中第一个目标，上例将 textedit 作为最终的目标文件。

（3）如果 textedit 文件不存在，或者它所依赖的文件的修改时间要比 textedit 文件新，那么就会执行后面所定义的命令来生成 textedit 这个文件。

（4）如果 textedit 文件所依赖的目标代码文件也不存在，则 make 工具会在当前文件中查找目标为.o文件的依赖性，如果找到，根据该规则生成.o 文件。

（5）make 工具通过.c 文件和.h 文件生成.o 文件，然后用.o 文件生成可执行文件 textedit。

make 工具一层一层地去查找文件的依赖关系，直到最终编译出第一个目标文件。在查找过程中，如果出现错误，如最后被依赖的文件找不到，那么 make 工具就会直接退出，并报错。而对于所定义的命令的错误，或是编译不成功，make 工具可能会继续执行后续的规则和命令。

上例中像 clean 这种情况，没有被第一个目标文件直接或间接关联，那么它后面所定义的命令将不会被自动执行。不过，可以要求 make 执行，即执行 make clean 命令来清除所有的目标文件，以便重新编译。

电子活页 9-1
Makefile 文件的高级特性

如果整个项目已被编译过了，当修改了其中一个源文件，如 file.c，那么根据依赖性，目标文件 file.o 就会被重新编译，file.o 文件的修改时间要比 textedit 新，于是 textedit 也会被重新链接。

提 示 除了前面介绍的规则和注释外，Makefile 文件还支持隐式规则、变量定义、伪目标、文件包含等高级特性。隐式规则是简化文件依赖关系的描述。变量有点类似于 C/C++语言中的宏，可以用在目标、条件、命令等要素中，以及 Makefile 文件的其他部分。伪目标并不是一个文件，只是一个标签。文件包含是指在一个 Makefile 文件中引用或嵌入另一个 Makefile 文件。

9.2.3 make 工具的工作方式

这里简单说明一下的 make 工具的工作方式。make 工具工作时，通常执行以下步骤。

（1）读入所有的 Makefile 文件。

（2）读入被 include 语句嵌入的其他 Makefile 文件。

（3）初始化这些文件中的变量。

（4）推导隐式规则，并分析所有规则。

（5）为所有的目标文件创建依赖关系链。

（6）根据依赖关系，决定哪些目标需要重新生成。

（7）执行生成目标的命令。

如果定义的变量被使用，则 make 工具会将其在所用的位置展开。但 make 并不会完全立即展开，如果变量出现在依赖关系的规则中，则仅当这条依赖被决定要使用了，变量才会在其内部展开。

9.2.4 使用 Autotools 自动产生 Makefile 文件

Makefile 文件拥有复杂的语法结构，当软件项目规模非常大时，维护 Makefile 文件非常不易。于是就出现了专门用来生成 Makefile 文件的 Autotools，以减轻制作 Makefile 文件的负担。

如果软件要以源代码形式发布，则需要在多个系统上重新编译。源代码包安装分为 3 个步骤：configure、make 和 make install，在构建过程中涉及许多文件，制作起来非常复杂。使用 Autotools 生成 Makefile 文件，可以简化源码安装包的制作。如果要在另一个系统上编译并构建程序，仅使用 make 是比较困难的。若 C 编译器不同，则一些通用的 C 函数可能丢失，或者拥有另一个名称。这就需要在不同

微课 9-1 使用 Autotools 自动产生 Makefile 文件

的头文件中声明，通过使用预处理指令（如#if、#ifdef 等）将源代码分成不同的片段来处理这种情况，因此，要兼顾到多个不同的系统，手动编写工作量太大。使用 Autotools 可解决这个问题，而且不需要更多的专业知识。

1. Autotools 工作原理

一个 Autotools 项目至少需要一个名为 configure 的配置脚本和一个名为 Makefile.in 的 Makefile 模板。项目的每个目录中都包括 Makefile.in 文件。Autotools 项目还使用其他文件，这些文件并不是必需的，有的还是自动产生的。如果查看这些文件内容，则会发现其非常复杂。不过这些文件是 Autotools 通过容易编写的模板文件生成的。

实际上并不需要 Autotools 来建立 Autotools 包，configure 是在最基本的 Shell 解释器 sh 上运行的 Shell 脚本，它可以检查用户系统获取每个特征，通过模板生成 Makefile 文件。

configure 在每个目录中构建所有文件。这个目录称为构建目录（Build Directory）。如果从源代码目录中运行它，可以使用./configure 脚本，构建目录也是同样的。

configure 在命令行中接收几个选项，用于在不同的目录中安装文件。可以通过执行 configure --help 命令来获得相关帮助，这里列举常用的几个选项。

--help：列出所有的变量选项。

--host host：编译以使其在另一个系统上运行（交叉编译）。

--prefix dir：配置项目安装的路径，默认值为/usr/local。

configure 会产生几个附加文件：config.log（日志文件，出现问题可以获得详细信息）、config.status（实际调用编译工具构建软件的 Shell 脚本）、config.h（头文件，从模板 config.h.in 中产生）。

由 configure 产生的 Makefile 文件比较复杂，但很规范。它们定义了由 GNU 标准所需的所有标准目标。常用的目标如下。

- make 或 make all：创建程序。

- make install：安装程序。
- make distclean：删除由 configure 产生的所有文件。

2. Autotools 工具

Autotools 是工具包，主要由 autoconf、automake、Perl 语言环境和 m4 宏处理器等组成。它包含 5 个工具：aclocal、autoscan、autoconf、autoheader 和 automake。这些工具的用途就是生成 Makefile 文件。

首先要确认系统是否安装了以上工具（可以用 which 命令逐个进行查看）。如果没有安装，则执行 sudo apt install autoconf 命令完成这些工具以及相关依赖包的安装，包括 autoconf、automake、autotools-dev、libsigsegv2、m4 等软件包。

3. Autotools 应用示例

下面以一个简单的项目为例，讲解使用 GNU Autotools 的系列工具生成 Makefile 文件，然后完成源码安装，最后制作源码安装包的操作过程。

（1）准备源代码。

这里创建一个项目目录（主目录下的 hello），并在其中准备 3 个简单的源代码文件。

main.c 的源码如下：

```
#include <stdio.h>
#include "common.h"
int main()
{
    hello_method();
    return 0;
}
```

hello.c 的源码如下：

```
#include <stdio.h>
#include "common.h"
void hello_method()
{
    printf("Hello World!\n");
}
```

另有一个头文件 common.h 用于定义函数，源代码如下：

```
void hello_method();
```

（2）将当前目录切换到项目目录，执行 autoscan 命令扫描该目录生成 configure.scan 文件。

```
cxz@linuxpc1:~/hello$ autoscan
```

由于在主目录下的子目录中，此时不需要 root 特权，也就不需要使用 sudo 命令。

查看 configure.scan 文件的内容，其中"#"符号打头的行是注释行，其他都是 m4 宏命令，这些宏命令的主要作用是检测系统。下面列出其中主要的内容。

```
AC_PREREQ([2.71])
AC_INIT([FULL-PACKAGE-NAME], [VERSION], [BUG-REPORT-ADDRESS])
AC_CONFIG_SRCDIR([hello.c])
AC_CONFIG_HEADERS([config.h])

# Checks for programs.
AC_PROG_CC
......
AC_OUTPUT
```

（3）将 configure.scan 重命名为 configure.ac，再将其内容修改如下。

```
AC_PREREQ([2.71])
AC_INIT([hello], [1.0], [cxz@abc.com])
AC_CONFIG_SRCDIR([hello.c])
```

```
AC_CONFIG_HEADERS([config.h])
AM_INIT_AUTOMAKE

# Checks for programs.
AC_PROG_CC
......
AC_CONFIG_FILES([Makefile])
AC_OUTPUT
```

这里共改动了 3 处，修改了宏 AC_INIT，添加了宏 AM_INIT_AUTOMAKE 和 AC_CONFIG_FILES。configure.ac 配置文件中需要调用一系列 autoconf 宏来测试程序所需的特性是否存在，以及这些特性的功能。autoconf 常用的宏的解释如表 9-1 所示。

表 9-1　autoconf 常用的宏

宏	说明
AC_PREREQ	声明 autoconf 要求的版本号
AC_INIT	定义软件名称、版本号、作者联系方式
AM_INIT_AUTOMAKE	automake 必需的宏，手动添加
AC_CONFIG_SRCDIR	侦测所指定的源码文件是否存在，以确定源码目录的有效性
AC_CONFIG_HEADER	用于生成 config.h 文件，以便 autoheader 命令使用
AC_PROG_CC	指定编译器，如果不指定，默认为 GCC
AC_CONFIG_FILES	生成相应的 Makefile 文件，不同文件夹下的 Makefile 可以通过空格分隔。例如 AC_CONFIG_FILES([Makefile　src/Makefile])
AC_OUTPUT	用来设置 configure 所要产生的文件，如果是 Makefile，configure 会把它检查出来的结果带入 Makefile.in 文件产生合适的 Makefile。使用 automake 时还需要一些其他的参数，这些额外的宏用 aclocal 命令产生

（4）在项目目录下执行 aclocal 命令，扫描 configure.ac 文件生成 aclocal.m4 文件。

```
cxz@linuxpc1:~/hello$ aclocal
```

aclocal.m4 文件主要处理本地的宏定义。aclocal 命令根据已经安装的宏、用户定义宏和 acinclude.m4 文件中的宏，将 configure.ac 文件需要的宏集中定义到文件 aclocal.m4 中。

（5）在项目目录下执行 autoconf 命令，生成 configure 文件。

```
cxz@linuxpc1:~/hello$ autoconf
```

该命令将 configure.ac 文件中的宏展开，生成 configure 文件。这个过程可能要用到 aclocal.m4 中定义的宏。查看其中的目录内容，可以发现生成了 configure 文件。

```
cxz@linuxpc1:~/hello$ ls
aclocal.m4  autom4te.cache  autoscan.log  common.h  configure  configure.ac
hello.c main.c
```

（6）在项目目录下执行 autoheader 命令，生成 config.h.in 文件。

```
cxz@linuxpc1:~/hello$ autoheader
cxz@linuxpc1:~/hello$ ls
aclocal.m4  autom4te.cache  autoscan.log  common.h  config.h.in  configure
configure.ac hello.c main.c
```

如果用户需要附加一些符号定义，可以创建 acconfig.h 文件，autoheader 命令会自动从 acconfig.h 文件中复制符号定义。

（7）在项目目录下创建一个 Makefile.am 文件，供 automake 工具根据 configure.in 中的参数将 Makefile.am 转换成 Makefile.in 文件。Makefile.am 这个文件非常重要，它定义了一些生成 Makefile 的规则。本例创建的 Makefile.am 的内容如下：

```
AUTOMARK_OPTIONS = foreign
bin_PROGRAMS = hello
hello_SOURCES = main.c hello.c common.h
```

其中，AUTOMAKE_OPTIONS 用于指定为 automake 提供的选项。GNU 对自己发布的软件有严格的规范，如必须附带许可证声明文件 COPYING 等，否则 automake 执行时会报错。automake 提供了 3 个软件等级 foreign、gnu 和 gnits 供用户选择，默认级别为 gnu。本例使用了最低的等级 foreign，这样只需检测必须的文件。

bin_PROGRAMS 用于定义要生成的可执行文件名，如果要生成多个可执行文件，每个文件名之间用空格隔开。

要生成的可执行文件所依赖的源文件要使用 file_SOURCES 定义，其中 file 表示可执行文件名，本例为 hello_SOURCES。如果要生成多个可执行文件，每个可执行文件需要分别定义对应的源文件。

 提示 实际使用的 Makefile.am 文件要复杂一些。例如，编译成可执行文件过程中链接所需的库文件需要使用 file_LDADD 定义，还有数据文件需要定义，安装目录需要定义，涉及的静态库文件类型也需要定义。

（8）在项目目录下执行 automake 命令，生成 Makefile.in 文件。通常要使用选项--add-missing 让 automake 自动添加一些必需的脚本文件。

```
cxz@linuxpc1:~/hello$ automake --add-missing
configure.ac:11: installing './compile'
configure.ac:8: installing './install-sh'
......
Makefile.am: installing './depcomp'
```

本例中由于没有准备 README 等文件，直接执行 automake 命令还会提示几个必需的文件不存在，这可以通过执行 touch 命令来创建，然后再次执行 automake 命令即可。

```
cxz@linuxpc1:~/hello$ touch NEWS  README  AUTHORS  ChangeLog
cxz@linuxpc1:~/hello$ automake
```

至此，使用 Autotools 工具完成了源码安装的准备。接下来，可以按照源码编译安装 3 个步骤完成软件的编译和安装。

（9）在项目目录下执行./configure 命令，基于 Makefile.in 生成最终的 Makefile 文件。该命令将一些配置参数添加到 Makefile 文件中。

```
cxz@linuxpc1:~/hello$ ./configure
checking for a BSD-compatible install... /usr/bin/install -c
......
configure: creating ./config.status
config.status: creating Makefile
config.status: creating config.h
config.status: executing depfiles commands
```

（10）在项目目录下执行 make 命令，基于 Makefile 文件编译源代码文件并生成可执行文件。

```
cxz@linuxpc1:~/hello$ make
make  all-am
make[1]: 进入目录 "/home/cxz/hello"
 gcc -DHAVE_CONFIG_H -I.    -g -O2 -MT main.o -MD -MP -MF .deps/main.Tpo -c -o main.o main.c
 mv -f .deps/main.Tpo .deps/main.Po
 gcc -DHAVE_CONFIG_H -I.    -g -O2 -MT hello.o -MD -MP -MF .deps/hello.Tpo -c -o hello.o hello.c
 mv -f .deps/hello.Tpo .deps/hello.Po
 gcc  -g -O2   -o hello main.o hello.o
make[1]: 离开目录 "/home/cxz/hello"
```

（11）在项目目录下执行 make install 命令，将编译后的软件包安装到系统中。默认设置会将软件安装到/usr/local/bin 目录，需要 root 特权，这里需要使用 sudo 命令。安装完毕，可以在该目录下直接运行所生成的可执行文件 hello 命令进行测试。

```
cxz@linuxpc1:~/hello$ sudo make install
```

```
[sudo] cxz 的密码:
make[1]: 进入目录 "/home/cxz/hello"
 /usr/bin/mkdir -p '/usr/local/bin'
  /usr/bin/install -c hello '/usr/local/bin'
make[1]: 对 "install-data-am" 无须做任何事。
make[1]: 离开目录 "/home/cxz/hello"
cxz@linuxpc1:~/hello$ hello
Hello World!
```

自动产生的 Makefile 文件指出主要的目标，如执行 make uninstall 命令将安装软件从系统中卸载；执行 make clean 命令清除已编译的文件，包括目标文件*.o 和可执行文件。make 命令默认执行的是 make all 命令。

（12）如果要对外发布，可以在项目目录下执行 make dist 命令，将程序和相关的文档打包为一个压缩文档。例中生成的打包文件名为 hello-1.0.tar.gz。

```
cxz@linuxpc1:~/hello$ make dist
make  dist-gzip am__post_remove_distdir='@:'
......
 tardir=hello-1.0 && ${TAR-tar} chof - "$tardir" | eval GZIP= gzip --best -c
>hello-1.0.tar.gz
make[1]: 离开目录 "/home/test/hello"
 if test -d "hello-1.0"; then find "hello-1.0" -type d ! -perm -200 -exec chmod u+w
{} ';' && rm -rf "hello-1.0" || { sleep 5 && rm -rf "hello-1.0"; }; else :; fi
```

9.3 基于 GTK+的图形用户界面编程

Linux 系统凭借其内核健壮、资源节省、代码质量高等优势，不断改善用户的桌面操作系统体验。Ubuntu 桌面版提供的图形化环境越来越出色，图形用户界面应用程序的开发日益重要。GTK 和 Qt 是跨平台的图形用户界面开发工具和框架，由于其源代码开放，现已成为 Linux 平台上主流的图形用户界面应用程序开发框架。GNOME、LXDE 等桌面采用 GTK+开发，KDE 桌面采用 Qt 开发。本节主要讲解基于 GTK+的图形用户界面编程。

9.3.1 GTK+简介

GTK+是一套跨多个平台的开源图形用户界面工具包。最初，它是作为另一个著名的开源项目 GIMP（类似于 Photoshop 的图像处理程序）的副产品创建的。这个副产品称为 GTK（GIMP Toolkit），后来为这个工具包增加了面向对象特性和可扩展性，并将其改名为 GTK+。GTK+库通常也称为 GIMP 工具包，目前主要使用的是 GTK+ 3.0 版本，而最新版本已将 "+" 去掉，被称为 GTK 4。

GTK+类似于 Windows 上的 MFC 和 Win32 API、Java 上的 Swing 和 SWT。GTK+目前已发展为一个功能强大、设计灵活的通用图形函数库。随着 GNOME 使用 GTK+开发，使得 GTK+成为 Linux 下开发图形用户界面应用程序的主流开发工具之一。

GTK+可以用来进行跨平台图形用户界面应用程序的开发。GTK+虽然是用 C 语言写的，但是程序员可以使用熟悉的编程语言来使用 GTK+，因为 GTK+已被绑定到几乎所有流行的语言上，如 C++（gtkmm）、Perl、Ruby、Java、Ada、Python（PyGtk）和 PHP，以及所有的.NET 编程语言。GTK+最早应用于 X Window System，如今已移植到其他平台，如 Windows 等。

GTK+开发套件基于 3 个主要的库：GLib、Pango 和 ATK。开发人员只需关心如何使用 GTK+，由 GTK+自己负责与这 3 个库打交道。GTK+及其相关的库按照面向对象设计思想来实现。它的每一个图形用户界面元素都是由一个或多个 "widgets" 对象构成的。所有的 widgets 都从基类 GtkWidget 派生。例如，应用程序的主窗口是 GtkWindow 类 widget，窗口的工具条是 GtkToolbar 类 widget。一个

GtkWindow 是一个 GtkWidget，但一个 GtkWidget 并不是一个 GtkWindow，子类 widgets 继承父类并扩展了父类的功能而成为一个新类。以 Gtk 开头的所有对象都是在 GTK+中定义的。

　　GNOME 桌面环境以 GTK+为基础，为 GNOME 编写的程序使用 GTK+作为其工具箱。但要注意的是，GNOME 程序和 GTK+程序并不等同，GTK+提供了基本工具箱和窗口小部件（如按钮、标签和输入框等），用于构建图形用户界面应用程序。GTK+也可以运行在 KDE 环境下，还可以在 Windows 上运行。Firefox 浏览器、Geany 代码编辑器和 GIMP 图像处理程序等都是用 GTK+开发的开源软件，可以运行于 Linux、Windows 等多种操作系统平台上。

9.3.2　部署 GTK+编程环境

1. 安装 GTK+开发包

　　部署 GTK+编程环境首先要提供 gcc、g++、gdb、make 等编译工具，然后要安装核心的 GTK+ 开发包，较新版本是 libgtk-3-dev（上一版本是 libgtk2.0-dev）。执行 sudo apt install libgtk-3-dev 命令安装 GTK+ 3 开发包，然后检查是否安装了 GTK+ 3，查看所安装的具体版本。

微课 9-2　部署 GTK+编程环境

```
cxz@linuxpc1:~$ pkg-config --modversion gtk+-3.0
3.24.33
```

2. 测试 GTK+编程

　　下面通过一个简单的源程序进行测试。在主目录中创建名为 testgtk.c 的源代码文件，其内容如下：

```
#include <gtk/gtk.h>
int main(int argc,char *argv[])
{
  /* 声明 GtkWidget 构件 */
  GtkWidget *window;
  GtkWidget *label;
  /* 调用 GTK 初始化函数，这在所有的 GTK 程序中都要调用*/
  gtk_init(&argc,&argv);
  /* 创建主窗口*/
  window = gtk_window_new(GTK_WINDOW_TOPLEVEL);
  /* 为该窗口设置标题*/
  gtk_window_set_title(GTK_WINDOW(window),"Hello");
  /* 将窗口的 destroy 信号链接到函数 gtk_main_quit
  /* 当窗口要被销毁时，获得通告，停止主 GTK+循环 */
  g_signal_connect(window,"destroy",G_CALLBACK(gtk_main_quit),NULL);
  /* 创建 "Hello World!" 标签 */
  label = gtk_label_new("Hello  World!");
  /* 将标签加入主窗口 */
  gtk_container_add(GTK_CONTAINER(window),label);
  /* 显示所有的 GtkWidget 构件，包括窗口、标签*/
  gtk_widget_show_all(window);
  /* GTK 程序必须有一个 gtk_main()函数来启动主循环，等待事件发生并响应，直到应用结束 */
  gtk_main();
  return 0;
}
```
先执行命令进行编译，再运行所生成的可执行文件：
```
cxz@linuxpc1:~$ gcc testgtk.c -o testgtk `pkg-config --cflags --libs gtk+-3.0`
cxz@linuxpc1:~$ ./testgtk
```
结果会显示一个带有一个标签的窗口，标签中显示 "Hello World!"，窗口标题为 "Hello"，如图9-3所示。

3. pkg-config 工具

前面用到过 pkg-config 工具，这里有必要讲解一下。如果库的头文件不在/usr/include 目录中，则通常在编译的时候需要用选项-I 指定其路径。由于同一个库在不同系统上可能位于不同

图 9-3　GTK+编程实现的窗口应用程序

的目录下，用户安装库的时候也可能将库安装在不同的目录下，所以即使使用同一个库，由于库的路径不同，使用-I 选项指定的头文件的路径也可能不同，其结果就是造成编译命令界面的不统一。另外，即使使用-L 选项指定库文件，也会造成链接界面的不统一。编译和链接界面一致性问题的一个解决办法是事先将库的位置信息等保存起来，需要时通过特定的工具将其中有用的信息提取出来供编译和链接使用。目前较为常用的库信息提取工具就是 pkg-config。

pkg-config 是通过库提供的一个.pc 文件获得库的各种必要信息的，包括版本信息、编译和链接需要的参数等。这些信息可以通过 pkg-config 提供的参数单独提取出来直接供编译器和链接器使用。默认情况下，每个支持 pkg-config 的库对应的.pc 文件在安装后都位于安装目录中的 lib/pkgconfig 目录下。

使用 pkg-config 的选项--cflags 可以给出编译时所需要的选项，而选项--libs 可以给出链接时所需的选项。上例用到了 gtk+库，可以按照如下方式进行编译：

```
gcc -c testgtk.c `pkg-config --cflags gtk+-3.0`
```

然后进行链接：

```
gcc testgtk.o -o testgtk `pkg-config --libs gtk+-3.0`
```

还可以将编译和链接两个步骤合并为一个步骤：

```
gcc testgtk.c -o testgtk `pkg-config --cflags --libs gtk+-3.0`
```

使用 pkg-config 工具获得库的选项，不论库安装在什么目录下，都可以使用相同的编译和链接命令。使用 pkg-config 工具提取库的编译和链接参数有以下两个基本的前提。

- 库本身在安装时必须提供一个相应的.pc 文件。
- pkg-config 必须知道要到何处去寻找.pc 文件。

GTK+及其依赖库支持使用 pkg-config 工具，通过设置搜索路径来解决寻找库对应的.pc 文件的问题。对库的头文件的搜索路径的设置变成了对.pc 文件搜索路径的设置。.pc 文件的搜索路径是通过环境变量 PKG_CONFIG_PATH 来设置的，pkg-config 将按照设置路径的先后顺序进行搜索，直到找到指定的.pc 文件为止。

9.3.3　使用 Glade 辅助设计界面

Glade 是一个图形用户界面设计工具，使用 Glade 可以使得基于 GTK+及 GNOME 桌面环境的图形用户界面应用程序的开发变得更加快速和便捷。如果不使用 IDE 开发 GTK+程序，则一般要首先使用 Glade 生成图形用户界面，然后使用文本编辑器（如 Emacs）编写代码，接着使用调试器。

微课 9-3　使用
Glade 辅助设计界面

1. Glade 简介

直接使用 GTK+编写图形用户界面应用程序，仅使用 C 语言编写各种图形用户界面的工作量就非常大，而使用 GTK+图形用户界面生成器 Glade 就可以解决此问题。Glade 是一种开发 GTK+应用程序的快速应用开发工具。它自身就是用 GTK+开发出来的可视化编程工具，可以简化 UI 控件的设计和布局操作，快速生成图形用户界面代码。

Glade 的设计初衷是将界面设计与应用程序代码分离，界面的修改不会影响到应用程序代码。Glade 原先能根据创建的图形用户界面自动生成 C 语言代码，后来可以利用 libglade 库在运行时动态创建界面，现在的 Glade 3 则将设计的界面保存为 glade 格式文件，它实际上是一种用于描述如何创建图形用户界

面的 XML 文件。这给编程人员提供了更多的灵活性，避免了用户界面部分微小的改变就要重新编译整个应用程序，同时其语言无关性使得几乎所有的编程语言都可以使用 Glade。

用 Glade 设计的用户界面是以 XML 格式的文件保存的，它们可以通过 GTK+对象 GtkBuilder 被应用程序动态载入。通过 GtkBuilder，Glade XML 文件可以被许多编程语言使用，包括 C、C++、C#、Vala、Java、Perl、Python 等。

2. Glade 安装

Glade 是基于 GNU GPL 的自由软件。在 Ubuntu 中执行 sudo apt install glade 命令安装 Glade 工具。Glade 需要 GTK+ 3 支持，前面已经安装过 GTK+ 3。

3. 使用 Glade 设计图形用户界面

在命令行中执行 glade 命令，或者从应用程序列表中找到 Glade 界面设计器并运行，启动 Glade 程序，单击 按钮，创建一个 Glade 项目，如图 9-4 所示。

图 9-4　创建一个 Glade 项目

使用 Glade 设计界面比较简单直观，这里给出一个简单的例子进行示范。

（1）在中间工作区顶部工具栏上单击"Toplevels"（顶层）按钮，弹出图 9-5 所示的下拉列表，选择顶层容器，这里选择"GtkWindow"组件，这时在中间的空白工作区会出现一个深色方框，作为程序的主窗口。可以根据需要在右侧属性设置窗格修改此窗口的属性，这里在"ID"文本框中输入"window1"。

（2）在中间工作区顶部工具栏上单击"Display"（显示）按钮，弹出图 9-6 所示的下拉列表，选择显示组件，这里选择"GtkLabel"组件，将该组件放到中间工作区中的窗口中，并在"ID"文本框中输入"label1"。

图 9-5　选择顶层容器

图 9-6　选择显示组件

（3）确认选择该标签，在右侧调度属性设置窗格中设置此窗口的属性。这里将"标签"设置为"Hello World!"。此时整个项目如图 9-7 所示。

图 9-7　Glade 项目

Glade 界面可以有多个层次，顶层窗口下面可以有容器（Container）。

（4）界面设置完成后可保存项目，单击"Save"按钮，弹出文件保存对话框，选择合适的文件夹，并给文件命名（这里命名为 hello.glade）。

该文件就是一个简单的 XML 文件，可以通过文本编辑器查看，代码如下。

```xml
<?xml version="1.0" encoding="UTF-8"?>
<!-- Generated with glade 3.38.2 -->
<interface>
  <requires lib="gtk+" version="3.24"/>
  <object class="GtkWindow" id="window1">
    <property name="can-focus">False</property>
    <child>
      <object class="GtkLabel" id="label1">
        <property name="visible">True</property>
        <property name="can-focus">False</property>
        <property name="label" translatable="yes">Hello World!</property>
      </object>
    </child>
  </object>
</interface>
```

4. 将 GTK+结合 Glade 进行编程

使用 Glade 生成图形用户界面后，还要编写程序代码来调用 Glade 文件作为程序界面。这一步很关键。Glade 文件的本质是一个 XML 文件，这个文件可以用 GtkBuilder 对象载入并生成界面。这里给出一个简单的例子，结合上例的 Glade 文件实现图形用户界面程序。

```c
#include <gtk/gtk.h>
int main (int argc, char *argv[])
{
    GtkBuilder      *builder;
    GtkWidget       *window;

    gtk_init (&argc, &argv);
```

```
builder = gtk_builder_new ();
gtk_builder_add_from_file (builder, "hello.glade", NULL);

window = GTK_WIDGET (gtk_builder_get_object (builder, "window1"));
/* 为该窗口设置标题*/
gtk_window_set_title(GTK_WINDOW(window),"Test Glade");
gtk_builder_connect_signals (builder, NULL);

g_object_unref (G_OBJECT (builder));

gtk_widget_show_all(window);
gtk_main ();

return 0;
}
```

将上述源程序保存为 testglade.c 文件，然后进行编译。完成编译生成可执行文件即可进行测试，将运行一个窗口应用程序，其界面如图 9-8 所示。

```
cxz@linuxpc1:~$ gcc testglade.c -o testglade  `pkg-config --cflags --libs gtk+-3.0`
cxz@linuxpc1:~$ ./testglade
```

图 9-8　基于 Glade 实现的窗口应用程序

9.3.4　部署集成开发环境 Anjuta

即使使用 Glade 生成图形用户界面，如果使用传统编程方式，还是需要使用一系列工具，如文本编辑器、GCC 编译器、GDB 调试器、make 工具、Autotools 工具等，开发效率仍然不高，仅这些工具的组合和切换就比较费时费力。而采用 IDE 则可大大简化程序开发，提高开发效率。Anjuta 就是适合 GTK+开发的 IDE，它可以将所有的开发任务都放在一个统一、集成的环境下一并完成。

微课 9-4　部署集成
开发环境 Anjuta

1. Anjuta 简介

目前，基于 GTK+编程的 IDE 首选 Anjuta。Anjuta 是一个为 GTK+/GNOME 编写的 IDE，除了支持 C 和 C++编程外，还支持 Java、JavaScript 和 Python 语言的编程。

Anjuta 与 Windows 平台上的 Microsoft Visual Studio 和 Borland C++Builder 比较相似，但它在构建系统方面有很大的不同。Anjuta 旨在利用现有的开发工具形成一个快速开发应用程序的集成环境。其主要特性如下。

- 自身提供强大的源程序编辑功能。
- 借用 Glade 工具生成图形用户界面。
- 内嵌代码级的调试器（调用 GDB）。
- 使用标准的 Linux 构建系统工具 Autotools。
- 提供应用程序向导，帮助程序员快速创建 GTK+程序，避免编写重复的代码。

在 Ubuntu 中执行 sudo apt install anjuta 命令安装 Anjuta。使用 Anjuta 之前，需要确认安装了 Glade 和 GTK+。

2. Anjuta 基本使用

Anjuta 主要作为基于 GTK+的 C/C++IDE，下面示范其基本使用。

（1）在命令行中执行 anjuta 命令，或者从应用程序列表中找到 Anjuta 并运行。

（2）Anjuta 初始界面提供了开始（Start）向导，单击"Recent Projects"按钮可以列出近期管理过的项目，单击"Actions"按钮可以列出任务列表，如图 9-9 所示。

图 9-9　Anjuta 初始界面

（3）单击"Create a new project"按钮，启动项目创建向导（也可以通过"文件" > "新建" > "项目"菜单来启动项目创建向导），选择要建立的应用程序（项目）的类型。如图 9-10 所示，作为简单的示范，这里选择 C 语言编程，从项目列表中选择"GTK+(简单)"类型。

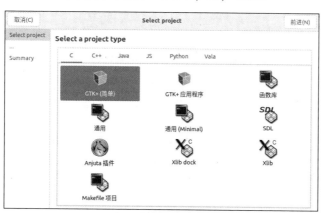

图 9-10　选择项目类型

（4）单击"前进"按钮，出现图 9-11 所示界面，设置项目的基本信息，重点是项目名称。

（5）单击"前进"按钮，出现图 9-12 所示界面，设置项目选项。

（6）单击"前进"按钮，出现"Summary"对话框，给出项目创建的概要信息。单击其中的"应用"按钮，完成项目的创建。Anjuta 建立应用程序项目的目录结构，运行参数配置脚本并建立整个应用项目。

如图 9-13 所示，左侧窗格默认为"Project"窗格，显示的项目结构树有两个顶层节点，上面的顶层节点代表项目要生成的目标；下面的则是项目本身，可以展开查看。

图 9-11　设置项目基本信息

图 9-12　设置项目选项

图 9-13　项目结构

在左侧窗格中切换到"Files"窗格，可以查看整个项目的目录结构和所包含的文件，如图 9-14 所示。整个项目包括源文件(.c)、项目说明文件(如 AUTHORS、COPYING 等)、图形用户界面文件(.ui)，以及项目构建配置文件(如 configure.ac、Makefile.am 等)。这说明 Anjuta 创建项目时会调用自动生成工具 automake 所需的文件。

右侧窗格为编辑区，从"Project"和"Files"窗格中都可以打开文件进行操作，如打开源文件 main.c 进行编辑，打开配置文件 Makefile.am 查看等。

（7）可以直接编辑图形用户界面。切换至"Project"选项卡，展开项目节点下的"src" > "ui"，右击其中的图形用户界面文件(例中为 gtk_testajt.ui)，选择"打开方式" > "Glade 界面设计器"，打开 Glade 对该图形用户界面文件进行编辑，如图 9-15 所示。

Glade 的基本使用前面已经介绍过。本例创建一个简单的窗口，如图 9-16 所示，切换到"Palette"（调色板）窗格，根据需要向窗口中添加可视化控件，这里添加一个标签(label)。

选定添加的标签组件之后，切回"Widgets"（部件）窗格，设置该标签的属性，如图 9-17 所示。编辑完成后，单击"Save"按钮，保存该图形用户界面文件。

图 9-14　项目的目录结构及文件

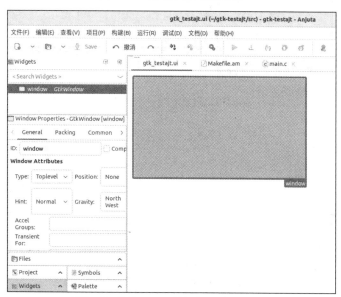

图 9-15　调用 Glade 编辑图形用户界面文件

（8）编译并生成可执行文件。在默认情况下，Anjuta 将程序设置为在终端运行，测试执行程序时需要修改，从"运行"菜单中选择"程序参数"命令，打开相应的对话框，取消勾选"Run in Terminal"复选框，如图 9-18 所示，单击"应用"按钮，关闭该对话框。

接着从"运行"菜单中选择"执行"命令，首先弹出图 9-19 所示的对话框，对项目进行配置（默认显示项目调试配置），保持默认设置，单击"执行"按钮。

如果运行过程中出现"**Error**: You must have 'libtool' installed."这样的错误提示，则执行 sudo apt install libtool-bin 命令安装相应的软件包之后，再次执行该程序。

图9-16　在"Palette"窗格中添加可视化控件

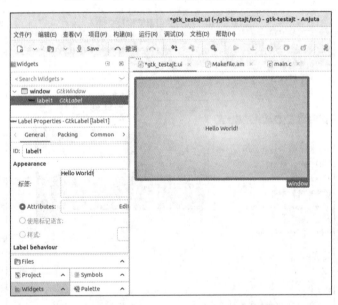

图9-17　在"Widgets"窗格中设置可视化控件属性

图9-18　设置程序参数

图9-19　配置项目

Anjuta 执行完编译后即运行可执行文件，本例将启动一个窗口应用程序，如图 9-20 所示。

Anjuta 在界面底部区域显示执行过程信息。第一次执行"运行"菜单中的"执行"命令时，实际上包括两个阶段，第一阶段配置项目，相当于使用 Autotools 工具，生成编译配置文件 Makefile，如图 9-21 所示；第二阶段执行整个项目的编译，调用的是 make 命令，如图 9-22 所示。

图 9-20　Anjuta 开发的窗口应用程序

图 9-21　生成编译配置文件

还需要考虑程序的发布，Anjuta 提供了相应的命令以生成用于发布应用程序的压缩包。

（9）从"构建"菜单中选择"构建 Tarball"命令，即可完成应用程序包的创建。这里在项目工作目录中的 Debug 目录下生成了压缩包 gtk_testajt-0.1.tar.gz，如图 9-23 所示。

图 9-22　编译项目

图 9-23　构建 Tarball

电子活页 9-2　基于 Qt 的图形用户界面编程

Anjuta 功能强大，源码编辑、程序调试这里就不具体示范了。

另外，Anjuta 除了可以用于开发基于 GTK+ 的图形用户界面应用程序外，还可以用于开发控制台（命令行）程序。

提示　　与 GTK+ 相比，Qt 不仅是图形用户界面库，而且具有编程语言功能，拥有更好的开发环境和工具，能很好地支持桌面、嵌入式和移动应用。Qt 6 系列和 Qt 庞大的生态系统为用户提供了整个产品线的设计、开发和部署所需的资源和工具，目标平台为从微控制器到超级计算机，便于快速开发和部署嵌入式、桌面、移动端等图形用户界面应用程序。Qt 成功的经验值得我们借鉴，在研发自主可控的信息技术的同时，扩大国际科技交流合作，加强国际化科研环境建设，形成具有全球竞争力的开放创新生态。

9.4　习题

1. 简述 GCC 编译的各个阶段。
2. 为什么要使用动态链接？
3. 简述 make 命令的功能。
4. 简述 Makefile 基本语法格式。
5. 简述 make 工具的工作方式。
6. 为什么要使用 Autotools 工具？

7. 简述 GTK+的功能和特性。

8. 安装 GCC，创建一个简单的 C 和 C++源程序，然后分别使用 gcc 和 g++命令进行编译。

9. 使用 gdb 命令调试 C 源程序。

10. 参照本章示例，使用 Autotools 工具生成 Makefile 文件，完成源码安装，并制作源码安装包。

11. 安装 GTK+、Glade 和 Anjuta，参照本章 Anjuta 基本使用的示范，使用 Anjuta 创建一个项目，编辑图形用户界面，编译并生成可执行文件，最终生成用于发布源码的压缩包。

第 10 章
Java与Android开发环境

10

越来越多的程序员选择 Ubuntu（Ubuntu 桌面版）作为软件开发平台。在 Ubuntu 上不仅可以编写传统的 C/C++程序，而且可以开发 Java 程序和移动应用。作为广泛使用的面向对象的程序设计语言，Java 支持桌面、移动和网络应用开发。Android 是目前市场上占有率最高的移动操作系统，支持 Java，Android 应用程序可以使用 Java 语言编写。本章讲解 Ubuntu 上 Java 开发环境和 Android 开发环境的部署和使用，其主要内容不是如何编写相关应用程序，而是如何建立相应的开发环境，以及此类程序开发的基本流程。Java 广泛应用于移动和网络应用开发，学习 Java 开发可为加快建设网络强国贡献自己的力量。

学习目标

① 了解 Java 的特点和体系，学会在 Ubuntu 上安装 JDK。

② 了解 Java 程序的 IDE，学会在 Ubuntu 上安装和使用 Eclipse。

③ 熟悉 Android 系统架构，了解 Android 开发工具。

④ 掌握在 Ubuntu 上安装和使用 Android Studio 的方法。

10.1 Java 开发环境

Java 是一种可以开发跨平台应用软件的面向对象的程序设计语言。在 Ubuntu 中可以快速部署 Java 开发环境，通常使用 Eclipse 开发 Java 应用程序。

10.1.1 Java 的特点

Java 凭借其通用性、高效性、平台移植性和安全性，广泛应用于 PC、数据中心、游戏控制台、科学超级计算机、互联网和移动终端等，同时拥有全球最大的开发者专业社群。Java 在开发人员的生产率和运行效率之间实现了很好的权衡。开发人员可以使用广泛存在的高质量类库，切身受益于这种简洁、功能强大、类型安全的语言。Java 具有以下特点。

- Java 语言简单易学。Java 语言的语法与 C 语言和 C++语言的很接近，这使得大多数程序员很容易学习和使用。Java 丢弃了 C++中很少使用、很难理解的那些特性，如操作符重载、多继承、自动强制类型转换等。Java 语言提供类、接口和继承等原语，简单起见，只支持类之间的单继承，但支持接口之间的多继承，并支持类与接口之间的实现机制。Java 语言全面支持动态绑定，而 C++语言只对虚函数支持动态绑定。总之，Java 语言是一种纯面向对象的程序设计语言。

- Java 语言是分布式的。Java 语言支持 Internet 应用的开发，在基本的 Java API 中有一个网络 API（java.net），它提供了用于网络应用编程的类库，包括 URL、URLConnection、Socket、ServerSocket 等。Java 的 RMI（Remote Method Invocation，远程方法激活）机制也是开发分布式应用的重要手段。

- Java 具有跨平台特性。Java 不同于一般的编译执行计算机语言和解释执行计算机语言。它首先将源代码编译成二进制字节码（Bytecode），然后依赖各种平台上的虚拟机来解释执行字节码，从而实现了"一次编译、到处执行"的跨平台特性。不过，每次执行编译后的字节码需要消耗一定的时间，这在一定程度上降低了 Java 程序的性能。

- 降低应用系统的维护费用。Java 对对象技术的全面支持和 Java 平台内嵌的 API 能缩短应用系统的开发时间并降低成本。"一次编译、到处执行"的特性使得它能够提供一个随处可用的开放结构和在多平台之间传递信息的低成本方式。特别是 Java 企业应用程序接口（Java Enterprise API）为企业计算及电子商务应用系统提供了有关技术和丰富的类库。

- 在 B/S（Browser/Server，浏览器/服务器）开发方面 Java 要远远优于 C++。Java 适合团队开发，软件工程可以做到相对规范，这个优势很突出。由于 Java 语言本身具有极其严格的语法，使用 Java 语言无法写出结构混乱的程序，程序员必须保证代码结构的规范性。值得一提的是，基于 Java 架构的 B/S 软件很不适合持续不断的修改，因为持续不断的修改可能会导致架构被破坏。

10.1.2　Java 体系

Java 是一套完整的体系，主要包括 JVM、JRE 和 JDK，如图 10-1 所示。开发人员利用 JDK（调用 Java API）开发自己的 Java 程序后，通过 JDK 中的编译程序（javac）将 Java 源文件编译成 Java 字节码，在 JRE 上运行这些 Java 字节码，JVM 解析这些字节码并映射到 CPU 指令集或操作系统的系统调用。

1. JVM

JVM（Java Virtual Machine，Java 虚拟机）是整个 Java 实现跨平台的最核心部分，所有的 Java 程序首先被编译为类文件（.class）。这种类文件可以在虚拟机上执行，并不直接与机器的操作系统交互，而是经过虚拟机间接与操作系统交互，由虚拟机将程序解释给本地系统执行。JVM 屏蔽了与具体操作系统平台相关的

图 10-1　Java 体系

信息，使得 Java 程序只需生成在 JVM 上运行的目标代码，这样，就可以在多种平台上不加修改地运行。

2. JRE

只有 JVM 还不能支持 Java 类文件的执行，因为在解释类文件时 JVM 需要调用所需的类库（.lib），这些类库由 JRE（Java Runtime Environment，Java 运行时环境）提供。所谓 JRE，就是 Java 平台，所有的 Java 程序都要在 JRE 下才能运行。通过 JRE，Java 的开发者才得以将自己开发的程序发布给用户，让用户正常使用。运行 Java 程序一般都要求用户的计算机安装 JRE，没有 JRE，Java 程序无法运行。

JRE 中包含 JVM、运行时类库（Runtime Class Library）和 Java 应用启动器（Application Launcher），这些是运行 Java 程序的必要组件。

3. JDK

JDK（Java Development Kit，Java 开发工具包），是针对 Java 开发人员的产品。作为整个 Java 的核心，它包括 JRE、Java 工具（如 javac/java/jdb 等）和 Java 基础类库（即 Java API，包括 rt.jar）。普通用户往往将 Java 视为 Java 应用，而程序员往往将 Java 视为 JDK。

通常用 JDK 来代指 Java API，Java API 是 Java 的应用程序接口，其实就是已经写好的一些 Java 类文件，包括一些重要的语言结构以及基本图形、网络和文件 I/O 等类库。开发人员在自己的程序中可以调用这些现成的类作为开发的基础，现在还有一些性能更好或者功能更强大的第三方类库可供使用。针对不同的应用，JDK 分为以下 3 个版本。

（1）标准版（Standard Edition，SE）。

标准版是通常使用的一个版本，用于开发和部署桌面、服务器以及嵌入设备和实时环境中的 Java 应用程序。这个版本以前称为 J2SE（J2 是指著名的 Java 2 Platform），从 JDK 5.0 开始改名为 Java SE。Java SE 包括用于开发 Java Web 服务的类库，同时 Java SE 为 Java EE 提供了基础。

（2）企业版（Enterprise Edition，EE）。

企业版用来开发企业级应用程序，能够开发和部署可移植、健壮、可伸缩且安全的服务器端 Java 应用程序。这个版本以前称为 J2EE，从 JDK 5.0 开始改名为 Java EE。Java EE 是在 Java SE 的基础上构建的，它提供 Web 服务、组件模型、管理和通信 API，可以用来实现企业级的面向服务的体系结构（Service-Oriented Architecture，SOA）和 Web 2.0 应用程序。

（3）微型版（Micro Edition，ME）。

微型版是专门为移动设备（包括消费类产品、嵌入式设备、高级移动设备等）提供的基于 Java 环境的开发与应用平台，主要用于移动设备、嵌入式设备上的 Java 应用程序开发。这个版本以前称为 J2ME，从 JDK 5.0 开始改名为 Java ME。Java ME 目前分为两类配置，一类是面向小型移动设备的 CLDC（Connected Limited Device Configuration），一类是面向功能更强大的移动设备，如智能手机和机顶盒，称为 CDC（Connected Device Configuration）。Java ME 有自己的类库，其中 CLDC 使用的是称为 KVM 的专用 JVM。

10.1.3 安装 JDK

JDK 有两个系列，一个是 OpenJDK，是 Java 开发工具包的开源实现；另一个是 Oracle JDK，它是 Java 开发工具包的官方 Oracle 版本。尽管 OpenJDK 已经足够满足大多数的应用开发需要，但是有些应用程序建议使用 Oracle JDK。

微课 10-1　安装 JDK

Oracle JDK 基于 OpenJDK 构建，两者在技术上没有本质的差异。Oracle JDK 更多地关注稳定性，更重视企业级用户。两个系列的主版本是对应的。注意，JDK 8 与 JDK 1.8 是同一个版本，这是从 JDK 1.5/JDK 5 命名方式改变后遗留的新旧命名方式问题。

1. 在 Ubuntu 上安装 OpenJDK

OpenJDK 是 Ubuntu 默认支持的 JDK 版本，这是 JRE 和 JDK 的开源版本。可以先执行 javac --version 命令检查当前的 Java 版本。

```
cxz@linuxpc1:~$ javac --version
Command 'javac' not found, but can be installed with:
sudo apt install openjdk-11-jdk-headless # version 11.0.18+10-0ubuntu1~22.04, or
sudo apt install default-jdk             # version 2:1.11-72build2
sudo apt install ecj                     # version 3.16.0-1
sudo apt install openjdk-17-jdk-headless # version 17.0.6+10-0ubuntu1~22.04
```

```
sudo apt install openjdk-18-jdk-headless  # version 18.0.2+9-2~22.04
sudo apt install openjdk-19-jdk-headless  # version 19.0.2+7-0ubuntu3~22.04
sudo apt install openjdk-8-jdk-headless   # version 8u362-ga-0ubuntu1~22.04
```

Ubuntu 22.04 默认没有安装任何 Java 版本，但是运行 Java 相关命令时会给出相应的安装建议。其中，有的软件包名带有 headless，表示 headless 模式。这种模式缺少显示设备、键盘或鼠标的系统配置，具有较小的依赖性，更适合于服务器或终端应用程序，当然图形用户界面也可以正常使用。不带 headless 的 openjdk 包更适合桌面操作系统，并且已经包含 headless 模式。

如果只需安装 JRE，则只需安装包含 jre 的 openjdk 包（如 openjdk-17-jre）。这里要安装 JDK 以支持 Java 应用程序开发，执行 sudo apt install default-jdk 命令就会同时安装 JRE 和 JDK。安装完毕，执行以下命令检查 JRE 版本和 JDK 版本。

```
cxz@linuxpc1:~$ java -version          #查看 Java 运行版本，可获知 JRE 和 JVM 版本
openjdk version "11.0.18" 2023-01-17
OpenJDK Runtime Environment (build 11.0.18+10-post-Ubuntu-0ubuntu122.04)
OpenJDK 64-Bit Server VM (build 11.0.18+10-post-Ubuntu-0ubuntu122.04, mixed mode,
sharing)
cxz@linuxpc1:~$ javac -version         #查看 Java 编译版本，可获知 JDK 版本
javac 11.0.18
```

可以发现，Ubuntu 22.04 LTS 桌面版默认支持的 Java 版本是 OpenJDK 11。

如果想要安装特定的 OpenJDK 版本，则需要在安装命令中明确指示。目前可以安装的 OpenJDK 版本有 8、11、17、18、19，只需在"openjdk-版本号-jdk"包名中替换版本号。

2. 在 Ubuntu 上通过 PPA 安装 Oracle JDK

在 Ubuntu 上安装新版本的 Oracle JDK，通常有两种方式，一种是使用官方的下载文件，另一种是使用 PPA 安装。这里示范通过 PPA 安装 Oracle JDK 17。

（1）执行以下命令添加 PPA 安装源。

```
sudo add-apt-repository ppa:linuxuprising/java
```

（2）执行以下命令安装 Oracle JDK 17。

```
sudo apt install oracle-java17-installer --install-recommends
```

安装 Java 的过程中要求用户接受许可，依次弹出两个窗口，分别单击"确定"和"是"按钮。此处 --install-recommends 选项表示将 Oracle JDK 17 设置为默认的 JDK 版本。如果不想将其设置为默认 JDK 版本，则使用 --no-install-recommends 选项。

（3）完成之后可以查看 Java 版本来进行验证。

```
cxz@linuxpc1:~$ java -version
java version "17.0.6" 2023-01-17 LTS
Java(TM) SE Runtime Environment (build 17.0.6+9-LTS-190)
Java HotSpot(TM) 64-Bit Server VM (build 17.0.6+9-LTS-190, mixed mode, sharing)
```

如果要卸载 Oracle JDK 17，执行以下命令：

```
sudo apt remove oracle-java17-installer
```

然后删除相应的 PPA 源：

```
sudo add-apt-repository -r ppa:linuxuprising/java
```

3. 手动安装 Oracle JDK

Oracle Java 8 是一个仍在广泛使用的经典版本。这里以该版本为例进行示范。首先从 Oracle 官网上下载新版本的 Java 8（本例为 Java SE Development Kit 8u361）安装包，然后在 Ubuntu 上执行以下步骤进行安装。注意，不能直接从 Oracle 官网上下载，必须先登录官网并手动下载 Java 安装包。

（1）检查确认有一个专用目录，这里采用常用的/usr/lib/jvm，当然也可使用其他目录，如/usr/local。如果没有，则要先创建该目录。

（2）将 JDK 安装包解压缩到该目录中。

```
sudo tar -zxvf jdk-8u361-linux-x64.tar.gz -C /usr/lib/jvm
```

（3）切换到该专用目录下，建议将 Java 目录名改得简单、友好一些。

```
cxz@linuxpc1:~$ cd /usr/lib/jvm
cxz@linuxpc1:/usr/lib/jvm$ sudo mv jdk1.8.0_361 java-8-oracle
```

（4）配置环境变量。编辑/etc/profile 文件，在其末尾加上以下语句并保存。

```
export JAVA_HOME=/usr/lib/jvm/java-8-oracle
export JRE_HOME=${JAVA_HOME}/jre
export CLASSPATH=.:${JAVA_HOME}/lib:${JRE_HOME}/lib
export PATH=${JAVA_HOME}/bin:$PATH
```

（5）执行以下命令使环境变量生效。

```
cxz@linuxpc1:/usr/lib/jvm$ source /etc/profile
```

source 命令用于在当前 bash 环境下读取并执行参数指定的文件中的命令，通常直接用命令"."来替代。如果将设置环境变量的命令写进 Shell 脚本中，只会影响子 Shell，无法改变当前的 bash，因此通过文件（命令序列）设置环境变量时，要用 source 命令。

（6）测试。打开一个终端，执行命令 java --version：

```
cxz@linuxpc1:/usr/lib/jvm$ java --version
java version "1.8.0_361"
Java(TM) SE Runtime Environment (build 1.8.0_361-b09)
Java HotSpot(TM) 64-Bit Server VM (build 25.361-b09, mixed mode)
```

显示结果表明 Java 已经成功安装了。

10.1.4 管理 Java 版本

可以在一台计算机上安装多个 Java 版本。在 Ubuntu 中可以使用 update-alternatives 命令在多个 Java 版本之间进行切换，以更改当前默认的 Java 版本。update-alternatives 是一个通用的 Linux 软件版本管理工具，Linux 发行版中均提供该命令用于处理 Linux 中软件版本的切换。

微课 10-2 Java
版本切换

前面使用 APT 或 PPA 安装的 Java 版本已经自动完成 update-alternatives 的注册设置，可以直接使用该工具。但是，通过安装包手动安装的 Java 版本无法使用该命令进行版本切换操作。纳入 update-alternatives 的软件首先需要使用 update-alternatives --install 命令进行注册。

以上述 Oracle Java 8 为例，安装过程中应跳过第（4）步和第（5）步。如果已经在/etc/profile 文件中配置过 Java 环境变量，则应删除相应的配置语句，并重启系统或者退出该 Shell 环境（如关闭终端窗口）。执行以下命令进行注册：

```
cxz@linuxpc1:~$ sudo update-alternatives --install /usr/bin/java java  /usr/lib/
jvm/java-8-oracle/bin/java 300
cxz@linuxpc1:~$ sudo update-alternatives --install /usr/bin/javac javac  /usr/lib/
jvm/java-8-oracle/bin/javac 300
```

作为示范，这里只添加了两个主要的 Java 候选项 java（Java 运行时，即 JRE）和 javac（Java 编译器），实际上还有很多 Java 候选项，一般是 JDK 内置的常用工具，如 ktab 用于密钥和证书管理。

其中，选项--install 表示向 update-alternatives 注册名称，也就是可用于切换的版本，或称候选项（Alternative）。其后有 4 个参数，说明如下。

- 链接（Link）:注册最终地址，即指向/etc/alternatives/<名称>的符号链接，update-alternatives 命令管理的就是该链接。

- 名称（Name）:注册的软件名称，即该链接代表的一组替换项的主控名称。如 java 表示管理的是 Java 软件版本。

- 路径（Path）:候选项目标文件（被管理的软件版本）的绝对路径。

- 优先级（Priority）：数字越大优先级越高。当设为自动模式（默认为手动模式）时，系统默认启用优先级最高的链接，即切换到相应的软件版本。

update-alternatives 实现版本切换的机制是通过文件软链接来关联要切换到的软件版本的，即链接（/usr/bin/<名称>）是指向名称（/etc/alternatives/<名称>）的软链接，而名称（/etc/alternatives/<名称>）又是指向路径（软件实际路径）的软链接。例如，针对上述例子验证如下：

```
cxz@linuxpc1:~$ ls -l /usr/bin/java
lrwxrwxrwx 1 root root 22  4月  6 10:54 /usr/bin/java -> /etc/alternatives/java
cxz@linuxpc1:~$ ls -l /etc/alternatives/java
lrwxrwxrwx 1 root root 36  4月  6 11:17 /etc/alternatives/java -> /usr/lib/jvm/java-7-oracle/bin/java
```

每次切换（更改）操作就使名称指向另一个软件的实际地址，并在 update-alternatives 配置文件中说明当前是自动模式还是手动模式。每个名称对应的配置文件为/var/lib/dpkg/alternatives/<名称>，例如，java 对应的配置文件是 /var/lib/dpkg/alternatives/java，javac 对应的配置文件是/var/lib/dpkg/alternatives/javac。可以使用以下命令查看 java 当前的版本配置信息：

```
cxz@linuxpc1:~$ update-alternatives --display java
java - 手动模式
  最佳链接版本为 /usr/lib/jvm/java-11-openjdk-amd64/bin/java
 链接目前指向 /usr/lib/jvm/java-17-oracle/bin/java
 链接 java 指向 /usr/bin/java
 从链接 java.1.gz 指向 /usr/share/man/man1/java.1.gz
/usr/lib/jvm/java-11-openjdk-amd64/bin/java - 优先级 1111
 次要 java.1.gz: /usr/lib/jvm/java-11-openjdk-amd64/man/man1/java.1.gz
/usr/lib/jvm/java-17-oracle/bin/java - 优先级 1091
 次要 java.1.gz: /usr/lib/jvm/java-17-oracle/man/man1/java.1.gz
/usr/lib/jvm/java-8-oracle/bin/java - 优先级 300
```

除了当前模式外，配置信息中还包含可用的软件（候选的软件版本）、优先级等，如果有相应手册还会提供手册文件路径。

最佳链接版本为推荐的版本，链接目前指向的是当前选定的版本，从（Slave）链接指向的是相关 man 手册文档，每当候选项更改时，该从链接也会跟着更改。

可以通过以下命令来手动选择候选项（即要切换的版本）：

```
cxz@linuxpc1:~$ sudo update-alternatives --config java
[sudo] cxz 的密码：
有 3 个候选项可用于替换 java (提供 /usr/bin/java)。

  选择       路径                                              优先级   状态
------------------------------------------------------------
  0        /usr/lib/jvm/java-11-openjdk-amd64/bin/java    1111     自动模式
  1        /usr/lib/jvm/java-11-openjdk-amd64/bin/java    1111     手动模式
* 2        /usr/lib/jvm/java-17-oracle/bin/java           1091     手动模式
  3        /usr/lib/jvm/java-8-oracle/bin/java             300     手动模式
要维持当前值[*]请按<回车键>，或者键入选择的编号: 1
update-alternatives: 使用 /usr/lib/jvm/java-11-openjdk-amd64/bin/java 来在手动模式
中提供 /usr/bin/java (java)
```

其中，"*"表示当前选定的版本。选择 0 会切换到自动模式。这里选择 3 即可切换到 OpenJDK 11，可以进行验证：

```
cxz@linuxpc1:~$ java --version
openjdk version "11.0.18" 2023-01-17
OpenJDK Runtime Environment (build 11.0.18+10-post-Ubuntu-0ubuntu122.04)
OpenJDK 64-Bit Server VM (build 11.0.18+10-post-Ubuntu-0ubuntu122.04, mixed mode, sharing)
```

在没有手动安装特定 Java 版本的情况下，update-alternatives 将自动安装最佳版本的 Java 作为默认版本，并采用自动模式。如果要回到默认的自动模式，则可以直接使用以下命令：

```
sudo update-alternatives --auto java
```

update-alternatives 提供了多个子命令，例如删除候选项的子命令如下：

```
sudo update-alternatives --remove <名称> <路径>
```

执行 sudo update-alternatives --config java 命令只是切换了 JRE 版本。要切换 JDK 版本，还需执行 sudo update-alternatives --config javac 命令。

电子活页 10-1　使用 update-java-alternatives 管理 Java 版本

提示　　除了通用版本切换工具之外，还可以使用 Java 专用的版本切换工具 update-java-alternatives 来管理 Java 版本的切换。需要注意的是，update-java-alternatives 依赖 update-alternatives 的注册信息。如果两个工具都用来切换 Java 版本，则以最新使用的为准，前提是能够实现有效切换。

10.1.5　使用 Eclipse 开发 Java 应用程序

编辑 Java 源代码可以使用任何无格式的纯文本编辑器。由于 Java 受到多厂商的支持，其开发工具非常之多。要提高开发效率，应首选集成开发工具。JCreator 是一个用于 Java 程序设计的轻量级集成开发工具，具有编辑、调试、运行 Java 程序的功能，适合初学者使用。IntelliJ IDEA 在业界被公认为最好的 Java 开发工具之一，尤其在智能代码助手、代码自动提示、重构、J2EE 支持、各类版本工具、JUnit、CVS 整合、代码分析、创新的图形用户界面设计等方面的功能可以说非常优秀。这是一款商业软件，没有开源版本。目前比较流行的 Java 集成开发工具是 Eclipse。Eclipse 比 JCreator 更为专业，是一个开放的、可扩展的集成开发工具，不仅可以用于 Java 的开发，通过开发插件还可以构建其他语言（如 C++、PHP 等）的开发工具。Eclipse 是开源项目，可以免费下载使用。这里讲解 Eclipse 的部署和基本使用。

微课 10-3　使用 Eclipse 开发 Java 应用程序

1. 在 Ubuntu 上安装 Eclipse

安装 Eclipse 非常简单，前提是安装好 JDK。现在可以通过 Snap 方式安装 Eclipse，非常方便，执行以下命令即可。

电子活页 10-2　手动安装 Eclipse

```
cxz@linuxpc1:~$ sudo snap install --classic eclipse
确保 "eclipse" 的先决条件可用
下载 snap "eclipse" (66)，来自频道 "stable"
# 此处省略
挂载 snap "eclipse" (66)
设置 snap "eclipse" (66) 的安全配置
设置 snap "eclipse" 的别名 eclipse 2022-12 已从 Snapcrafters 安装
```

提示　　由于受网络环境影响，采用 Snap 方式安装 Eclipse 所花费的时间可能较长。读者也可以采用手动安装方式，从 Eclipse 官网下载 Eclipse 安装器，再进行安装，或者直接从 Eclipse 官网下载 Eclipse IDE for Java Developers 的安装包来进行安装。

安装完毕，可以从应用程序列表中找到 Eclipse 图标并通过它启动 Eclipse。首次启动 Eclipse 将弹出图 10-2 所示的提示对话框，定义工作空间（Workspace），即软件项目要存放的位置。如果勾选"Use this as the default and do not ask again"复选框，则会将当前指定的路径作为默认工作空间，下次启动时将不再提示定义工作空间。

图10-2　设置工作空间

单击"Launch"按钮，将弹出图 10-3 所示的欢迎界面，其中给出常见操作的快捷方式。

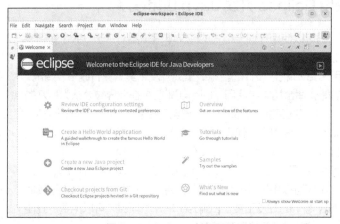

图10-3　Eclipse 欢迎界面

2. 在 Eclipse 中创建 Java 项目

项目（Project）将一个软件的所有相关文件组合在一起，便于集中管理和操作这些不同种类的文件。在编写 Java 应用程序之前，首先要创建一个项目。

（1）在欢迎界面中单击"Create a new Java project"（或者关闭欢迎界面，进入 Eclipse 工作台，从"File"中选择"New"＞"Java Project"命令），弹出图 10-4 所示的对话框。

（2）在"Project name"文本框中为该项目命名，默认勾选"Use default location"复选框，将在工作空间中创建一个与项目名同名的目录来存放整个项目的文件。

"JRE"区域可以设置该 Java 应用程序的 JRE 版本，这里保持默认选择（JavaSE-17），这样低于该 Java 版本时将无法运行该程序。

在"Project layout"区域默认勾选"Create separate folders for sources and class files"复选框，项目中会生成两个目录 src 和 bin，分别用来存放源代码和编译后的类文件。

为简化实验操作，这里不采用模块化机制，取消勾选"Create module-info.java file"复选框。Java 9 开始引入模块化的概念，将包归到模块下，module-info.java 文件用于指定模块下哪些包对外可见。

（3）单击"Next"按钮，出现图 10-5 所示的对话框，定义 Java 的构建（编译并建立可执行文件）

设置。这里保持默认设置。

图 10-4　创建 Java 项目

图 10-5　定义 Java 构建设置

（4）单击"Finish"按钮，完成项目的创建。如图 10-6 所示，本例项目名为 Hello。

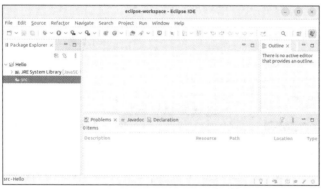

图 10-6　创建的 Java 项目

3. 在 Eclipse 中创建 Java 类

类是 Java 应用程序中最重要的文件，只有类文件才能在 JVM 上运行。开发 Java 应用程序，就要创建 Java 类。

（1）在菜单栏中选择"File"＞"New"＞"Class"命令，或者单击工具栏上的 按钮，将弹出相应的新建 Java 类对话框。

（2）如图 10-7 所示，在"Name"文本框中输入类名，并在"Package"文本框中输入包名（这里采用默认值 default），这里选择"public static void main(string[ ] args)"复选框，以自动创建一个main()方法。

（3）单击"Finish"按钮，界面中出现一个代码编辑器，左边包视图 src 节点下多出一个包名（例中为默认包）。

图 10-7　新建 Java 类

（4）在代码编辑器中可以对类文件进行编辑，如图 10-8 所示，这里增加一行代码用于显示"Hello World!"，以便进行测试。

```
System.out.println("Hello World!");
```

图 10-8　编辑代码并运行 Java 程序

（5）在菜单栏中选择"File"＞"Save All"命令，保存修改的文件。

（6）运行项目进行测试。在菜单栏中选择"Run"＞"Run As"＞"Java Application"命令，或者单击工具栏上的 ● 按钮，运行当前的 Java 程序。

（7）界面右下部的显示区中将多出一个 Console（控制台）视图，如图 10-8 所示。该视图中会显示运行结果，例中表明程序运行成功。

还可以直接运行该 Java 程序进行实际测试，本例的前提是将当前的 JRE 切换到 17 或以上版本。

```
cxz@linuxpc1:~$ cd eclipse-workspace/Hello/bin
cxz@linuxpc1:~/eclipse-workspace/Hello/bin$ java Hello
Hello World!
```

4. 进一步熟悉 Eclipse 界面

接下来讲解一下 Eclipse 的界面组成及其基本功能。Eclipse 界面包括菜单栏、工具栏和透视图（Perspective）等。

Eclipse 透视图的概念比较重要。透视图是由一些视图、编辑器组成的集合，图 10-8 中显示的是默认的 Java 透视图。视图是 Eclipse 中的一些功能性窗格，如包视图显示项目中的文件列表，大纲视图显示当前编辑器所打开的文件的纲要信息，显示区根据当前的操作状态显示不同的视图，如 Console 视图、Problems（问题）视图等。可以根据需要来打开所需的视图，在菜单栏中选择"Window">"Show View"命令，然后选择所需的视图即可（选择"Other"将弹出相应的对话框，可以选择更多种类的视图），如图 10-9 所示。

编辑区中提供编辑器以对源文件等进行编辑操作。

除了 Java 透视图，还可以切换到其他透视图。在菜单栏中选择"Window">"Perspective">"Other"（或者单击右上方的 🔲 按钮），弹出图 10-10 所示的对话框，选择所需的透视图。

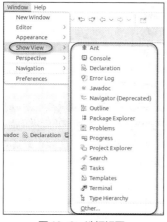

图 10-9　选择视图

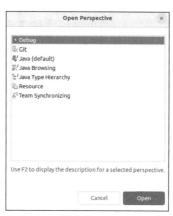

图 10-10　选择透视图

10.2　Android 开发环境

Android 是一种基于 Linux 的自由及开源的操作系统，是目前市场上占有率最高的移动操作系统，尤其在智能手机领域广受欢迎。它同时也是内置支持 Java 的操作系统，Android 应用程序可以使用 Java 语言编写。在 Ubuntu 桌面版上开发 Android 应用程序非常方便。

> **提示**　华为是坚持面向世界科技前沿，实现科技自立自强的典型代表。华为鸿蒙操作系统（HUAWEI HarmonyOS）是其自主研发，面向全场景的智能终端操作系统。它并不是一个单纯的手机操作系统，而是多种全场景智能设备的操作系统。鸿蒙操作系统可以安装在包括手机、手表、无人机等很多设备上，为不同设备的智能化、互联与协同提供统一的语言。鸿蒙操作系统是基于开源项目 OpenHarmony 开发的商用版本，并不兼容 Android。但是鸿蒙操作系统和 Android 都是基于 Android 开源项目（Android Open Source Project，AOSP）开发的。AOSP 是可以在开源许可下自由使用和修改的，华为也是基于这套开源体系研制了鸿蒙操作系统。鸿蒙操作系统可以很好地兼容 Android 全部的应用，而且如果将 Android 应用在鸿蒙操作系统中重新编译，其运行性能还会提升。

10.2.1　Android 简介

Android 通常译为"安卓"，由谷歌公司和开放手持设备联盟（Open Handset Alliance）领导及开发，主要用于移动设备，如智能手机和平板电脑等。它最初由安迪·鲁宾（Andy Rubin）开发，主要支持手机。2005 年 8 月由谷歌公司收购。2007 年 11 月，谷歌公司与多家硬件制造商、软件开发商及电信运营商组建开放手持设备联盟共同研发改良 Android 系统。随后谷歌公司以 Apache 开源许可证的授权方式，发布了 Android 的源代码。2022 年 5 月 12 日，谷歌公司正式发布 Android 13。

1. Android 系统架构

与许多其他操作系统一样，Android 也采用了分层的系统架构。如图 10-11 所示，Android 分为 4 层，从低到高分别是 Linux 内核层、系统运行库层、应用框架层和应用层。

（1）Linux 内核层。这一层为各种硬件提供底层驱动，如显示驱动、音频驱动、相机驱动、Wi-Fi 驱动、USB 驱动、电源管理等。Android 运行于 Linux 内核之上，但并不是 GNU/Linux，因为一般 GNU/Linux 所支持的功能，Android 大多数没有提供，如 X11、GTK 等都被移除了。

图 10-11　Android 系统架构

（2）系统运行库层。这一层包含一些供 Android 系统中不同组件使用的 C/C++库，通过 Android 应用框架为开发者提供服务。如 Surface Manager 库用于对显示子系统的管理，并且为多个应用程序提供 2D 和 3D 图层的无缝融合；WebKit 库提供 Web 浏览器内核。Android 运行时库也位于此层，包含一个核心类库的集合，用于提供大部分在 Java 编程语言核心类库中可用的功能，还包含 Dalvik 虚拟机。每一个 Android 应用程序都是 Dalvik 虚拟机中的实例，运行在它们自己的进程中。

（3）应用框架层。这一层提供访问应用程序所使用的 API 框架，开发人员可以通过使用这些 API 来创建应用程序，Android 内置的一些核心应用也是使用这些 API 实现的。

这些 API 包括可以用来构建应用程序的视图（View）、访问其他应用程序数据的内容提供器（Content Provider）、提供非代码资源访问的资源管理器（Resource Manager）、用来管理应用程序生命周期并提供常用的导航回退功能的活动管理器（Activity Manager）等。

（4）应用层。这一层包括所有的应用程序。一类应用程序是与 Android 一起发布的一系列核心应用程序，如客户端、日历、地图、浏览器、联系人管理程序等。另一类应用程序是自己开发的，或由其他开发商开发的。

提 示　　以前 Android 应用程序主要使用 Java 语言编写。在 Google I/O 2017 中，谷歌公司宣布 Kotlin 成为 Android 官方开发语言。Kotlin 是一种在 JVM 上运行的静态类型编程语言，由 JetBrains 公司设计开发并开源。Kotlin 可以编译成 Java 字节码，也可以编译成 JavaScript，方便在没有 JVM 的设备上运行。Kotlin 比 Java 更安全、更简洁，采用该语言进行开发，可以充分利用 JVM、Android 和浏览器的现有库，还可以使用任何 Java IDE 或者使用命令行构建应用程序。

2. Android 的主要应用组件

Android 的主要应用组件如下。

- 活动（Activity）：Android 最基本的组件之一，主要用于界面呈现，所有 Android 程序的流程都运行在活动之中。在 Android 程序中，活动一般代表手机屏幕的一屏。通常，一个 Android 应用由多个活动组成。
- 服务（Service）：运行服务的 Android 组件，不提供用户界面。服务只能在后台运行，并且可以与其他组件进行交互。
- 广播接收器（Broadcast Receiver）：用于接收广播。Android 中的广播是一种在应用程序之间传输信息的机制，广播接收器对其他应用程序发送出来的广播消息进行过滤、接收并进行响应处理。可以使用广播接收器来让应用程序响应外部事件。
- 内容提供器：支持在多个应用程序中存储和读取数据，相当于数据库，是 Android 提供的第三方应用数据的访问方案。

3. Android 的优势

Android 的优势如下。

- 开放性：开放的平台允许任何移动终端厂商加入 Android 联盟，这可以使其拥有更多的开发者，随着用户和应用的日益丰富，平台能更快地走向成熟。
- 丰富的硬件支持：Android 的开放性使得众多厂商推出功能特色各异的多种产品，这些功能上的差异和特色不会影响数据同步，以及软件的兼容。
- 方便开发：为第三方开发商提供一个十分宽泛、自由的环境，不会受到各种条条框框的限制和阻挠，有利于推出新颖别致的软件。

10.2.2　Android 开发工具

Android 程序使用 Java 或 Kotlin 语言编写，只要支持 Java 开发的平台都可用来开发 Android。Linux 桌面操作系统就是一个不错的 Android 平台，尤其是 Ubuntu。Android 开发主要涉及以下工具。

1. Android SDK

SDK（Software Development Kit，软件开发工具包）一般是为特定的软件包、软件框架、硬件平台、操作系统等开发应用软件的开发工具集合。Android SDK 指的是 Android 专属的软件开发工具包，包括为开发者提供的库文件以及其他开发所需的工具。谷歌公司还推出专门为可穿戴设备设计的 Android SDK。开发 Android 程序时，引入 Android SDK 即可使用 Android 相关的 API。

2. IDE

从理论上讲，有了 Android SDK，使用一般的编辑软件即可开发 Android 程序。但是，从开发效率的角度看，应当使用 IDE 来开发 Android 程序。

IntelliJ IDEA 是一个 Java 编程语言开发的集成环境，可以作为 Android IDE。Eclipse 是最优秀的 IDE 之一，也是主流的 Java 开发工具，其凭借超强的插件功能，几乎支持所有的主流编程语言的开发，当然也非常适合 Android 开发，也是传统的主流 Android 开发工具。

Android Studio 是谷歌公司专门针对 Android 程序开发推出的 IDE，目前免费向谷歌公司及 Android 开发人员发放。Android Studio 以 JetBrains 公司的 IntelliJ IDEA 为基础，提供集成的 Android 开发工具用于开发和调试 Android 软件。

不过，在 Android Studio 发布之前，Eclipse 等工具已经有了大规模的使用。谷歌公司宣布 Android Studio 取代 Eclipse，正式成为官方集成开发软件，并终止对后者的支持，但 Eclipse 现有的 Android 工具会由 Eclipse 基金会继续支持下去。这里仅讲解 Android Studio。

10.2.3　安装部署 Android Studio

Android Studio 工具有助于简化 Android 的开发。这里讲解如何安装部署
Android Studio。

微课 10-4　安装部
署 Android Studio

1. Android Studio 的特性

Android Studio 是第一个官方的 Android 开发环境，包含构建 Android 应用
所需的所有功能。它具备以下重要特性。

- 支持基于 Gradle 的构建。Gradle 是一种依赖管理工具，以 Groovy 语言
为基础，主要面向 Java 应用。它不再使用基于 XML 的各种烦琐配置，而是采用一种基于 Groovy 的领
域特定语言（Domain-Specific Language，DSL），来实现项目的自动化构建。
- Android 专属的重构和快速修复。
- 基于模板的向导生成常用的 Android 应用设计和组件。
- 拥有功能强大的布局编辑器，可以让用户拖曳 UI 控件并进行效果预览。

2. Android Studio 的安装方式

Ubuntu 桌面版作为优秀的应用程序开发平台，支持通过以下多种方式安装 Android Studio。

- 使用 Ubuntu make 工具安装 Android Studio。Ubuntu make 旨在一键安装所需开发环境，它
提供了一个命令行工具来安装各种开发工具和 IDE 等，使用它可轻松安装 Android Studio。国内访问谷
歌服务器受限，这种安装方式往往不会成功。
- 使用 Snap 安装 Android Studio。这种方式只需执行 sudo snap install android-studio
--classic 命令。由于国内未提供 Snap 源镜像，安装 Android Studio 需要花费较长时间。
- 通过 PPA 安装 Android Studio。例如可以通过 PPA 源 ppa:maarten-fonville/android-studio
来安装 Android Studio。
- 通过安装包手动安装 Android Studio。可以到 Android Studio 中文社区下载针对 Linux 平台的
Android 官方开发工具包进行手动安装。这种方式较为通用，也非常可靠，适用于各种操作系统。接下
来，以这种方式为例示范 Android Studio 的安装过程。

3. 手动安装 Android Studio 并进行初始化设置

现在的 Android Studio 版本已经自带 Java 开发工具包 OpenJDK 了，不需要单独安装 JDK，当
然也可安装并设置自己的 JDK。Android Studio 安装完毕还需进行初始化设置。

（1）本例运行的是 64 位版本的 Ubuntu，需要使用以下命令安装部分 32 位库。

```
sudo apt install libc6:i386 libncurses5:i386 libstdc++6:i386 lib32z1 libbz2-1.0:i386
```

（2）下载 Android Studio 安装包。本例下载的是 Electric Eel，此版本强化了对大屏幕设备 App 开
发的支持。可以到官网获取下载地址。执行以下命令将安装包下载到当前目录。

```
cxz@linuxpc1:~$ wget https://redirector.gvt1.com/edgedl/android/studio/ide-zips/
2022.1.1.21/android-studio-2022.1.1.21-linux.tar.gz
```

（3）下载完毕，将该软件包解压缩到/opt 目录中。

```
cxz@linuxpc1:~$sudo tar -zxvf android-studio-*-linux.tar.gz -C /opt
```

/opt 目录适合共享用户，也可以将其安装到适合用于用户个人的/usr/local 目录中。

（4）切换到 Android Studio 安装目录下的 bin 子目录。

```
cxz@linuxpc1:~$ cd /opt/android-studio/bin
```

（5）执行以下命令通过运行 studio.sh 脚本文件启动 Android Studio。

```
cxz@linuxpc1:/opt/android-studio/bin$ ./studio.sh
```

（6）首次启动 Android Studio 之后，弹出图 10-12 所示的对话框，提示是否导入 Android Studio 设置，这里选择"Do not import settings"单选按钮并单击"OK"按钮。

（7）启动 Android Studio 安装向导，还会弹出"Help improve Android Studio"对话框，提示是否允许谷歌公司收集数据，这里单击"Don't send"按钮，不发送数据。

Android Studio 安装向导会引导用户完成其余安装步骤，包括下载开发所需的 Android SDK 组件。

（8）弹出图 10-13 所示的对话框，提示不能访问 Android SDK 附件列表，这是因为系统中当前没有安装 Android SDK，而且所下载的安装包不含 Android SDK。这不影响后续设置，单击"Cancel"按钮即可。

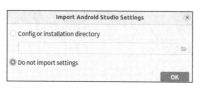

图 10-12　导入 Android Studio 设置

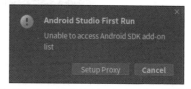

图 10-13　提示不能访问 Android SDK 附件列表

（9）出现图 10-14 所示的设置向导欢迎界面，单击"Next"按钮。

图 10-14　Android Studio 设置向导欢迎界面

（10）出现图 10-15 所示的安装类型选择界面，保持默认设置（Standard），单击"Next"按钮。

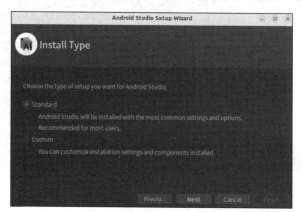

图 10-15　安装类型选择界面

（11）出现图 10-16 所示的 UI 主题选择界面，默认为"Darcula"，这里修改为"Light"，单击"Next"按钮。

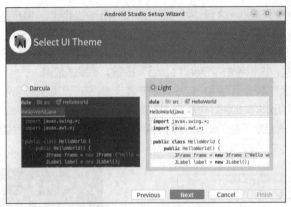

图10-16 UI主题选择界面

（12）出现图10-17所示的确认安装设置界面，单击"Next"按钮。

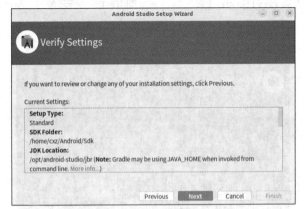

图10-17 确认安装设置界面

（13）出现图10-18所示的许可设置界面，选择"Accept"单选按钮，单击"Next"按钮。

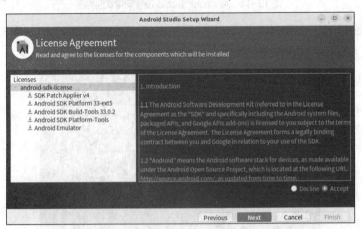

图10-18 许可设置

（14）出现图10-19所示的模拟器设置界面，提示当前系统能够以加速模式运行，单击"Finish"按钮。

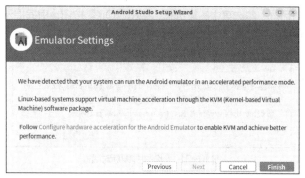

图 10-19　模拟器设置界面

（15）出现"Downloading Components"对话框，开始下载组件，下载完成后再单击"Finish"
按钮，关闭该对话框。出现图 10-20 所示的欢迎界面。至此，完成了 Android Studio 的初始化设置。

图 10-20　Android Studio 欢迎界面

4. 为 Android Studio 创建快捷图标

通常，需要为该软件创建快捷方式，以便于通过应用程序列表中的快捷图标启动该软件。手动创建
快捷方式需在/usr/share/applicatons/目录中创建一个快捷图标文件 android-studio.desktop，加入以
下快捷图标定义。

```
[Desktop Entry]
Version=1.0
Type=Application
Name=Android Studio
Icon=/opt/android-studio/bin/studio.png
Exec=/opt/android-studio/bin/studio.sh %f
Comment=The Drive to Develop
Categories=Development;IDE;
Terminal=false
StartupWMClass=jetbrains-studio
StartupNotify=true
```

这样就可以从应用程序列表中找到 Android Studio 快捷图标并通过它启动 Android Studio。

更为简单的实现方式是，进入 Android Studio 之后，在"Tools"中选择"Create Desktop Entry"，

弹出图 10-21 所示的对话框，勾选其中的复选框，单击"OK"按钮，根据提示输入用户密码，将自动创建名为 jetbrains-studio.desktop 的快捷图标文件。

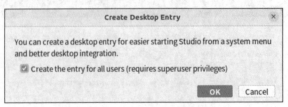

图 10-21　创建快捷图标对话框

5. Android SDK 管理

Android SDK 管理器用于管理 Android 的 SDK 文件。这里直接在上述配置向导的基础上配置管理 Android SDK。在 Android Studio 欢迎界面中单击"More Actions"，在下拉列表中选择"SDK Manager"（进入 Android Studio 之后，可以在"Tools"中选择"SDK Manager"），打开 Android SDK 管理器，如图 10-22 所示。

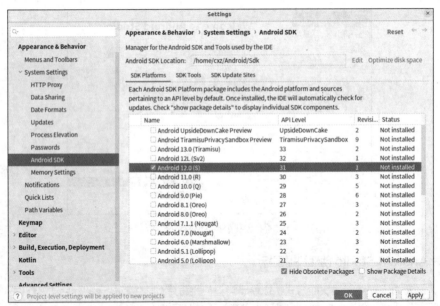

图 10-22　Android SDK 管理器

必须至少安装一个 Android 版本的 SDK Platform（平台）。Android 版本非常多，全部下载安装非常费时，最好根据开发程序的目标版本来选择，当然新版本可以兼容旧版本。本例安装 Android 12.0(S) 版本。注意，列表中还有一个名为 Android 12L(Sv2)的版本。Android 12L 是谷歌公司专门为折叠式设备和大屏幕设备进行多项优化和改进的版本。

Android SDK 涉及若干 SDK 工具，可切换到"SDK Tool"选项卡，进一步选择要安装的 SDK 工具，如图 10-23 所示。Android SDK 管理器可以自动检测更新，对于已选择的项目，如果有更新，将在状态栏（Status）进行标注。值得一提的是，这些 SDK 工具是各个 Android 版本通用的。

单击"OK"按钮，弹出"Confirm Change"对话框，单击"OK"按钮，弹出图 10-24 所示的"SDK Component Installer"对话框，开始下载相应组件的软件包并进行安装。

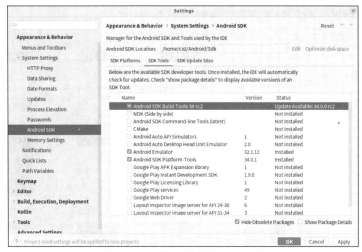

图 10-23　选择要安装的 SDK 工具

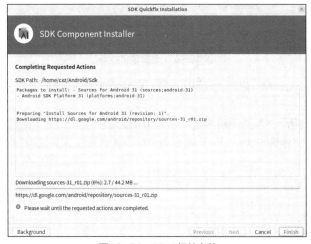

图 10-24　SDK 组件安装

　　如果选择的组件较多，下载安装过程会比较耗时。所有下载的 SDK 都位于由"Android SDK Location"文本框指定的 SDK 目录中。

　　安装完毕，单击"Finish"按钮。

10.2.4　基于 Android Studio 开发 Android 应用程序

　　完成 Android Studio 的安装部署之后，即可使用它进行 Android 应用程序开发。

1. 创建一个 Android 项目

　　Android Studio 提供 Android 项目创建向导，使用起来非常方便。这里直接在上述 Android Studio 欢迎界面的基础上启动新项目的创建。当然也可进入 Android Studio 之后通过菜单栏选择新建项目。

　　（1）在 Android Studio 欢迎界面中单击"New Project"按钮，启动项目创建向导。如图 10-25 所示，向导提供了多种类型的项目供用户选择，本例在"Phone and Tablet"中

微课 10-5　基于 Android Studio 开发 Android 应用程序

选择较为简单的"Empty Activity"，单击"Next"按钮。

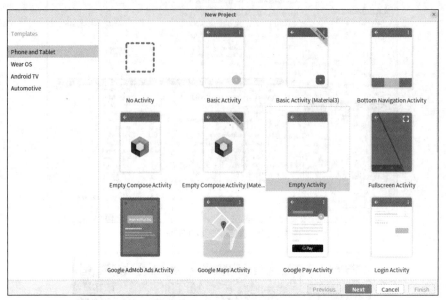

图10-25　选择项目类型

除了"Phone and Tablet"之外，还可以选择"Android TV""Wear OS"等项目类型，这也是Android Studio 的特色之一。

（2）出现图 10-26 所示的配置项目界面，为项目命名并指定项目所在路径；选择开发语言（默认的是 Kotlin 语言，这里选择传统的 Java 语言）；设置目标设备的最低 SDK 版本。

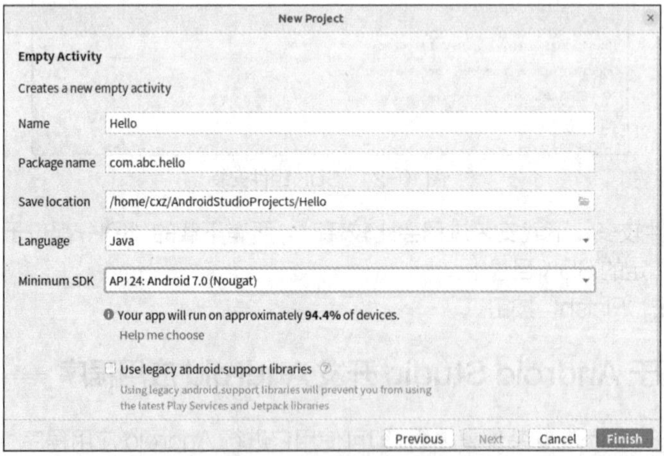

图10-26　配置项目界面

（3）单击"Finish"按钮，Android Studio 开始构建该项目的 Gradle 项目信息，最终完成项目的创建。因为是第一次运行项目，所以会去下载构建项目的 Gradle，可能花费的时间较长。

完成该项目的构建之后，会在 Android Studio 的开发环境中显示刚刚创建的项目，如图 10-27 所示。

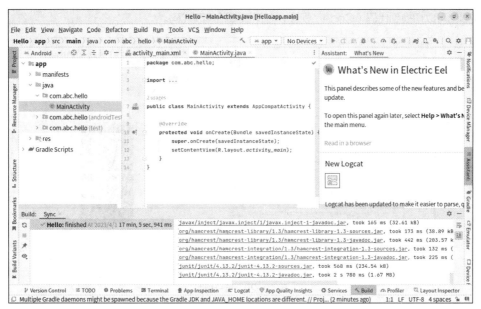

图 10-27　成功创建 Android Studio 项目

这里介绍一下基本界面。左侧窗格是项目面板，显示整个项目的结构，用于浏览项目文件；中间窗格是编辑区，可以显示布局图，或者编辑文件；底部窗格是信息输出区域，其中"Build"面板可以显示项目构建信息，"Terminal"面板可以用来直接输入命令行操作，"Logcat"面板可以显示日志信息，"TODO"面板用于显示 TODO 标签注释。

（4）根据需要调整应用程序界面设置。这个示例程序很简单，界面由 activity_main.xml 文件定义。打开"activity_main.xml"文件编辑界面，默认显示的是设计（Design）视图，如图 10-28 所示，该视图下可以调整布局。这里修改其中的默认文本视图（TextView），修改文本大小和样式，本例改为 24sp、粗体（bold）。

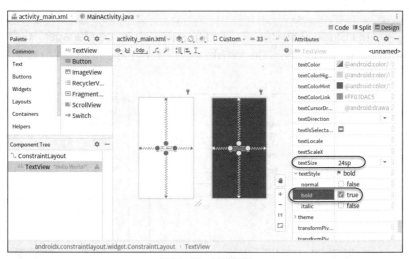

图 10-28　设计视图

切换到拆分（Split）视图，如图 10-29 所示，可以在左边修改视图的代码，在右边实时查看效果。默认显示的是一行文本"Hello World!"，可以根据需要更改文本内容，或者添加新的布局元素（如按钮、图像等）。在"File"中选择"Save All"可以保存修改的内容。

当然也可以切换到代码（Code）视图，专门查看和修改代码。

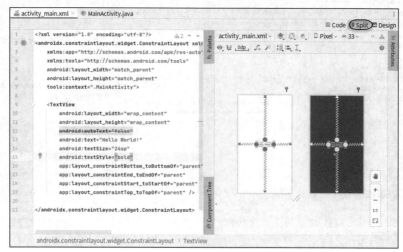

图10-29　拆分视图

2.　测试 Android 程序

可以在 Android 模拟器上或物理机上运行程序进行实际测试。这里以模拟器为例进行讲解。首先需要创建一个模拟器，具体步骤如下。

（1）确认运行 Android 模拟器的计算机必须开启 CPU 虚拟化。英特尔的虚拟化技术称为 VT-x，AMD 的称为 AMD-V（或 SVM）。

物理机可以通过 CMOS 设置 CPU 的虚拟化功能。本例采用的是 VMware Workstation 虚拟机，可以通过修改虚拟机设置来实现，如图 10-30 所示。

（2）运行 Android 模拟器时，当前用户需要访问/dev/kvm 目录，否则模拟器不能正常运行。打开另一个终端窗口，执行以下命令授权任何人对/dev/kvm 具有全部操作权限：

```
sudo chmod -R 777 /dev/kvm
```

（3）进入 Android Studio 开发环境，在"Tools"中选择"Device Manager"命令，或者单击工具栏上的 按钮，在开发环境中打开"Device Manager"窗格（即设备管理器），如图 10-31 所示，目前还没有任何设备。

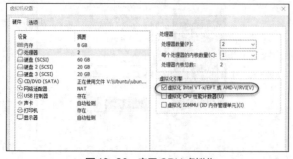

图10-30　启用 CPU 虚拟化

图10-31　设备管理器

（4）单击"Create device"按钮，弹出图 10-32 所示的"Select Hardware"对话框，这里从已有的硬件配置列表中选择一个，创建新的 Android 虚拟设备。

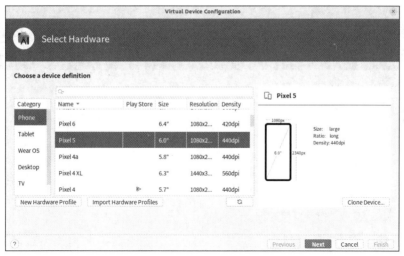

图 10-32　选择 Android 硬件

（5）单击"Next"按钮，弹出图 10-33 所示的"System Image"对话框，选择系统镜像，本例选择 S 版本（Android 12.0）。这里的系统镜像不是指开发机器上的架构，而是指运行机器（如手机、平板电脑等）上的架构。

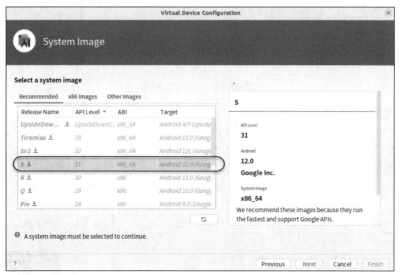

图 10-33　选择系统镜像

（6）由于系统镜像文件还会下载到本地，单击该版本号对应的 <img> 按钮，弹出"License Agreement"对话框，选择"Accept"单选按钮以接受安装许可，单击"Next"按钮。

（7）弹出"SDK License Agreement"对话框，开始下载相应的组件软件包并进行安装。安装完成之后，单击"Finish"按钮，回到"System Image"对话框。

（8）单击"Next"按钮，弹出图 10-34 所示的对话框，检查并确认虚拟设备配置。

（9）单击"Finish"按钮，完成虚拟设备的创建，该设备将出现在虚拟设备列表中。右击"Device Manager"窗口标题栏，选择"View Mode"＞"Window"，以独立窗口形式显示设备管理器，放大该窗口，可以更清楚地查看模拟器信息，如图 10-35 所示。单击"Actions"栏中的 ▶ 按钮，可以启动该虚拟设备。单击 <img> 按钮使该窗口回到右侧窗格中。

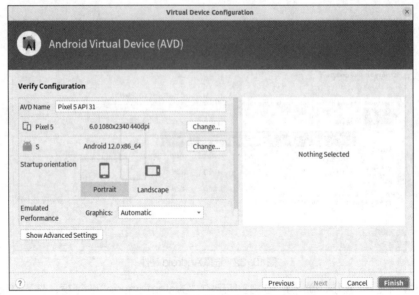

图 10-34　检查并确认虚拟设备配置

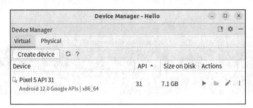

图 10-35　虚拟设备列表

可以根据需要添加多台虚拟设备。

接下来，在该模拟器上运行 Android 程序进行测试。在 Android Studio 中选择要运行的项目，在"Run"中选择"Run 'app'"命令，或者单击工具栏上的 ▶ 按钮，默认已选择上述模拟器，可以发现在模拟器上正常运行该项目，并显示"Hello World!"，如图 10-36 所示。模拟器默认位于右侧窗格中，可以单击其中的 ▢ 按钮以独立窗口形式显示，这样便于放大窗口查看细节，如图 10-37 所示。

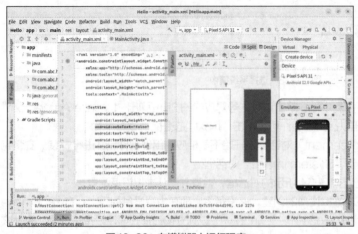

图 10-36　在模拟器上运行程序

图 10-37　以独立窗口形式打开模拟器

此时，底部窗格的"Run"面板会显示运行过程，这里列出部分信息：

```
04/11 14:59:05: Launching 'app' on Pixel 5 API 31.
Install successfully finished in 39 s 873 ms.
$  adb  shell  am  start  -n  "com.abc.hello/com.abc.hello.MainActivity"  -a
android.intent.action.MAIN -c android.intent.category.LAUNCHER
Connected to process 2234 on device 'Pixel_5_API_31 [emulator-5554]'.
......
```

这里运行命令后面带有一个名为"app"的参数，工具栏上运行按钮前面也有一个"app"名称，此"app"实际上代表的是一个模块。Android Studio 引入了模块（Module）的概念。模块实际上就是一个可以进行编译、运行、测试以及调试的独立功能单元，模块中包含源代码、编译脚本以及用于特定任务的其他组成部分。可以将 Android Studio 的项目看作 Eclipse 的工作空间，而将 Android Studio 的模块看作 Eclipse 的项目。一个 Android Studio 项目中有多个.gradle 文件。其中，Project 目录下存在一个 build.gradle 文件和一个 settings.gradle 文件；每一个模块中都会提供一个 build.gradle 文件。

10.3　习题

1. 简述 Java 的主要特点。
2. 简述 Java 体系。
3. 针对不同的应用，JDK 分为哪几个版本？
4. 简述 Android 系统架构。
5. 什么是 Android SDK？
6. 在 Ubuntu 上安装新版本的 OpenJDK 和 Oracle JDK。
7. 使用 update-alternatives 实现 Java 版本的切换。
8. 在 Ubuntu 上安装 Eclipse，使用 Eclipse 创建一个 Java 项目，再创建一个 Java 类，并进行测试。
9. 在 Ubuntu 上安装 Android Studio，配置管理 Android SDK，创建一个 Android 项目，并配置 Android 模拟器进行测试。

第 11 章
PHP、Python和Node.js
开发环境

11

越来越多的程序员选择使用 Linux 平台进行 Web 应用开发，Ubuntu 桌面版非常适合 Web 应用开发。使用脚本编程语言开发的程序可以直接从源代码运行，不需要编译成二进制代码，有助于提高开发效率，便于跨平台移植，有利于国产操作系统的推广和普及。Web 应用开发大多数选择脚本编程语言，本章介绍 3 种流行的脚本编程语言 PHP、Python 和 Node.js 的开发环境搭建。这些脚本编程语言拥有丰富的开源资源和良好的软件生态，我们要充分利用，在增强自主创新能力的同时，坚持交流互鉴，努力建设具有全球竞争力的开放创新生态，推动构建人类命运共同体。

学习目标

① 了解 LAMP 平台，学会在 Ubuntu 平台上部署 PHP 开发环境。

② 了解 Python 编程语言，学会在 Ubuntu 平台上部署 Python 开发环境。

③ 了解 Node.js 编程语言，学会在 Ubuntu 平台上部署 Node.js 开发环境。

11.1 PHP 开发环境

在 Linux 平台上部署 Web 应用常用的方案是 Apache+MySQL+PHP，即以 Apache 作为 Web 服务器，以 MySQL 作为后台数据库服务器，用 PHP 开发 Web 应用程序。这种组合方案简称为 LAMP，具有免费、高效、稳定的优点。与其他脚本语言一样，使用通用的文本编辑器即可开发 PHP 应用程序，但要提高开发效率，应首选集成开发工具。这里介绍如何在 Ubuntu 上使用 Eclipse 建立 PHP IDE。如果要在本机上测试 PHP 应用程序，还需安装 LAMP 平台，以及可选的 phpMyAdmin。

11.1.1 安装 LAMP 平台

由于有 APT 安装的支持，在 Ubuntu 系统上安装 LAMP 平台非常方便，并且支持一键安装。

微课 11-1 安装 LAMP 平台

1. LAMP 平台简介

LAMP 是一个缩写，最早用来指代 Linux 操作系统、Apache 网络服务器、MySQL 数据库和 PHP（Perl 或 Python）脚本语言的组合，由这 4 种技术的英文首字母组成。后来，M 也指代数据库软件 MariaDB。这些产品共同组成了一个强大的 Web 应用程序平台。

Apache 是 LAMP 平台最核心的 Web 服务器软件，开源、稳定、模块丰富是 Apache 的优势。作为 Web 服务器，它也是承载运行 PHP 应用程序的最佳选择。

Web 应用程序通常需要后台数据库支持。MySQL 是一款高性能、多线程、多用户、支持 SQL、基于 C/S 架构的关系数据库软件，在性能、稳定性和功能方面是首选的开源数据库软件。MariaDB 是 MySQL 的一个分支，主要由开源社区维护，采用 GPL 授权许可，完全兼容 MySQL。

PHP 英文全称为 PHP Hypertext Preprocessor，是一种跨平台的服务器端嵌入式脚本语言。它借用了 C、Java 和 Perl 的语法，同时创建了一套自己的语法，便于编程人员快速开发 Web 应用程序。PHP 应用程序执行效率非常高，支持大多数数据库，并且是完全免费的。Perl 和 Python 在 Web 应用开发中不如 PHP 普及，因而在 LAMP 平台中大多数选用 PHP 作为开发语言。

LAMP 的所有组成产品均为开源软件，是国际上比较成熟的架构。与 Java/J2EE 架构相比，LAMP 具有 Web 资源丰富、轻量、快速开发等特点；与.NET 架构相比，LAMP 具有通用、跨平台、高性能、低价格的优势。因此 LAMP 无论是性能、质量，还是价格，都是许多企业搭建网站的首选平台，很多流行的商业应用就是采用这个平台。

2. 安装 LAMP

以前的 Ubuntu 版本中可以使用 Tasksel 工具方便地安装完整的 LAMP 套件，而无须关心具体需要哪些包来构成这个套件。Ubuntu 22.04 中安装的 Tasksel 工具不提供 lamp-server 套件，仅提供 web-server 套件，不适合用来安装 LAMP 套件。Ubuntu 22.04 的官方软件源提供了 Apache、MariaDB 和 PHP 软件包，我们可以手动逐一安装来搭建 LAMP 平台。这里采用更简单的方法，通过一条命令来安装 LAMP 平台，注意包名末尾一定要加上脱字符号（^）。

```
sudo apt install lamp-server^
```

这种方法会显示详细的安装过程，包括各组件版本信息。

提 示　如果之前编译安装过 Apache 或 PHP，残留的文件可能会导致无法正常启动 Apache。本例从 Apache 错误日志文件/var/log/apache2/error.log 中发现"PHP Fatal error: Unable to start pcre module in Unknown on line 0"这样的错误。其解决的办法是将编译时所用到的 libpcre 库文件全部删除（本例执行命令 sudo rm -r /usr/local/lib/libpcre*），然后执行命令 sudo systemctl start apache2 重启 Apache。

LAMP 安装完毕即可测试。首先测试 Apache。使用 Web 浏览器访问网址 http://localhost，可发现"It works!"这样的网页内容，如图 11-1 所示，这表示 Apache 安装成功并正常运行。

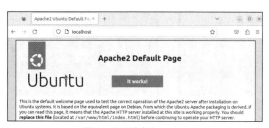
图 11-1　测试 Apache

接着测试 PHP。Apache 默认主目录为/var/www/html，在该目录下创建用于测试 PHP 的脚本文件 test.php，使用命令 tee 将内容输入该文件：

```
cxz@linuxpc1:~$ echo "<?php phpinfo(); ?>" | sudo tee /var/www/html/test.php
<?php phpinfo(); ?>
```

tee 命令会从标准输入设备读取数据，将其输出到标准输出设备，同时保存成文件。在 Web 浏览器地址栏中访问地址 http://localhost/test.php，可以看到一个显示关于所安装的 PHP 版本信息的网页，如图 11-2 所示。这表示 PHP 成功安装并正常运行。

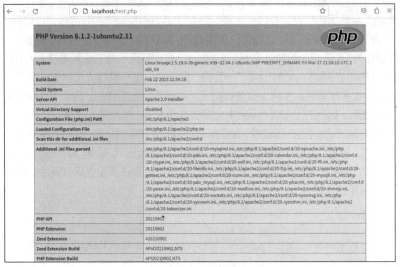

图 11-2　测试 PHP

可以根据需要执行 mysql_secure_installation 命令来保护加固 MySQL 数据库。这里作为开发环境，没有进行此操作。

3. 安装 phpMyAdmin

为便于以 Web 方式在线管理 MySQL 数据库，一般还需要安装 phpMyAdmin 工具。

（1）执行以下命令安装 MySQL 管理工具 phpMyAdmin。

```
sudo apt install phpmyadmin
```

（2）接下来出现图 11-3 所示的界面，提示选择为 phpMyAdmin 配置的 Web 服务器。使用键盘上的方向键，高亮显示 apache2，然后使用<Space>键来选择它。接下来按<Enter>键。

（3）出现图 11-4 所示的界面，提示 phpMyAdmin 包在使用之前必须安装一个数据库并进行适当的配置，选择"确定"并按<Enter>键。

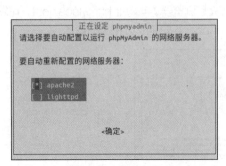

图 11-3　为 Apache 配置 phpMyAdmin

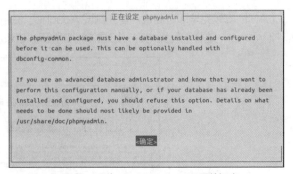

图 11-4　为 phpMyAdmin 配置数据库

（4）出现图 11-5 所示的界面，询问是否要用 dbconfig-common 为 phpMyAdmin 配置数据库。这里选择"是"，并按<Enter>键。

（5）出现图 11-6 所示的界面，为 phpmyadmin 账户设置 MySQL 应用程序密码，然后按<Enter>键。如果不设置，则将自动生成一个密码。

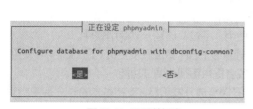

图 11-5　配置数据库

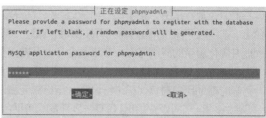

图 11-6　输入 MySQL 应用程序密码

（6）提示确认 MySQL 应用程序密码，此时重复输入与步骤（5）中一样的密码，按<Enter>键。

完成 phpMyAdmin 安装之后即可进行测试。phpMyAdmin 安装在/usr/share/phpmyadmin 目录中，并自动在 Apache 中建立虚拟目录：

```
Alias /phpmyadmin/usr/share/phpmyadmin
```

打开 Web 浏览器，在地址栏中输入网址 http://localhost/phpmyadmin/，按<Enter>键，进入 phpMyAdmin 登录界面，如图 11-7 所示，选择语言，输入相应的登录信息，单击"执行"按钮，即可进入其主界面，如图 11-8 所示，可以对 MySQL 服务器和数据库进行在线管理。

图 11-7　phpMyAdmin 登录界面

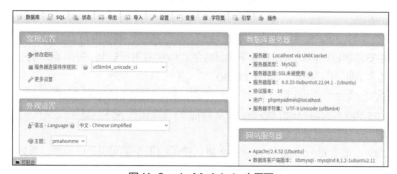

图 11-8　phpMyAdmin 主界面

phpmyadmin 账户的权限有限，要全权管理 MySQL 数据库，需要使用管理员账户 debian-sys-maint 或 root（第 12 章会介绍如何创建此账户）登录。另外，dbconfig-common 工具将配置信息写入配置文件/etc/dbconfig-common/phpmyadmin.conf，可修改该文件来调整 phpMyAdmin 配置。

这里仅搭建基本的 LAMP 环境，关于 Apache、MySQL 和 PHP 的进一步配置请参见第 12 章。

11.1.2　PHP 集成开发工具简介

Ubuntu 上可用的 PHP 集成开发工具比较多。

Zend Studio 是由 Zend Technologies 公司开发的 PHP 集成开发工具，目前的版本构建于 Eclipse 平台上。它包括 PHP 所有必需的开发部件，通过一整套编辑、调试、分析、优化和数据库工具，缩短开发周期并简化复杂的应用方案，非常适合专业开发人员使用。不过，这是一款商用软件。

PhpStorm 是由 JetBrains 公司开发的一款商业的轻量级 PHP 集成开发工具。PhpStorm 使用便捷，可随时帮助用户对其代码进行调整，运行单元测试或者提供可视化调试功能。

Geany 是一个小巧的使用 GTK+2 开发的跨平台的开源集成开发工具，支持基本的语法高亮、代码自动完成、调用提示、插件扩展等。

Eclipse 可以说是比较全面的集成开发工具，其 Eclipse IDE for PHP Developers 版本提供 PHP 开发支持，具有简捷、高效的优点。该软件支持调试工具 Xdebug 和 Zend Debugger。程序员使用该软件能够快速编写和调试 PHP 脚本和页面。这里主要介绍使用该软件构建 PHP 开发环境。

11.1.3　安装 Eclipse IDE for PHP Developers

微课 11-2　安装 Eclipse IDE for PHP Developers

使用 Eclipse 安装器是 Eclipse IDE for PHP Developers 最容易的安装方式之一。前提是安装好 Java 运行环境 JVM，安装过程中需要能够访问互联网。如果要在本机上进行测试，还需安装 LAMP 平台，这些软件的安装前面都有介绍。

（1）从官网下载 Eclipse 安装器软件包。可以从官网获取下载地址。

```
cxz@linuxpc1:~$ wget https://ftp.yz.yamagata-u.ac.jp/pub/ eclipse// oomph/epp/2023-03/R/eclipse-inst-jre-linux64.tar.gz
```

（2）将下载的软件包解压缩到/opt 目录。

```
cxz@linuxpc1:~$ sudo tar -xf eclipse-inst-jre-linux64.tar.gz -C /opt
```

（3）执行以下命令启动 Eclipse 安装器程序。

```
cxz@linuxpc1:~$ /opt/eclipse-installer/eclipse-inst
```

（4）出现"eclipseinstaller"（安装器）界面，选择要安装的 IDE。该安装器可选择多种程序语言或不同开发目的 IDE，这里选择"Eclipse IDE for PHP Developers"，即安装 PHP 开发版本。

（5）出现"Eclipse IDE for PHP Developers"安装界面，选择安装选项，这里保持默认设置，单击"INSTALL"按钮。

（6）弹出安装许可设置对话框，单击"Accept Now"按钮，接受许可。

（7）Eclipse 安装器程序自动通过官网下载相应的软件包并进行安装，安装完毕出现图 11-9 所示的对话框，单击"LAUNCH"按钮，启动 Eclipse。

（8）首次启动 Eclipse 将弹出图 11-10 所示的对话框，定义工作空间，即软件项目要存放的位置。勾选"Use this as the default and do not ask again"复选框，会将当前指定的路径作为默认工作空间，下次启动时将不再提示定义工作空间。

第 10 章 Eclipse IDE for Java Developer 默认使用的工作空间也是该目录，最好清空该目录的内容，或者将工作空间改为另一个目录（如/home/cxz/php-workspace）。

单击"Launch"按钮将弹出 Eclipse IDE for PHP Developer 欢迎界面，给出常见操作的快捷方式。可以从此界面中启动创建项目向导，也可以单击左上角"Welcome"右边的"关闭"按钮，关闭该欢迎界面，进入主界面。其界面组成及其功能与 Eclipse IDE for Java Developer 基本相同，不同的是该 Eclipse 用来开发 PHP。

图 11-9　Eclipse IDE for PHP Developers 成功安装　　　图 11-10　定义工作空间

关闭欢迎界面，将进入 Eclipse 工作台（IDE），可以在其中创建和管理项目。

使用 Eclipse 安装器安装 Eclipse IDE for PHP Developers，会自动创建相应的快捷图标，便于用户直接从应用程序列表中直接启动。

另外，Eclipse 官网还提供专门的 Eclipse IDE for PHP Developers 安装包以供下载，只需将下载的安装包解压缩。这种安装方式通常还需创建快捷方式，便于通过应用程序列表中的快捷图标启动该应用程序。创建快捷方式要在/usr/share/applicaitons 目录中创建一个快捷图标文件。

11.1.4　使用 Eclipse IDE for PHP Developers 开发 PHP 应用程序

PHP 是服务器脚本语言，要运行在服务器上，默认 Eclipse 并没有自动关联到 Apache 服务器上。因而，在其中运行或调试 PHP 应用程序时需要进行一些配置。

1. 配置 PHP 应用程序运行环境

微课 11-3　使用 Eclipse 开发 PHP 应用程序

首先配置要运行 PHP 应用程序的 Web 服务器。在菜单栏中选择 "Window" > "Preferences"，打开相应的对话框，展开 "PHP" 节点，选择 "Servers"，默认定义了一个名为 "Default PHP Web Server" 的 PHP 服务器，该服务器根目录对应的 URL 为 "http://localhost"，如图 11-11 所示。若本机上安装有 Apache 服务器，这里保持默认设置即可。如果要到其他 PHP 服务器上运行，应进行修改，或者新建一个 PHP 服务器配置项。

然后配置访问 PHP 应用程序的 Web 浏览器。在菜单栏中选择 "Window" > "Preferences"，打开相应的对话框，展开 "General" 节点，选择 "Web Browser"，默认没有选定任何浏览器，选择 "Use external web browser" 选项，如图 11-12 所示。

本例中并未列出 Ubuntu 预置的 Firefox 浏览器，因为该浏览器是通过 Snap 方式安装的。要添加该浏览器，单击 "New" 按钮，弹出 "Add External Web Browser" 对话框，在 "Name" 文本框中为浏览器命名（便于识别），在 "Location" 文本框中设置浏览器程序所在路径，这里需要到/snap/bin 目录中定位 Firefox 浏览器（如图 11-13 所示）。也可以直接单击 "Search" 按钮，在指定的目录（如/snap/bin）中自动搜索可用的浏览器。

2. 创建 PHP 项目

Eclipse IDE for PHP Developers 提供了 PHP 项目创建向导，使用起来非常方便。在 "File" 中选择 "New" > "PHP Project" 命令，启动向导。如图 11-14 所示，设置新项目的基本信息。在 "Project name" 文本框中填写项目名称，在 Eclipse 中使用该名称区分不同的开发项目，通常不加空格。在 "Contents" 区

229

域选择"Create new project in workspace"单选按钮，其他保持默认设置即可。单击"Finish"按钮，完成项目创建，在界面左侧的 PHP 项目树中会显示当前创建的项目及其结构，如图 11-15 所示。

图 11-11　配置 PHP 服务器

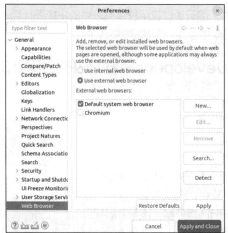

图 11-12　配置 Web 浏览器

图 11-13　定位 Firefox 浏览器

图 11-14　创建 PHP 项目向导

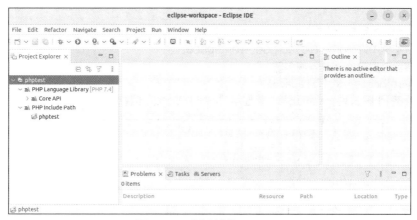

图 11-15　成功创建的 PHP 项目

　　为便于测试，这里创建一个 PHP 文件。在 PHP 项目树中选择刚创建的项目，在"File"中选择"New">"PHP File"命令，启动 PHP 文件创建向导。如图 11-16 所示，设置新文件的基本信息。单击"Finish"按钮，完成文件创建。

　　如图 11-17 所示，在该文件中编写测试代码，并保存该文件。

图 11-16　创建 PHP 文件

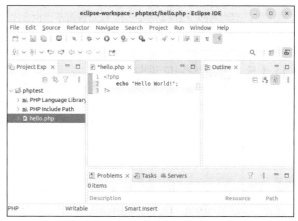

图 11-17　编写 PHP 代码

3. 测试 PHP 项目

　　选择刚建立的测试文件，在"Run"中选择"Run As">"PHP Web Application"命令，可能会出现所请求的页面在服务器上没有找到的提示信息，这是由于 Eclipse 没有自动关联到 Apache 服务器上，而且 PHP 文件没有存放在默认的 Web 根目录下，解决方法是添加虚拟目录。

　　可以在主配置文件/etc/apache2/apache2.conf/默认的虚拟主机配置文件/etc/apache2/sites-available/000-default.conf 中配置虚拟目录。这里单独创建一个配置文件来实现，执行以下命令编辑该文件。

```
sudo nano /etc/apache2/conf-enabled/phptest.conf
```
在其中添加如下语句，并保存。
```
Alias /phptest /home/cxz/eclipse-workspace/phptest
<Directory /home/cxz/eclipse-workspace/phptest>
    Options Indexes FollowSymLinks
    AllowOverride None
    Require all granted
```

```
</Directory>
```

最好让虚拟目录名称和工作空间中的 PHP 项目目录名称保持一致，其中工作空间目录根据具体的用户环境来定，本例中为/home/cxz/eclipse-workspace。

执行以下命令重启 Apache 服务器。

```
sudo systemctl restart apache2
```

再次运行该 PHP 文件，测试正常，将显示"Hello World"信息，如图 11-18 所示。

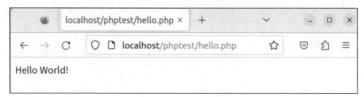

图 11-18　测试 PHP 项目成功

提 示　　如果测试不成功，Apache 错误日志中出现"because search permissions are missing on a component of the path"这样的消息，一般都是目录权限问题。HTTP 访问的文件的所有上级目录（从根目录开始到该文件的上级目录）必须全部具有执行权限。本例需要执行命令 sudo chmod –R 755 /home/cxz 为用户主目录及其所有子目录授予执行权限。另外，启用 SELinux 功能之后，权限设置不当也会出现上述错误。

11.1.5　部署 PHP 调试环境

Eclipse 的 PDT 支持 Xdebug 和 Zend Debugger 两种调试工具，大大方便了程序员调试 PHP 脚本和页面。这里以 Xdebug 调试工具为例介绍如何部署 PHP 调试环境。注意，不同的 PHP 版本涉及的文件路径可能不一样。

（1）首先安装 Xdebug。在 Ubuntu 上执行以下命令即可安装该软件。

```
sudo apt install php-xdebug
```

（2）配置 php.ini，分别执行以下两个命令编辑两个配置文件（注意实际环境中的 PHP 版本号）。

```
sudo nano /etc/php/8.1/apache2/php.ini
sudo nano /etc/php/8.1/cli/php.ini
```

在这两个文件的末尾分别加上以下语句，然后保存文件。

```
;Xdebug 配置
[Xdebug]
xdebug.remote_enable = on
xdebug_remote_host = "localhost"
xdebug.remote_port = 9000
xdebug.remote_handler = "dbgp"
zend_extension= /usr/lib/php/20210902/xdebug.so
```

其中，最后一行根据读者所安装的 Xdebug 版本，xdebug.so 文件的路径可能会不同，请查询该文件后，输入正确的文件路径。

（3）配置 xdebug.ini，执行以下命令编辑该配置文件。

```
sudo nano /etc/php/8.1/mods-available/xdebug.ini
```

在该文件的末尾添加以下语句，并保存该文件。

```
xdebug.remote_enable = on
xdebug_remote_host = "localhost"
xdebug.remote_port = 9000
xdebug.remote_handler = "dbgp"
```

（4）重启 Apache。

接下来，在 Eclipse 中进一步配置 Xdebug。

（5）设置 PHP 调试器。在"Run"中选择"Debug Configurations"，打开相应的对话框，展开"PHP Web Application"节点，确认选择要调试的脚本，切换到"Debugger"选项卡，默认没有指定调试器，如图 11-19 所示。

（6）单击"Configure"按钮，弹出图 11-20 所示的对话框，在"Debugger"下拉列表中选择"Xdebug"，并根据需要调整端口，单击"Finish"按钮。

图 11-19　调试配置

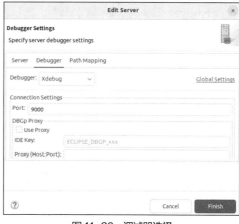

图 11-20　调试器选择

（7）回到"Debug Configurations"对话框，会发现调试器已经指定为 Xdebug，单击"Apply"按钮，完成调试器的选择和设置。

（8）完成上述设置后，即可测试调试环境。在"Debug Configurations"对话框中单击"Debug"按钮即可调试该程序。首次运行调试器会弹出确认视图切换的对话框，单击"Yes"按钮即可进入 PHP 调试界面，如图 11-21 所示。

图 11-21　PHP 调试界面

如果要切换回 PHP 编辑视图，单击右上角的 PHP 图标 （或者选择"Window"＞"Perspective"＞"Open Perspective"＞"PHP"）即可。

在代码编辑界面中，右击要运行调试的脚本文件，选择"Debug as"＞"PHP Web Application"，即可进行调试。

（9）根据需要进一步配置 PHP 调试器的全局设置。在菜单栏中选择"Window" > "Preferences"，打开相应的对话框，如图 11-22 所示，展开"PHP"节点，选择"Debug"，再选择"Debuggers"，在列表框中选择"Xdebug"，单击右侧的"Configure"按钮，打开图 11-23 所示的对话框，进一步查看和设置调试器的端口。注意，Xdebug 的设置要与前面安装 Xdebug 时的配置文件中的保持一致。

图 11-22　当前所支持的 PHP 调试器

图 11-23　Xdebug 调试器全局设置

提示　　实际开发中可能需要多个 PHP 版本并存。一个 PHP 版本的应用程序在另一个 PHP 版本的环境中进行测试和调试，可能会出现一些兼容性问题。对于 PHP 命令行，可以使用 update-alternatives 版本管理命令进行 PHP 版本切换。对于 Apache 服务器上运行的 PHP 应用程序，则需要通过模块配置文件进行 PHP 版本的运行环境切换。

电子活页 11-1
PHP 版本切换

11.2　Python 开发环境

Python 是一种可与 Perl、Ruby、Scheme 和 Java 相媲美的清晰而强大的面向对象、解释型的程序设计语言，其语法简洁、清晰，具有丰富和强大的库。它最初被设计用于编写自动化脚本，随着版本的不断更新和语言新功能的增加，它越来越多地被用于独立的大型项目的开发。这里重点介绍如何在 Ubuntu 系统中建立 Python 开发环境。

11.2.1　Python 简介

Python 使用优雅的语法，让编写的程序易于阅读，让开发人员能够专注于解决问题而不是语言本身。作为一种易于使用的语言，Python 使编写程序和运行程序变得简单。

Python 是一种解释型语言。Python 程序易于移植。Python 解释器可以以交互方式运行，这使得试验语言的特性、编写临时程序或在自底向上的程序开发中测试方法非常容易。

Python 是一种面向对象的语言。它既支持面向过程的编程，也支持面向对象的编程。Python 通过类和多重继承支持面向对象的编程。

Python 程序以模块和包的形式进行组织。Python 可将程序划分为不同的模块，以便在其他的 Python 程序中重用。模块用来从逻辑上组织 Python 代码（变量、函数、类），其本质就是.py 文件。包定义了一个由模块和子包组成的 Python 应用程序执行环境，其本质就是一个有层次的文件目录结构（必须有一个 __init__.py 文件）。Python 内置大量的标准模块，这些模块提供诸如文件 I/O、系统调用、Socket 支持，甚至类似 Tk 的用户图形界面工具包接口。除了标准库以外，Python 还有许多其他高质量的库，如 wxPython、Twisted 和 Python 图像库等。

Python 易于扩展。使用 C 或 C++语言编程便可以轻易地为 Python 解释器添加内置函数或模块。为了优化性能，或者希望某些算法不公开，可以使用 C 或 C++开发二进制程序，然后在 Python 程序中使用它们。当然也可以将 Python 嵌入 C 或 C++程序，从而向用户提供脚本功能。Python 能够将用其他语言开发的各种模块很轻松地链接在一起，因而常被称为胶水语言。

Python 是高级程序设计语言。用 Python 来编写程序时，无须考虑内存一类的底层细节。Python 程序非常紧凑，代码通常比同样的 C、C++或 Java 程序更短小，这是因为它支持高级的数据结构类型，而且变量或参数无须声明。

Python 适应面广，尤其适合开发运维（DevOps）、数据科学（大数据）、人工智能、网站开发和安全等领域的软件开发。

11.2.2 安装 Python

安装 Python(解释器)通常很容易,现在许多 Linux 发行版预装有 Python 较新版本。Ubuntu 22.04 LTS 桌面版预装有 Python 3.10。可以通过以下命令进行查验:

```
cxz@linuxpc1:~$ python3.10 --version
Python 3.10.6
```

第 5 章中已经示范过通过源代码安装新版本 Python 3.11，如果没有卸载，那么执行以下命令，结果表明执行命令 python3 运行的是 Python 3.11.2。

```
cxz@linuxpc1:~$ python3
Python 3.11.2 (main, Mar 8 2023, 14:25:51) [GCC 11.3.0] on linux
Type "help", "copyright", "credits" or "license" for more information.
>>> exit()
```

直接执行 python3 命令进入的是 Python 交互模式。输入 exit()并按<Enter>键，或者按<Ctrl>+<D>快捷键可以退出该交互环境。

本例环境中有 Python 3.10 和 Python 3.11 两个版本。系统预装的 Python 3.10 在/usr/bin 目录下创建了一个指向 python3.10 的软链接 python3:

```
cxz@linuxpc1:~$ ls -l /usr/bin/python3
lrwxrwxrwx 1 root root 10 2月 9 11:30 /usr/bin/python3 -> python3.10
```

通过源代码安装的 Python 3.11 则在/usr/local/bin 目录下创建了一个指向 python3.11 的软链接 python3:

```
cxz@linuxpc1:~$ ls -l /usr/local/bin/python3
lrwxrwxrwx 1 root root 10 3月 8 14:52 /usr/local/bin/python3 -> python3.11
```

在系统的 PATH 环境变量中，/usr/local/bin 优先于/usr/bin，因而执行命令 python3 就自动转到 python3.11 了。

```
cxz@linuxpc1:~$ $PATH
bash: /usr/local/sbin:/usr/local/bin:/usr/sbin:/usr/bin:/sbin:/bin:/
usr/games:/usr/ local/games:/snap/bin:/snap/bin:/usr/lib/jvm/java-17-
oracle/bin
```

除了使用不同的版本号运行不同的 Python 版本外，还可以使用通用的 update-alternatives 工具配置版本切换。

电子活页 11-2
Python 版本切换

11.2.3　虚拟环境和包管理

Python 虚拟环境的主要目的是为不同的项目创建彼此独立的运行环境。在虚拟环境下，每一个项目都有自己的依赖包，而与其他项目无关。在不同的虚拟环境中，同一个包可以有不同的版本，并且虚拟环境的数量没有限制。

微课 11-4　创建
和管理虚拟环境

1. 虚拟环境简介

Python 应用程序经常会使用一些不属于标准库的包和模块。应用程序有时需要某个特定版本的库，因为它可能要求某个特定的 bug 已被修复，或者它要使用一个过时版本的库的接口。

这就意味着不太可能通过一个 Python 安装版本来满足每个应用程序的要求。如果一个应用程序需要一个特定模块的 1.0 版本，而另一个应用程序需要该模块的 2.0 版本，那么这两个应用程序的要求是冲突的，无论安装 1.0 版本还是 2.0 版本，都会导致其中一个应用程序不能正常运行。

解决这个问题的方案就是创建一个虚拟环境，也就是一个独立的目录树，它包含一个特定版本的 Python 和一些附加的包。

不同的应用程序可以使用不同的虚拟环境，这样就能解决不同应用程序之间的冲突，即使某个应用程序的特定模块升级版本，也不会影响到其他应用程序。

2. 创建和管理虚拟环境

以前版本的 Python 使用 virtualenv 工具来创建多个虚拟环境。新版本的 Python 则使用模块 venv（原名 pyvenv，Python 3.6 开始弃用 pyvenv）来创建和管理虚拟环境。venv 通常会安装可获得的 Python 最新版本。要创建一个虚拟环境，需要确定一个要存放的目录，接着以脚本方式运行 venv 模块，后面加上一个目录路径参数，例如：

```
cxz@linuxpc1:~$ python3 -m venv tutorial-env
cxz@linuxpc1:~$ ls tutorial-env
bin  include  lib  lib64  pyvenv.cfg
```

这里是在当前目录下创建虚拟环境的目录，如果目录路径不存在，则会创建该目录，并且在该目录中创建一个包含 Python 解释器、标准库，以及各种支持文件的 Python 副本。

创建好虚拟环境之后必须激活它。在 Linux 平台上执行以下命令进行激活：

```
source tutorial-env/bin/activate
```

注意，上述脚本是用 bash 编写的。如果 Shell 使用 csh 或 fish，应该使用 activate.csh 和 activate.fish 来替代 activate。

激活虚拟环境会改变 Shell 命令提示符以显示当前正在使用的虚拟环境，并且修改 Python 运行环境，这样执行 python 命令将会得到特定的 Python 版本。例如：

```
cxz@linuxpc1:~$ source tutorial-env/bin/activate
(tutorial-env) cxz@linuxpc1:~$ python
Python 3.11.2 (main, Mar 8 2023, 14:25:51) [GCC 11.3.0] on linux
Type "help", "copyright", "credits" or "license" for more information.
>>> import sys
>>> sys.path
['', '/usr/local/lib/python311.zip', '/usr/local/lib/python3.11', '/usr/local/lib/
python3.11/lib-dynload', '/home/cxz/tutorial-env/lib/python3.11/site-packages']
>>> exit()
```

在指定环境下完成任务后，可以执行以下命令关闭虚拟环境。

```
(tutorial-env) cxz@linuxpc1:~$ deactivate
cxz@linuxpc1:~$
```

关闭虚拟环境之后，再次执行 python 命令就会进入全局的 Python 环境。

```
cxz@linuxpc1:~$ python3
Python 3.11.2 (main, Mar  8 2023, 14:25:51) [GCC 11.3.0] on linux
Type "help", "copyright", "credits" or "license" for more information.
>>> exit()
```

如果需要再次进入虚拟环境，则需要再次执行 source 命令以激活它。

3. 使用 pip 工具管理包

可以使用 pip 工具来安装、升级和删除包。安装 Python 3.×之后，还可使用 pip3。pip 有许多子命令，如 install（安装指定的包）、uninstall（卸载指定的包）、list（列出当前已安装的包）、show（显示一个指定包的信息）等。下面在虚拟环境中示范部分用法。

```
(tutorial-env) cxz@linuxpc1:~$ pip install requests
Requirement already satisfied: requests in ./tutorial-env/lib/python3.11/site-
packages (2.28.2)
......
```

上述命令默认会安装最新版，如果需要安装指定版本，则需明确指定版本，通过给出包名，后面紧跟着==和版本号，例如：

```
(tutorial-env) cxz@linuxpc1:~$ pip install requests==2.0.0
......
```

加上选项--upgrade 会将指定的包升级到最新版本：

```
(tutorial-env) cxz@linuxpc1:~$ pip install --upgrade requests
......
Successfully installed requests-2.28.2
```

默认情况下，pip 或 pip3 将会从 pip 安装源 Python Package Index（PyPI）中安装包。可以通过 Web 浏览器浏览 Python Package Index 站点。pip 的搜索命令 search 因为技术原因不能用了，可以改用 pip_search，这需要安装 pip_search 包。

```
(tutorial-env) cxz@linuxpc1:~$ pip install pip_search
```

pip 还有一个子命令 freeze 需要重点讲解一下。开发项目时会创建若干虚拟环境，当遇到不同环境下安装同样的模块时，为避免重复下载模块，可以直接将系统上其他 Python 环境中已安装的模块迁移过来使用，这就需要用到 pip freeze 命令。

```
(tutorial-env) cxz@linuxpc1:~$ pip freeze >requirements.txt
```

上述命令会在当前目录下产生一个名为 requirements.txt（也可以是文件名）的文本文档，用于记录已安装的库及其版本信息。

```
(tutorial-env) cxz@linuxpc1:~$ cat requirements.txt
beautifulsoup4==4.12.2
......
requests==2.28.2
rich==13.3.4
soupsieve==2.4.1
urllib3==1.26.15
```

到另一个虚拟环境中，可通过 pip install -r 将该文本文档记录的已安装库迁移过来使用，例如：

```
pip install -r requirements.txt
```

注意，requirements.txt 文件如果不在当前目录下，需要指定明确的路径。

4. 让 pip 安装源使用国内镜像

用 pip 管理工具安装库文件时，默认使用国外的安装源，下载速度会比较慢。国内一些机构或公司能够提供 pip 安装源的镜像，将 pip 安装源替换成国内镜像，这不仅可以大幅提升下载速度，而且能够提高安装成功率。pip 安装源可以在命令中临时使用，使用 pip 时通过选项-i 提供镜像源，例如：

```
cxz@linuxpc1:~$ pip3 install -i https://pypi.tuna.tsinghua.edu.cn/simple numpy
......
```

237

```
Successfully installed numpy-1.24.2
```
这个命令就会从清华大学的 pip 安装源镜像去安装 numpy 库。

如果要长久使用，则需要使用配置文件，具体步骤如下。

（1）创建 pip 配置文件。

```
cxz@linuxpc1:~$ mkdir .pip
```
（2）执行以下命令打开编辑器编辑 pip.conf 配置文件。

```
cxz@linuxpc1:~$ nano .pip/pip.conf
```
（3）输入以下内容，保存该文件并退出。

```
[global]
index-url = https://pypi.tuna.tsinghua.edu.cn/simple
[install]
trusted-host = https://pypi.tuna.tsinghua.edu.cn
```
这里使用的是清华大学提供的镜像源。可以执行以下命令进行验证：

```
cxz@linuxpc1:~$ pip3 config list
global.index-url='https://pypi.tuna.tsinghua.edu.cn/simple'
install.trusted-host='https://pypi.tuna.tsinghua.edu.cn'
```

11.2.4 安装 Python IDE

Python 程序是脚本文件，可以使用任何文本编辑器来编写。普通的文本编辑器就能很好地完成 Python 程序编写工作。但是，要提升开发效率，选择 IDE 集中进行编码、运行和调试就显得非常必要。常用的 Python IDE 有以下几种。

- PyCharm：这是由 JetBrains 公司提供的 Python 专用 IDE。它具备调试、语法高亮、项目管理、代码跳转、智能提示、自动完成、单元测试、版本控制等基本功能，还提供了许多框架。
- Sublime Text：一个跨平台的编辑器，具有漂亮的用户界面和强大的功能。Sublime 有自己的包管理器，开发者可以用来安装组件、插件和额外的样式，以提升编码体验。
- Eclipse with PyDev：Eclipse 是非常流行的 IDE，而 PyDev 是 Eclipse 开发 Python 的 IDE，支持 Python 应用程序的开发。
- PyScripter：免费开源的 Python IDE。
- Visual Studio Code：通过安装 Python 扩展就可以作为一个 Python IDE。

这里推荐使用 PyCharm 来开发 Python 应用程序，它具有被广泛使用的 JetBrains 系列软件的特点，提供一整套帮助用户提高 Python 程序开发效率的工具，比较适合初学者。

1. 在 Ubuntu 系统中安装 PyCharm

PyCharm 主要分为两个版本，一个是商用的专业版 PyCharm Professional，另一个是免费开源的社区版 PyCharm Community（PyCharmCE）。专业版提供完整的开发工具，可用于科学计算和 Web 开发，能与 Django、Flask 等框架深度集成，并提供对 HTML、JavaScript 和 SQL 的支持。社区版缺乏一些专业工具，只能创建纯 PyCharm 项目。另外，PyCharm 还针对教师和学生提供教育版 PyCharm Edu，这个版本集成了 Python 课程学习平台，并完整地引用了社区版的所有功能。

这里以社区版为例进行示范。PyCharm 现在可以通过 Snap 方式安装，这里执行以下命令使用 Snap 安装 PyCharm 社区版（本例具体版本为 pycharm-community 2023.1）：

```
sudo snap install pycharm-community --classic --channel=2023.1/stable
```
要安装专业版，将包名改为 pycharm-professional 即可。PyCharm 专业版提供 30 天的免费试用。

也可以从 JetBrains 官网下载二进制包进行安装，具体步骤如下。

（1）下载二进制包文件 pycharm-*.tar.gz（*表示版本号）。

（2）将该包解压缩到安装目录（通常是/opt/）。

```
sudo tar xfz pycharm-*.tar.gz -C /opt/
```

（3）切换到安装目录下的 bin 子目录。

```
cd /opt/pycharm-*/bin
```

（4）运行脚本 pycharm.sh，启动 PyCharm。

```
sh pycharm.sh
```

2. PyCharm 初始化设置

这里以使用 Snap 安装的 PyCharm 社区版为例进行示范。

（1）从应用程序列表中找到 PyCharm 图标并通过它启动 PyCharm。

（2）弹出"PyCharm User Agreement"对话框，提示用户阅读和确认用户协议，勾选其中的复选框，单击"Continue"按钮。

（3）弹出"Data Sharing"对话框，提示是否发送数据帮助 JetBrains 改进产品，单击"Don't Send"按钮。

（4）出现"Welcome to PyCharm"窗口（欢迎界面），默认显示"Projects"，单击"Start Tour"按钮可以快速了解 PyCharm 用户界面和如何编写 Python 代码。

（5）切换到"Customize"定制 PyCharm。如图 11-24 所示，默认的颜色主题是"Darcula"，这里改用"IntelliJ Light"主题。

（6）切换到"Plugins"，如图 11-25 所示，可以根据需要选择要安装的功能性插件。

（7）切换到"Learn"，则可以观看 PyCharm 教程。

图 11-24　定制 PyCharm

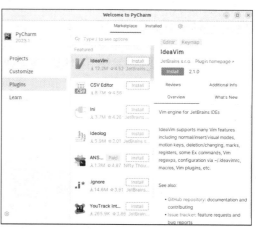

图 11-25　选装功能性插件

11.2.5　使用 PyCharm 开发 Python 应用程序

下面示范 Python 项目的创建和测试。要开始使用 PyCharm，先编写一个 Python 脚本。

1. 创建 Python 项目

如果在 PyCharm 欢迎界面上，则单击"Start Tour"按钮进入 PyCharm 开发环境。如果已经进入 PyCharm 开发环境，则选择"File">"New Project"命令。这将弹出新建项目窗口，如图 11-26 所示，设置项目的相关选项。

在"Location"文本框中设置新建项目的路径，也可以单击右侧的图标□打开目录选择对话框进行选择。这个路径也决定了项目名称。

微课 11-5　使用
PyCharm 开发
Python 应用程序

图11-26　项目设置

Python 应用开发的最佳实践是为每个项目创建一个虚拟环境。虚拟环境中所有的类库依赖都可以直接脱离系统安装的 Python 独立运行。展开"Python Interpreter:New Virtualenv environment"，然后设置虚拟环境。默认选择"New environment using"以创建新的虚拟环境。选择用于创建新虚拟环境的工具，通常选择"Virtualenv"；在"Location"文本框中设置虚拟环境的路径（存放一个虚拟的 Python 环境），一般保持默认值；在"Base interpreter"中选择 Python 解释器，这里选择最新安装的版本。

当然，如果不想在项目中使用虚拟环境，则选择"Previously configured interpreter"以关联已有的 Python 解释器，这样就会使用本地安装的 Python 环境。

完成上述设置后，单击"Create"按钮，完成项目的创建。新创建的项目如图 11-27 所示。

新版本的 PyCharm 界面变化较大，不再采用传统的应用程序窗口，最左边可以显示工具窗口条，顶部仍然有工具栏。

图11-27　新创建的项目

2. 编写 Python 脚本

接下来开始使用 PyCharm，首先编写一个 Python 脚本。选择新建项目的根节点，单击左上方的主菜单按钮 ，弹出图 11-28 所示的 PyCharm 主菜单，选择"File">"New"，弹出图 11-29 所示的对话框，选择"Python file"并在文本框中输入文件名（不用加文件扩展名），这里命名为"hello"并按 <Enter>键。

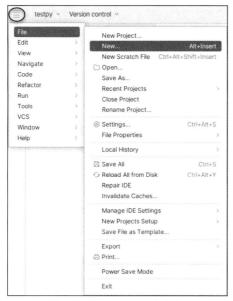

图 11-28　PyCharm 主菜单

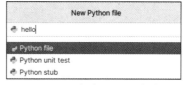

图 11-29　新建 Python 文件

这样就创建了一个名为 hello.py 的脚本文件，在该文件中输入以下代码：

```
print("Hello World!")
```

选择"File" > "Save All"，保存该文件。

3. 运行 Python 脚本

运行 Python 脚本进行测试。选择"Run" > "Run"，运行脚本，首次运行会弹出图 11-30 所示的对话框，此时可以先选择"Edit Configurations"，打开相应的对话框，首次需要添加针对 Python 的运行配置，对运行环境等进行配置，其中"Script path"用于指定脚本路径，如图 11-31 所示。

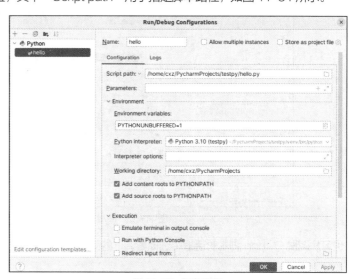

图 11-30　运行 Python 脚本

图 11-31　运行配置

设置完毕，单击"Apply"按钮，使之生效，单击"Run"按钮即可运行该脚本，如图 11-32 所示，底部"Run"面板会显示运行过程和结果。

也可从运行 Python 脚本对话框中选择要运行的脚本文件，或者按<Shift>+<F10>快捷键来运行脚本文件。

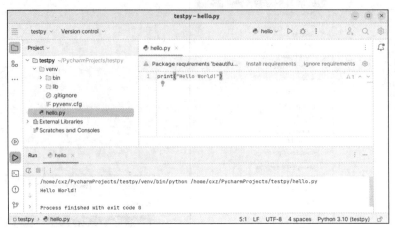

图 11-32　Python 脚本运行

4. 调试 Python 脚本

PyCharm 提供了调试环境。"Run"中提供了"Toggle Line BreakPoint"等命令用于设置断点（或者在编辑窗格中单击代码行左侧的行号设置断点），还提供了"Debug"命令执行调试。在"Run"中选择"Debug"命令，开始调试脚本。与运行脚本一样，首次调试会弹出对话框，可选择"Edit Configurations"，打开相应的对话框，对调试环境等进行配置。设置完毕，单击"Apply"按钮，使之生效，单击"Debug"按钮即可调试该脚本，如图 11-33 所示，底部"Debug"面板会显示调试过程和调试信息。

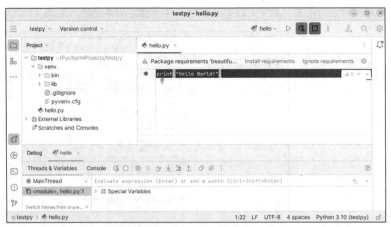

图 11-33　Python 脚本调试

也可从调试 Python 脚本对话框中选择要调试的脚本文件，或者按<Shift>+<F9>快捷键来调试脚本文件。

5. 管理第三方类库

在项目开发过程中可能会用到很多的第三方类库，PyCharm 集成了相应的管理功能。打开项目文件，选择"File"＞"Settings"，弹出设置对话框，展开"Project:<项目名>"节点，选择"Python Interpreter"，显示当前项目环境中已引用的第三方类库列表，如图 11-34 所示。

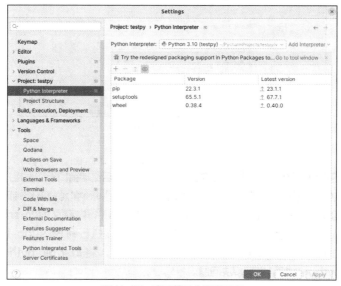

图 11-34　查看第三方类库列表

如果要添加第三方类库，单击"+"按钮，弹出图 11-35 所示的对话框，可以浏览或搜索要添加的第三方类库，选择之后单击"Install Package"按钮即可下载并安装。

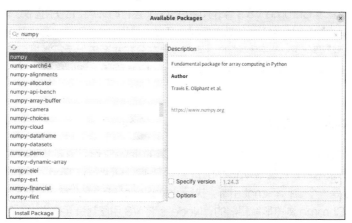

图 11-35　选择第三方类库

默认的 pip 安装源位于国外，有时需要添加 pip 安装源的国内镜像。单击主界面左侧工具窗口条中的按钮，打开图 11-36 所示的"Python Packages"面板，单击其中的设置按钮⚙，弹出"Python Package Repositories"对话框来管理安装源。如图 11-37 所示，这里添加清华大学提供的安装源。

图 11-36　"Python Packages"面板

图 11-37　管理安装源

提 示　　编者在实验中遇到一个问题，在安装 PyCharm 之后终端窗口无法直接打开了，除了右击桌面或在文件管理器中右击某目录，选择"在终端中打开"命令能够打开终端窗口外，其他方式都不行。其原因是/usr/bin/gnome-terminal 文件中第 1 行内容为"#!/usr/bin/python3"，要求使用/usr/bin/python3，而该文件不存在，只需执行命令 sudo ln -s /usr/bin/python3.10/usr/bin/python3，创建一个软链接，将/usr/bin/python3 重定向到/usr/bin/python3.10，即可解决问题。

11.3　Node.js 开发环境

Node.js 是一个基于 Chrome V8 引擎的 JavaScript 运行时环境，它使用高效、轻量级的事件驱动、非阻塞 I/O 模型。其语法与 JavaScript 基本相同，开发人员用 JavaScript 语言就可以实现应用程序的前、后端开发。如果需要部署一些高性能的服务，或者在分布式系统上运行数据密集型的实时应用，那么 Node.js 是一个非常好的选择。这里介绍的是在 Ubuntu 桌面版上如何搭建 Node.js 应用程序的开发环境。

11.3.1　Node.js 简介

Node.js（简称 Node）是一个基于 Chrome V8 引擎的 JavaScript 运行时环境，是一个让 JavaScript 运行在服务器端的开发平台，它让 JavaScript 成为与 PHP、Python、Perl、Ruby 等服务器端语言相当的脚本语言。V8 是一个 JavaScript 引擎，执行 JavaScript 的速度非常快，性能非常好。V8 引擎最初是用于 Google Chrome 浏览器解释器的，Node.js 将 V8 引擎封装起来作为服务器运行平台以执行使用 JavaScript 编写的后端脚本程序。当然，Node.js 并不是对 V8 引擎进行简单的封装，而是对其进行优化并提供了替代的 API，使得 V8 在非浏览器环境下运行得更好。

Node.js 运行时环境包含执行用 JavaScript 编写的程序所需的一切。该引擎会将 JavaScript 代码转换为更快的机器代码，机器代码是计算机无须解释即可运行的低级别代码。Node.js 进一步提升了 JavaScript 的能力，让它可以访问文件、读取数据库、访问进程、胜任后端任务等。

使用 Node.js 的最大优点是开发人员可以在客户端和服务器端编写 JavaScript 代码，打通了前、后端。正因为如此，Node.js 成为一种全栈式开发语言，受到前、后端开发人员的青睐。基于 Node.js 推出的许多优秀的全栈开发框架进一步提升了 Web 应用程序的开发效率和开发能力。Node.js 发展迅速，目前已成为 JavaScript 服务器端运行平台的事实标准。

Node.js 除了可使用自己的标准类库（主要由二进制类库和核心模块组成）之外，还可使用大量的第三方模块系统来实现代码的分享和重用，以提高开发效率。Node.js 的社区能提供强有力的技术支持，官方拥有大规模的开源库生态系统。

与其他后端脚本语言不同的是，Node.js 内置了处理网络请求和响应的函数库，所以不需要额外部署 Web 服务器（如 Apache、Nginx、IIS 等）。

11.3.2　在 Ubuntu 操作系统上安装 Node.js

无论是 Node.js 的开发还是生产部署，Linux 都是其重要的平台。在 Linux 操作系统上安装 Node.js 的方式很多，具体如下。

- 通过源代码：适合各种版本的安装，从 Node.js 官网下载软件源代码进行编译之后再自行安装，一般不用这种方法。
- 二进制发行版：Node.js 官方提供已编译好的二进制软件包，可直接下载使用。
- 软件源安装：Debian/Ubuntu 都有自己的软件源安装工具。
- n 模块：可以用来安装并切换到相应的 Node.js，前提是已安装包管理器 npm。
- nvm：这是 Node.js 版本管理器，可用于安装和管理不同版本的 Node.js。

使用 APT 工具通过官方软件源安装 Node.js 的过程非常简单，需要分别安装 node（Node.js 运行时）和 npm（包管理器），不过通常安装的版本较为老旧。一般在此基础上使用 n 模块来升级 Node.js 版本。下面讲解二进制发行版这种安装方法。

1. 使用二进制发行版安装 Node.js

从 Node.js 官网下载二进制发行版 Linux Binaries (x64)，这里所用的具体版本是 node-v18.16.0-linux-x64.tar.xz，其中 v18.16.0 为版本号（VERSION），linux-x64 为发行版（DISTRO）。读者所用的版本如果不同，请按照这种格式替换安装过程中所用到的参数和软件包名称。

（1）创建 Node.js 安装目录，这里准备安装到/usr/local/lib/nodejs 目录。

```
cxz@linuxpc1:~$ sudo mkdir -p /usr/local/lib/nodejs
```

（2）将下载的二进制发行版包解压缩到该目录。

```
cxz@linuxpc1:~$ sudo tar -xJvf node-v*-linux-x64.tar.xz -C /usr/local/lib/nodejs
```

（3）编辑环境变量配置文件/etc/profile，将以下内容添加到该文件末尾并保存该文件。

```
VERSION=v18.16.0
DISTRO=linux-x64
export PATH=/usr/local/lib/nodejs/node-v18.16.0-linux-x64/bin:$PATH
```

（4）运行该配置文件，以使新的环境变量设置生效。

```
cxz@linuxpc1:~$ . /etc/profile
```

（5）测试 Node.js 安装是否成功。先查看 node 版本：

```
cxz@linuxpc1:~$ node -v
v18.16.0
```

再执行 npm -v 查看包管理器的版本，本例为 9.5.1。

```
cxz@linuxpc1:~$ npm -v
9.5.1
```

2. 使用淘宝 npm 镜像

Node.js 官方仓库中有海量的第三方模块以包的形式提供给开发人员直接下载使用。为便于国内用户共享 npm 代码仓库，淘宝提供了一个完整的 npmjs.org 镜像，其版本同步频率为 10 分钟一次，以保证与 npm 官方服务同步。淘宝专门定制了 cnpm 命令行工具以代替 npm，可以执行以下命令进行安装。

```
sudo npm install -g cnpm --registry=https://registry.npm.taobao.org
```

安装完成后，就可以使用 cnpm 来安装和管理 npm 包了。cnpm 的使用方法与 npm 相同，只需将 npm 改成 cnpm 即可。

3. 管理 Node.js 版本

有时可能要同时开发多个项目，而每个项目所使用的 Node.js 版本不同，或者要用更新的版本进行试验和学习，在一台计算机上处理这种情况比较麻烦，而使用多版本 Node.js 管理工具就会变得很方便。n 模块支持版本管理，不过仅支持 Linux 平台，不支持 Windows 平台。而 nvm 是专门的 Node.js 版本管理器，其英文全称为 Node Version Manager，它与 n 模块的实现方式不同，是通过 Shell 脚本来实现的。

电子活页 11-3　管理 Node.js 版本

11.3.3　在 Ubuntu 操作系统上安装 Node.js IDE

Node.js 应用程序是使用 JavaScript 语言的脚本文件，可以使用任何文本编辑器来编写。但使用文本编辑器编写程序效率太低，运行程序时还需要转到命令行窗口。如果还需要调试程序，就更不方便了。要提升开发效率，需要一个 IDE，这样就可以在一个环境中进行编码、运行和调试。

Node.js 开发工具目前比较流行的是 WebStorm 和 Sublime Text，前者功能很丰富，可以非常方便地进行代码补全、调试、测试等；后者插件丰富，其界面也比较美观，且具有简单的项目管理功能。这两种都是商业软件，专业开发首选 WebStorm。还可以考虑使用免费的 Visual Studio Code，这是一款精简版的 Visual Studio，在智能提示变量类型、函数定义、模块方面继承了 Visio Studio 的优秀传统，在断点调试上也有不错的表现，并且支持 Windows、macOS 和 Linux 平台。这里以 Visual Studio Code 作为 Node.js 集成开发工具进行示范。

使用 Snap 安装 Visual Studio Code 最简单，只需执行以下命令。

```
sudo snap install --classic code
```

一旦安装完毕，Snap 守护进程还会在后台处理自动升级，不过这种安装方式受网络环境影响较大。接下来重点示范使用针对 Debian/Ubuntu 发布的 Visual Studio Code 安装包进行安装的过程。首先要从官网下载相应的 64 位.deb 包，本例为 code_1.77.3-1681292746_amd64.deb。

然后执行以下命令进行安装。

```
sudo apt install ./code_1.77.3-1681292746_amd64.deb
```

安装.deb 包会自动安装 apt 仓库和签名密钥，以便通过系统的包管理器实现自动更新。可以查看以下文件来验证。

```
cxz@linuxpc1:~$ cat /etc/apt/sources.list.d/vscode.list
### THIS FILE IS AUTOMATICALLY CONFIGURED ###
# You may comment out this entry, but any other modifications may be lost.
deb [arch=amd64,arm64,armhf] http://packages.microsoft.com/repos/code stable main
```

11.3.4　开发 Node.js 应用程序

这里示范编写一个简单的 Web 应用程序，让用户可以通过浏览器访问它，并收到问候信息。与 PHP 编写 Web 应用程序不同，使用 Node.js 不仅要实现一个应用程序，还要实现一个 HTTP 服务器。

微课 11-6　开发 Node.js 应用程序

1. 编写 Node.js 应用程序

Visual Studio Code 没有明确提供项目的概念，它用文件夹来存储一个软件项目。

（1）本例的程序代码位于主文件夹下的 nodehello 文件夹中，先创建该文件夹。

```
cxz@linuxpc1:~$ mkdir nodehello
```

（2）从应用程序列表中找到 Visual Studio Code 并启动它。

（3）在"File"中选择"Open Folder"，打开文件夹选择对话框，这里选择主文件夹下的 nodehello

（ /home/cxz/nodehello ），单击"OK"按钮。

（4）在"File"中选择"New File"，打开一个新建文件窗口，在其中输入以下代码。

```
const http = require('http');
const httpServer = http.createServer(function (req, res) {
    res.writeHead(200, {'Content-Type': 'text/plain'});
    res.end('Hello World!\n');
});
httpServer.listen(3000,function(){
    console.log('服务器正在 3000 端口上监听! ');
});
```

（5）将该文件保存在上述文件夹中，文件名为 hello.js。

2. 测试 Node.js 应用程序

在"Terminal"中选择"New Terminal"，打开一个终端窗口，在其中执行命令 node hello.js。如图 11-38 所示，IDE 中同时包括编辑和运行终端窗口。也可以在终端窗口中切换到该项目目录，执行该命令。

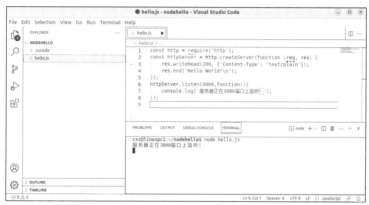

图 11-38　运行 Node.js 应用程序

通过浏览器访问该 Web 应用程序进行实测，如图 11-39 所示。

图 11-39　访问 Web 应用程序

11.3.5　调试 Node.js 应用程序

开发 Node.js 应用程序的过程中，调试是必不可少的。使用日志工具是最简单、最通用的调试方法之一。例如，使用 console.log() 方法可以检查变量或字符串的值，记录脚本调用的函数，记录来自第三方服务的响应。还可使用 console.warn() 或 console.error() 记录错误信息。Node.js 内置一个进程外的调试实用程序，可通过 V8 检查器和内置调试客户端访问。执行 node 命令时加上 inspect 参数，并指定要调试的脚本的路径即可。

现在的 Visual Studio Code 版本可以很好地支持 Node.js 应用程序调试。这里以调试上述脚本 hello.js 为例进行简单的示范。

（1）设置断点。在源代码中将光标移动到要设置断点的位置，在"Run"中选择"New Breakpoint"，弹出子菜单，从中选择要插入的断点类型，这里选择"Inline Breakpoint"。

（2）在"Debug"中选择"Start Debugging"（或者按<F5>键），启动该脚本的调试，如果没有错误，就从脚本的开始位置执行到第1个断点处，如图11-40所示。

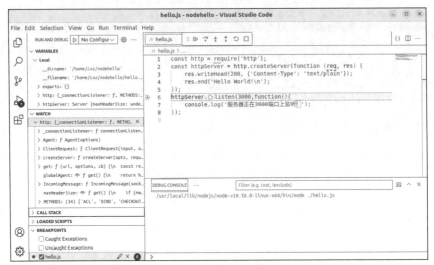

图11-40　Node.js 脚本的调试

（3）根据需要设置监视器，例如将变量 http 作为表达式添加到监视器中。

（4）按<F5>键继续执行断点之后的语句。也可以单步执行进行更深入的调试，调试器支持以下 3 种单步执行方式。

- Step Into（<F11>键）：单步执行，遇到子函数就进入并且继续单步执行。

- Step Out（<Shift>+<F11>快捷键）：当单步执行到子函数内时，使用它执行完子函数，并返回上一层函数。

- Step Over（<F10>键）：在单步执行时，在函数内遇到子函数时不会进入子函数内单步执行，而是将子函数整个执行完毕并返回下一条语句。也就是把子函数整个作为一个执行步骤。

要强制结束调试，可以在"Debug"中选择"Stop Debugging"（或者按<Shift>+<F5>快捷键）。也可以通过工具栏中的调试按钮 来执行调试操作。

11.4　习题

1. 简述 LAMP 平台的组成。
2. Python 和 Node.js 各有什么特点？
3. 在 Ubuntu 桌面版中安装 LAMP 平台，并测试 Apache 和 PHP。
4. 安装 phpMyAdmin 工具并进行测试。
5. 在 Ubuntu 桌面版上安装 Eclipse IDE for PHP Developers，并配置 PHP 应用程序运行环境。
6. 创建一个简单的 PHP 项目，并进行测试。
7. 在 Ubuntu 桌面版中通过源代码编译安装最新版本的 Python。
8. 在 Ubuntu 桌面版中安装 PyCharm，创建一个简单的项目，并进行测试。
9. 使用 Snap 安装 Visual Studio Code。
10. 在 Visual Studio Code 中使用 Node.js 编写一个简单的 Web 应用程序并进行测试。

第 12 章
Ubuntu服务器

12

　　加快建设网络强国、数字中国，加快发展数字经济，都离不开计算机网络这一现代化基础设施，而服务器在计算机网络中具有核心地位。许多企业或组织机构需要组建自己的服务器来支持各种网络应用业务。Ubuntu 已成为重要的服务器平台，Ubuntu 服务器不再局限于传统服务器的角色，也在不断增加新的功能。无论是部署 OpenStack 云、Hadoop 集群还是上万个节点的大型渲染场，Ubuntu 服务器都能提供性价比最佳的横向扩展能力。它为快速发展的企业提供灵活、安全、可随处部署的技术，Ubuntu 获得业内领先硬件 OEM 的认证，并提供全面的部署工具，让基础架构可以物尽其用。无论部署 NoSQL 数据库、Web 场还是云，Ubuntu 出色的性能和多用性都能满足需求。精简的初始安装和整合式的部署与应用程序建模技术，使 Ubuntu 服务器成为简单部署与规模化管理的出色解决方案。它还提供实现虚拟化和容器化的捷径，只需几秒便可创建虚拟机和计算机容器。本章主要以 Ubuntu 22.04 LTS 服务器版为例讲解 Ubuntu 服务器的安装和配置管理，以及 LAMP 平台的安装和配置。掌握这些基本的服务器运维技能之后，读者可以触类旁通，根据需要实现文件服务器、打印服务器、电子邮件服务器等的部署和管理。

学习目标

① 了解 Ubuntu 服务器，学会安装 Ubuntu 服务器。
② 掌握 Ubuntu 服务器的网络配置和磁盘存储的动态调整。

③ 学会通过 SSH 远程登录和管理 Ubuntu 服务器。
④ 熟悉 LAMP 平台安装过程，掌握 Apache、MySQL 和 PHP 的配置方法。

12.1　Ubuntu 服务器的安装和配置管理

　　Ubuntu 服务器维护简单，经过初始配置后，剩下的大多数配置可以由系统自动进行安全配置。在 Ubuntu 系统中，应用程序及其所依赖的库都打包在一起，这使得应用程序的安装和管理维护非常便捷。

12.1.1　安装 Ubuntu 服务器

　　安装 Ubuntu 服务器非常便捷，通常可以在半小时内安装好，并能够使其立即运行。安装之前要做一些准备工作，如硬件检查、分区准备、分区方法选择。读者

微课 12-1　安装 Ubuntu 服务器

可以到 Ubuntu 官网下载服务器版的 ISO 镜像文件，根据需要可以将其刻录成光盘或者制作 U 盘安装盘。这些安装包可以任意复制，在任意多台计算机上安装。对于 Ubuntu 服务器版来说，2GB 或更小的系统内存即可运行。

下面以通过虚拟机安装为例示范安装过程，所使用的安装包是 64 位服务器版 ubuntu-22.04.1-live-server-amd64.iso。值得一提的是，Ubuntu 服务器版只能通过文本的方式安装，没有 Ubuntu 桌面版的图形用户界面，但是整个安装过程也是非常容易的。

（1）启动虚拟机（实际装机大多数是将计算机设置为从光盘启动，即将安装光盘插入光驱，重新启动），运行 GNU GRUB，出现 GNU GRUB 管理界面，选择"Try or Install Ubuntu Server"，按<Enter>键。

（2）引导成功后出现欢迎界面，选择语言类型，这里选择"English"，按<Enter>键。

如果安装所用的不是最新版本的镜像，则安装过程中会出现"Installer update available"对话框提示有更新的安装器可用，本例从底部菜单中选择"Continue without update"，按<Enter>键，不用更新，继续后面的操作。

（3）出现"Keyboard configuration"对话框，选择键盘配置，这里选择"Chinese"，确认从底部菜单中选择"Done"（后续操作中出现底部菜单时也要如此选择），按<Enter>键。

（4）出现图 12-1 所示的对话框，选择安装的类型，这里选择"Ubuntu Server"，按<Enter>键。

图12-1　选择安装的类型

（5）出现"Network connections"对话框，根据需要配置网络连接，这里保持默认设置（通过 DHCP 服务器自动分配），按<Enter>键。

（6）出现"Configure proxy"对话框，根据需要配置 HTTP 代理，这里保持默认设置（不用配置任何代理），按<Enter>键。

（7）出现"Configure Ubuntu archive mirror"对话框，根据需要设置 Ubuntu 软件包安装源，这里保持默认设置（Ubuntu 官方的源），按<Enter>键。以后可以根据需要将安装源改为国内的，如阿里云提供的 Ubuntu 软件包安装源。

（8）出现图 12-2 所示的对话框，设置存储配置，这里保持默认设置，使用 LVM，确认从底部菜单中选择"Done"，按<Enter>键。

服务器大多处于高度可用的动态环境中，调整磁盘存储空间有时不可重新引导系统，采用 LVM 就可满足这种要求。

（9）出现"Storage configuration"对话框，给出文件系统设置摘要，这里从底部菜单中选择"Done"，确认这些设置，按<Enter>键。如果要修改，可以选择"Reset"，重新设置。

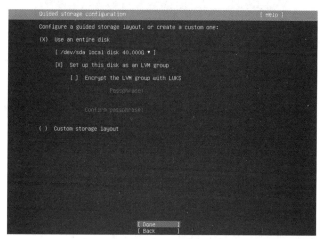

图12-2　存储配置

（10）出现"Confirm destructive action"对话框，提示接下来的磁盘格式化操作具有"破坏性"，这里选择"Continue"并按<Enter>键，继续后面的操作。

（11）出现图 12-3 所示的对话框，依次设置用户全名、服务器主机名、用户名（账户）、密码并确认密码，按<Enter>键。

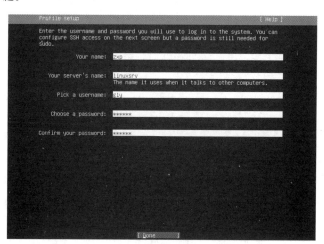

图12-3　用户账户和主机名设置

（12）出现"SSH Setup"对话框，勾选"Install OpenSSH server"复选框以安装 SSH 服务器提供远程管理服务，按<Enter>键。

（13）出现"Featured Server Snaps"对话框，其中列出了适合服务器环境的其他功能软件安装的 Snap 包，这里保持默认设置，按<Enter>键。

（14）安装完毕，出现"Install complete!"对话框，选择"View full log"可查看完整的安装日志，这里选择"Cancel update and reboot"，按<Enter>键以重启服务器。

此时，可以移除安装介质（例中通过虚拟机操作很简单），否则启动过程中会给出相关的提示。系统启动完成之后，按<Enter>键，出现登录提示，分别输入用户名和密码即可登录，如图 12-4 所示。

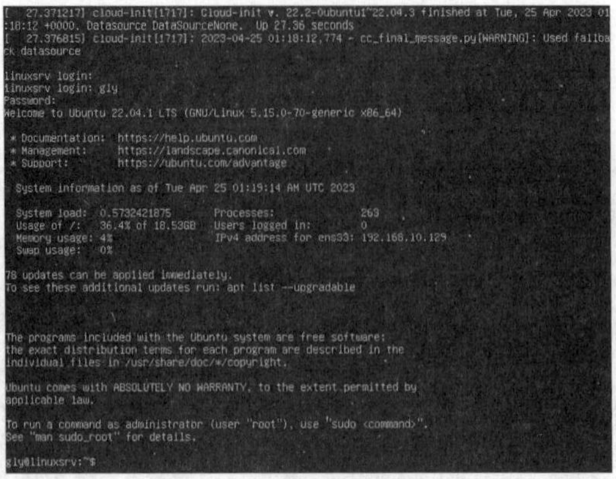

图12-4 成功登录服务器

12.1.2 调整网络配置

Ubuntu 22.04 服务器版的网络配置与桌面版的不同，使用 netplan 工具将网卡的配置都整合到一个 YAML 格式的文件/etc/netplan/*.yaml 中，不同的版本文件名不尽相同。netplan 是抽象网络配置生成器，是一个用于配置 Linux 网络的简单工具。管理员只需使用一个 YAML 文件来描述每个网络接口所需要的配置，即可根据这个配置描述，使用 netplan 生成所有需要的配置，不管选用的是哪种底层管理工具。netplan 从/etc/netplan/*.yaml 中读取配置，配置可以是管理员或者系统安装人员配置的；也可以是云镜像或者其他操作系统部署设施自动生成的。在系统启动阶段早期，netplan 在/run 目录中生成配置文件并将设备控制权交给相关后台程序。

微课 12-2 调整网络配置

登录新安装的 Ubuntu 服务器，查看/etc/netplan 目录的内容。

```
gly@linuxsrv:~$ ls /etc/netplan
00-installer-config.yaml
```

可以发现，其中有一个名为 00-installer-config.yaml 的配置文件。进一步查看该文件的内容，得知当前配置如下：

```
network:
  ethernets:
    ens33:
      dhcp4: true
  version: 2
```

使用 YAML 格式一定要注意缩进。ethernets 表示以太网。网络接口采用的是一致性网络设备命名（Consistent Network Device Naming），例中为 ens33，这是一个以太网（en），使用的是热插拔插槽索引号（s），索引号为 33。"dhcp4: true" 表示 IP 地址以及 TCP/IP 参数由 DHCP 服务器自动分配。

> **提示** Ubuntu 15.04 开始使用一致性网络设备命名方式，可以基于固件、拓扑、位置信息来设置固定名称，由此带来的好处是命名自动化，名称完全可预测，硬件因故障更换也不会影响设备的命名，可以让硬件更换无缝过渡。但不足之处是，比传统的命名方式更难读。这种新的命名方式的前两个字符为网络类型，如 en 表示以太网（Ethernet），wl 表示无线局域网（WLAN），ww 表示无线广域网（WWAN）；后面的字符根据设备类型自动生成。

服务器应当使用静态 IP 地址，下面修改上述配置文件来调整网络配置，可使用 Vi 或 nano 等文件编辑器修改。例中将该文件的内容修改如下。

```
network:
  ethernets:
    ens33:
      addresses: [192.168.10.11/24]
      routes:
        - to: default
          via: 192.168.10.2
      nameservers:
        addresses: [114.114.114.114, 8.8.8.8]
      dhcp4: no
      optional: no
  version: 2
```

其中，addresses 用于设置静态 IP 地址；以前版本中的 gateway4 已被弃用，改用 routes 配置默认路由（网关）；nameservers 用于设置 DNS 服务器；optional 表示是否允许在不等待这些网络接口完全激活的情况下启动系统，值为 true 表示允许，值为 no 表示不允许。

设置完成后，执行以下命令更新网络设置，使其生效：

```
sudo netplan apply
```

如果是 SSH 远程登录，则需要重新登录，因为 IP 地址改变了。使用 ip a 命令查看服务器 IP 设置，会发现其中的 ens33 网络接口设置如下。

```
2: ens33: <BROADCAST,MULTICAST,UP,LOWER_UP> mtu 1500 qdisc fq_codel state UP group
default qlen 1000
    link/ether 00:0c:29:31:34:bd brd ff:ff:ff:ff:ff:ff
    altname enp2s1
    inet 192.168.10.11/24 brd 192.168.10.255 scope global ens33
       valid_lft forever preferred_lft forever
    inet6 fe80::20c:29ff:fe31:34bd/64 scope link
       valid_lft forever preferred_lft forever
```

这表明网络配置更改生效。使用 ip route 命令进一步查看网关设置，结果如下。

```
default via 192.168.10.2 dev ens33 proto static
192.168.10.0/24 dev ens33 proto kernel scope link src 192.168.10.11
```

12.1.3 通过 SSH 远程登录服务器

对于生产性服务器，通常采用远程控制来管理维护。SSH 是一种在应用程序中提供安全通信的协议，通过 SSH 可以安全地访问服务器，因为 SSH 基于成熟的公钥加密体系，将所有传输的数据进行加密，保证数据在传输时不被恶意破坏、泄露和篡改。SSH 是目前常用的 Linux 远程登录与控制解决方案。

微课 12-3　通过
SSH 远程登录服务器

OpenSSH 是免费的 SSH 协议版本，是一种可信赖的安全连接工具，在 Linux 平台中广泛使用 OpenSSH 程序来实现 SSH 协议。在 Ubuntu 服务器安装过程中可以选择安装 OpenSSH server，上述安装示范中已经这样做了。Ubuntu 22.04 的官方软件源现已提供 openssh-server 软件包，如果没有安装，可以直接执行 sudo apt install openssh-server 命令安装 OpenSSH。

安装之后，系统默认将 SSH 服务设置为自动启动，即随系统启动而自动加载。如果 SSH 服务没有启动，则需要执行 systemctl start ssh 命令启动该服务。注意要开放防火墙 SSH 端口，如果启用 UFW，则需要执行 sudo ufw allow ssh 命令来开放该端口，以便 Ubuntu 系统接收 SSH 连接。

OpenSSH 服务器所使用的配置文件是/etc/ssh/sshd_config，可以编辑该文件修改配置。

使用 SSH 客户端来远程登录 SSH 服务器，并进行控制和管理操作。Ubuntu 桌面版默认已经安装有 SSH 客户端程序，可以直接使用 ssh 命令登录 SSH 服务器。该命令的参数比较多，常见的用法如下。

```
ssh -l [远程主机用户账户] [远程服务器主机名或 IP 地址]
```

为方便操作，本例在 Ubuntu 桌面版中修改/etc/hosts 文件，增加以下配置提供名称解析，以便提供服务器的名称解析。

```
192.168.10.11   linuxsrv
```

本例在 Ubuntu 桌面版中登录远程主机的过程如下：

```
cxz@linuxpc1:~$ ssh -l gly linuxsrv
The authenticity of host 'linuxsrv (192.168.10.11)' can't be established.
ED25519 key fingerprint is SHA256:PEr9CFUTuRFLifFIQiq56kh7R1qdqXCH5QKnyCTagbo.
This host key is known by the following other names/addresses:
    ~/.ssh/known_hosts:1: [hashed name]
    ~/.ssh/known_hosts:4: [hashed name]
Are you sure you want to continue connecting (yes/no/[fingerprint])? yes
Warning: Permanently added 'linuxsrv' (ED25519) to the list of known hosts.
gly@linuxsrv's password:
Welcome to Ubuntu 22.04.1 LTS (GNU/Linux 5.15.0-70-generic x86_64)
......
Last login: Tue Apr 25 02:53:35 2023 from 192.168.10.211
gly@linuxsrv:~$
```

SSH 客户端程序首次连接到某台 SSH 服务器时，由于没有将服务器公钥缓存起来，会出现警告信息并显示服务器的指纹信息。此时应输入"yes"以确认，程序会将服务器公钥缓存在当前用户主目录下的.ssh 子目录中的 known_hosts 文件（~/.ssh/known_hosts）中，下次连接时就不会出现提示了。如果成功地连接到 SSH 服务器，就会显示登录信息并提示用户输入用户名和密码。如果用户名和密码输入正确，就能成功登录并在远程系统上工作了。

出现命令提示符后，表示登录成功，此时客户机就相当于服务器的一个终端，在该命令行上进行的任何操作，实际上都是在操作远端的服务器。其操作方法与操作本地计算机一样。使用 exit 命令退出该会话（断开连接）。

除了提供使用 ssh 命令登录远程服务器并在远程服务器上执行命令外，SSH 客户端还提供了一些实用命令用于客户端与服务器之间传送文件。

如 scp 命令使用 SSH 协议进行数据传输，可用于远程文件复制，以在本地主机与远程主机之间安全地复制文件。scp 命令可以有很多选项和参数，基本用法如下。

电子活页 12-1　在 Windows 系统中通过 PuTTY 远程管理 Ubuntu 服务器

```
scp  源文件  目标文件
```

必须指定用户名、主机名、目录和文件，其中源文件或目标文件的格式为：用户名@主机地址:文件全路径名。

提示　在 Ubuntu 桌面版的终端窗口中使用 ssh 命令远程登录 Ubuntu 服务器，进行服务器配置管理和维护操作十分方便，可以方便地输入命令、复制粘贴命令，还可以同时打开多个终端窗口远程登录服务器。建议读者在涉及 Ubuntu 服务器操作时采用这种远程操作方式。另外，在 Windows 系统中使用 PuTTY 软件作为 SSH 客户端，也可以方便地访问和管理 Ubuntu 服务器。这也是许多管理员远程管理 Linux 服务器所采用的方式。

12.1.4　基于 Web 界面远程管理 Ubuntu 服务器

微课 12-4　基于 Web 界面远程管理 Ubuntu 服务器

SSH 是文本界面的工具，有些初学者希望使用图形用户界面工具。在 Ubuntu 服务器上可以直接安装图形桌面环境，Ubuntu 22.04 的官方软件源现已提供 ubuntu-desktop 软件包，可以直接执行 sudo apt install ubuntu-desktop 命令安装 Ubuntu 桌面环境。但是，考虑到服务器的运行效率，我们并不建议采用这种为服务器安装桌面环境的方式。

初学者可以考虑使用 Web 界面来管理 Ubuntu 服务器。Webmin 就是一个基于 Web 界面的系统管理工具，它结合 SSL 支持可以作为一种安全可靠的远程管理工具。管理员使用浏览器访问 Webmin 服务可以完成 Linux 系统的主要配置管理任务，如设置用户账户、Apache、DNS、文件共享等。采用这种 Web 管理方式，管理员不必编辑系统配置文件，能够方便地远程管理 Linux 系统。Webmin 采用插件式结构，具有很强的扩展性和伸缩性，目前提供的标准管理模块几乎涵盖了常见的系统管理功能，还有许多第三方的管理模块可供使用。

在 Ubuntu 服务器上可以通过官方软件源来安装 Webmin，具体步骤如下。

（1）在 APT 源文件中添加 Webmin 的官方仓库信息，编辑/etc/apt/sources.list 文件，在该文件中添加以下内容：

```
deb http://download.webmin.com/download/repository sarge contrib
deb http://webmin.mirror.somersettechsolutions.co.uk/repository sarge contrib
```

（2）考虑到需要公钥验证签名，需要添加有关的 GPG 密钥。执行以下两条命令即可。

```
sudo wget http://www.webmin.com/jcameron-key.asc
sudo apt-key add jcameron-key.asc
```

（3）执行以下命令更新软件源。

```
sudo apt update
```

（4）执行如下命令安装 Webmin 软件包。

```
sudo apt install webmin -y
```

安装成功后，Webmin 服务就已启动，服务端口默认为 10000，而且会自动配置为自动启动服务。

（5）如果 Ubuntu 服务器启用 UFW，则需要执行命令 sudo ufw allow 10000，开放 Webmin 的默认端口 10000，以便其他主机远程访问 Webmin 的控制台。

至此，完成了 Webmin 的基本部署。接下来，我们就可以通过浏览器使用它来管理服务器。在 Ubuntu 桌面版计算机上打开浏览器访问服务器上的 Webmin 控制台，本例中访问地址为 https://linuxsrv:10000（也可以改用服务器的 IP 地址）。由于使用 HTTPS 需要安全验证，首次使用会给出安全风险警示，单击"高级"链接，单击"接受风险并继续"按钮。

接着出现 Webmin 登录界面，输入要管理的目标服务器上的管理员账户和密码，登录成功后显示图 12-5 所示的 Webmin 主界面，可以通过仪表板查看系统信息。

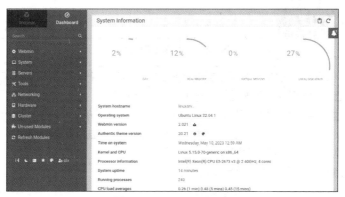

图 12-5　Webmin 主界面

所有的管理功能都是以模块的形式插入 Webmin 的。Webmin 对这些管理模块进行了分类，Webmin 主界面左边以导航菜单的形式显示这些类别。

展开"Webmin"类别，可以执行与 Webmin 本身有关的配置和管理任务。

在"System"类别中可以进行操作系统的总体配置，包括配置文件系统、用户、组和系统引导，控制系统中运行的服务等。

"Servers"类别用于对系统中运行的各个服务（如 Apache、SSH 等）进行配置。例如，SSH 服务器管理界面如图 12-6 所示。

图12-6　SSH服务器管理界面

"Tools"类别用于执行一些系统管理任务，如命令行界面、文件管理器、SSH 登录、文本界面登录等。例如，文件管理器界面如图 12-7 所示，可以以可视化方式执行文件和文件夹的管理操作。

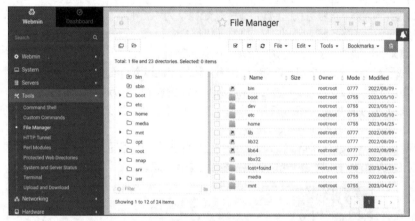

图12-7　文件管理器界面

"Networking"类别中提供的工具可以用来配置网络硬件和进行一些复杂的网络控制，如防火墙、网络配置等。这些工具实际是去修改标准的配置文件。

"Hardware"类别用于配置物理设备，主要是打印机和存储设备。RAID（Redundant Arrays of Independent Disks，独立磁盘冗余阵列）和 LVM 都可以在这里进行管理操作。

"Cluster"类别中的工具用于管理集群系统。

"Un-used Modules"类别可以列出未使用的模块。

单击"Refresh Modules"可以刷新模块。

12.1.5　动态调整磁盘存储空间

传统的磁盘分区都是固定分区，磁盘分区一旦完成，则分区的大小不可改变，要改变分区的大小，只有重新分区。另外，也不能将多个硬盘合并到一个分区。而 LVM 就能解决这些问题。逻辑卷（Logical Volume，LV）可以在系统仍处于运行状态时进行扩充和缩减，为管理员提供磁盘存储管理的灵活性。Linux 的 LVM 功能非常强大，可以在生产运行系统上面直接在线扩充或缩减硬盘分区，还可以在系统运行过程中跨硬盘移动磁盘分区。LVM 对处于高度可用的动态环境中的服务器非常有用。

1. LVM 机制

LVM 是一个建立在物理存储器上的逻辑存储器体系，如图 12-8 所示。下面通过逻辑卷的形成过程来说明其实现机制，并解释相应的概念。

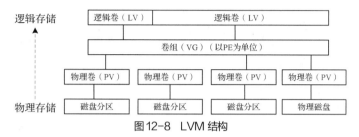

图 12-8　LVM 结构

（1）初始化物理卷。

选择一个或多个用于创建逻辑卷的物理存储器，并将它们初始化为可由 LVM 系统识别的物理卷（Physical Volume，PV）。物理存储器通常是标准磁盘分区，也可以是整个磁盘，或者是已创建的软件 RAID 卷。

（2）在物理卷上创建卷组。

卷组（Volume Group，VG）可看作由一个或多个物理卷组成的存储器池。在 LVM 系统运行时，可以向卷组添加物理卷，或者从卷组中移除物理卷。卷组以大小相等的"物理扩展区域"（Physical Extend，PE）为单位分配存储容量，PE 是整个 LVM 系统的最小存储单位，与文件系统的块（Block）类似，如图 12-9 所示。它影响卷组的最大容量，每个卷组最多可包括 65534 个 PE。在创建卷组时指定该值，默认值为 4MB。

（3）在卷组上创建逻辑卷。

创建逻辑卷，在逻辑卷上建立文件系统，使用它来存储文件。

LVM 调整文件系统的容量实际上是通过交换 PE 来进行数据转换的，将原逻辑卷内的 PE 转移到其他物理卷以降低逻辑卷容量，或将其他物理卷的 PE 调整到逻辑卷中以加大容量。

PE	PE	PE	PE	PE
PE	PE	PE	PE	PE
PE	PE	PE	PE	PE
PE	PE	PE	PE	PE
PE	PE	PE	PE	PE
PE	PE	PE	PE	PE
PE	PE	PE	PE	PE

图 12-9　卷组以 PE 为单位

2. LVM 管理工具

Ubuntu 服务器版安装程序提供了建立逻辑卷的方式，用户可以在安装的过程中建立逻辑卷，这种方法比较简单。系统安装完成以后，可以使用 lvm2 软件包提供一系列工具来管理逻辑卷。LVM 要求内核支持并且需要安装 lvm2 这个软件，Ubuntu 服务器版内置该软件。lvm2 提供了一组 LVM 管理工具，用于配置和管理逻辑卷，表 12-1 列出了这些工具。

表 12-1　LVM 管理工具

常用功能	物理卷	卷组	逻辑卷
扫描检测	pvscan	vgscan	lvscan
显示基本信息	pvs	vgs	lvs
显示详细信息	pvdisplay	vgdisplay	lvdisplay
创建	pvcreate	vgcreate	lvcreate
删除	pvremove	vgremove	lvremove
扩充		vgextend	lvextend（lvresize）
缩减		vgreduce	lvreduce（lvresize）
改变属性	pvchange	vgchange	lvchange

257

3. 创建逻辑卷

微课 12-5　创建逻辑卷

前面 Ubuntu 服务器安装过程中选择了 LVM 磁盘存储，可以执行以下命令查看当前的逻辑卷信息。

```
gly@linuxsrv:~$ sudo lvdisplay
  --- Logical volume ---
  LV Path                /dev/ubuntu-vg/ubuntu-lv   # 逻辑卷路径（逻辑卷的设备名称全称）
  LV Name                ubuntu-lv                   # 逻辑卷名称
  VG Name                ubuntu-vg                   # 卷组名称
  LV UUID                BnI9Y1-mrgY-IeO0-MVzA-5xeH-I3pd-vj3yK4
  LV Write Access        read/write
  LV Creation host, time ubuntu-server, 2023-04-25 00:55:20 +0000
  LV Status              available
  # open                 1
  LV Size                <19.00 GiB                  # 逻辑卷容量大小
  Current LE             4863
  Segments               1
  Allocation             inherit
  Read ahead sectors     auto
  - currently set to     256
  Block device           253:0
```

注意，/boot 分区不能位于逻辑卷组，因为引导加载程序无法读取它。

上文已介绍过创建逻辑卷通常分为 3 个阶段，下面通过实例讲解操作步骤。

（1）准备相应的物理存储器，创建磁盘分区。本例为虚拟机增加一个磁盘/dev/sdb，将其划分为 3 个分区并将分区类型设置为 Linux LVM，对于 MBR 分区，该类型使用十六进制代码 8e 表示；对于 GPT 分区，则使用十六进制代码 8e00 表示。对于已有的分区，执行子命令 t 更改磁盘分区的类型（除了十六进制代码，也可以使用别名 lvm）。实际上，不修改分区类型也可以，只是某些 LVM 检测指令可能会检测不到该分区。完成之后，查看相应的分区信息如下：

```
Device     Boot    Start        End      Sectors   Size  Id   Type
/dev/sdb1          2048     20973567   20971520   10G   8e   Linux LVM
/dev/sdb2       20973568   31459327   10485760   5G    8e   Linux LVM
/dev/sdb3       31459328   41943039   10483712   5G    8e   Linux LVM
```

注意，磁盘、磁盘分区、RAID 都可以作为存储器转换为物理卷。接下来，基于/dev/sdb1 和/dev/sdb2 这两个分区创建逻辑卷。

（2）使用 pvcreate 命令将上述磁盘分区转换为物理卷。本例执行过程如下。

```
gly@linuxsrv:~$ sudo pvcreate /dev/sdb1 /dev/sdb2
  Physical volume "/dev/sdb1" successfully created.
  Physical volume "/dev/sdb2" successfully created.
```

如果原来分区上创建有文件系统，则会出现警告信息，提示在转换为物理卷的过程中将擦除已有的文件系统。

（3）使用 pvscan 命令检测目前系统中的物理卷信息，结果如下。

```
gly@linuxsrv:~$ sudo pvscan          # 分别显示每个物理卷的信息与系统所有物理卷的汇总信息
  PV /dev/sda3   VG ubuntu-vg         lvm2 [<38.00 GiB / 19.00 GiB free]
  PV /dev/sdb1                        lvm2 [10.00 GiB]
  PV /dev/sdb2                        lvm2 [5.00 GiB]
  Total: 3 [<53.00 GiB] / in use: 1 [<38.00 GiB] / in no VG: 2 [15.00 GiB]
```

这将统计所有物理卷的数量及容量、正在使用的物理卷的数量及容量、未被使用的物理卷的数量及容量。

（4）使用 vgcreate 命令基于上述两个物理卷创建一个卷组，例中将其命名为 testvg。

```
gly@linuxsrv:~$ sudo vgcreate -s 32M testvg /dev/sdb1 /dev/sdb2
  Volume group "testvg" successfully created
```

vgcreate 命令的基本用法如下。

```
vgcreate [选项] 卷组名  物理卷名（列表）
```

其中，物理卷名直接使用物理存储器设备名称，要使用多个物理卷，依次列出即可。该命令有很多选项，如-s 用于指定 PE 大小，单位可以是 M、G、T，大小写均可。

（5）使用 vgdisplay 命令显示 testvg 卷组的详细情况，结果如下。

```
gly@linuxsrv:~$ sudo vgdisplay  testvg
  --- Volume group ---
  VG Name               testvg                      # 卷组名称
  System ID
  Format                lvm2                        # 卷组格式
（此处省略）
  VG Size               <14.94 GiB                  # 该卷组总容量
  PE Size               32.00 MiB                   # 该卷组每个 PE 的大小
  Total PE              478                         # 该卷组的 PE 总数量
  Alloc PE / Size        0 / 0                      # 已经分配使用的 PE 数量和容量
  Free  PE / Size       478 / <14.94 GiB           # 未使用的 PE 数量和容量
  VG UUID               q1IBMD-FA6r-ZO58-7m6X-PtFx-nwlI-ubec4m
```

（6）使用 lvcreate 命令基于上述 testvg 卷组创建一个逻辑卷，例中将其命名为"testlv"。

```
gly@linuxsrv:~$ sudo lvcreate -l 100%VG -n testlv testvg
  Logical volume "testlv" created.
```

lvcreate 命令的基本用法如下。

```
lvcreate [-l PE 数量|-L 容量] [-n 逻辑卷名] 卷组名
```

其中，最重要的是指定分配给 LV 的存储容量，可以使用选项-l 指定分配的 PE 数量（即多少个 PE，由系统自动计算容量），也可以使用选项-L 直接指定存储容量，单位可以是 M、G、T，大小写均可。未分配卷组空间容量或 PE 数量可以通过 vgdisplay 命令来查看。

另外，选项-l 的参数 100%VG 表示使用卷组所有空间，本例就是将所有空间（所有 PE）分配给一个 LV。

（7）使用 lvdisplay 命令显示逻辑卷/dev/testvg/testlv 的详细情况，结果如下。

```
gly@linuxsrv:~$ sudo lvdisplay  /dev/testvg/testlv
  --- Logical volume ---
  LV Path                /dev/testvg/testlv          #逻辑卷的设备名称全称
  LV Name                testlv
  VG Name                testvg
  LV UUID                e0WOBW-IHwN-Sfi5-xcfB-k05u-heyT-bRAZnb
  LV Write Access        read/write
  LV Creation host, time linuxsrv, 2023-04-27 02:49:30 +0000
  LV Status              available
  # open                 0
  LV Size                <14.94 GiB                  # 逻辑卷的容量
  Current LE             478                         # 逻辑卷分配的 PE 数量
（以下省略）
```

至此，已经完成了逻辑卷的创建过程。需要注意的是，卷组可直接使用其名称来表示，而逻辑卷必须使用设备名称。逻辑卷相当于一个特殊分区，还需建立文件系统并挂载使用。

（8）执行以下命令在逻辑卷上建立文件系统。

```
gly@linuxsrv:~$ sudo mkfs -t ext4 /dev/testvg/testlv
mke2fs 1.46.5 (30-Dec-2021)
Creating filesystem with 3915776 4k blocks and 979200 inodes
（此处省略）
Writing superblocks and filesystem accounting information: done
```

提示 　　Ubuntu 服务器可以考虑使用 XFS，XFS 是适合企业级应用的高性能大型文件系统，擅长高并发大量、小型文件的存储和处理。执行 mkfs.xfs 命令建立 XFS。

（9）执行以下命令创建挂载用的目录，并将该逻辑卷挂载到此目录。

```
gly@linuxsrv:~$ sudo mkdir /mnt/testlvm
gly@linuxsrv:~$ sudo mount /dev/testvg/testlv /mnt/testlvm
```

（10）执行 df-lhT 命令检查当前文件系统的磁盘空间使用情况。

```
gly@linuxsrv:~$ df -lhT
Filesystem                        Type   Size  Used Avail Use% Mounted on
tmpfs                             tmpfs  792M  1.6M  791M   1% /run
/dev/mapper/ubuntu--vg-ubuntu--lv ext4   19G   7.3G  11G   42% /
tmpfs                             tmpfs  3.9G     0  3.9G   0% /dev/shm
tmpfs                             tmpfs  5.0M     0  5.0M   0% /run/lock
/dev/sda2                         ext4   2.0G  130M  1.7G   8% /boot
tmpfs                             tmpfs  792M  4.0K  792M   1% /run/user/1000
/dev/mapper/testvg-testlv         ext4   15G   24K   14G   1% /mnt/testlvm
```

可以发现，刚建立的逻辑卷的文件系统名为/dev/mapper/testvg-testlv，也就是说，实际上使用的逻辑卷设备位于/dev/mapper 目录，系统自动建立链接文件/dev/testvg/testlv 指向该设备文件。

如果希望系统启动时自动挂载，更改/etc/fstab 文件，添加如下定义：

```
/dev/testvg/testlv /mnt/testlvm ext4  defaults  0  0
```

4. 动态调整逻辑卷容量

微课 12-6　动态
调整逻辑卷容量

LVM 系统最主要的用途就是动态调整磁盘容量，基本方法是首先调整逻辑卷的容量，然后对文件系统进行处理。这里介绍动态增加逻辑卷容量的例子。上述创建逻辑卷的例子中，已将所有卷组分配给逻辑卷，这里增加分区/dev/sdb3 来扩充逻辑卷/dev/testvg/testlv 的容量。

（1）使用 pvcreate 命令将/dev/sdb3 转换为物理卷。本例执行过程如下。

```
gly@linuxsrv:~$ sudo pvcreate /dev/sdb3
  Physical volume "/dev/sdb3" successfully created.
```

（2）使用 vgextend 命令将/dev/sdb3 扩充到 testvg 卷组中。

```
gly@linuxsrv:~$ sudo vgextend testvg /dev/sdb3
  Volume group "testvg" successfully extended
```

（3）使用 vgdisplay 命令查验 testvg 卷组的情况，下面列出部分信息，结果表明还有 159 个 PE（4.97 GB 空间）未被使用。

```
  VG Size              <19.91 GiB
  PE Size              32.00 MiB
  Total PE             637
  Alloc PE / Size      478 / <14.94 GiB
  Free  PE / Size      159 / <4.97 GiB
```

（4）使用 lvresize 命令基于卷组 testvg 剩余空间进一步扩充逻辑卷 testlv。

```
gly@linuxsrv:~$ sudo lvresize -l +159 /dev/testvg/testlv
  Size of logical volume testvg/testlv changed from <14.94 GiB (478 extents) to <19.91
GiB (637 extents).
  Logical volume testvg/testlv successfully resized.
```

lvresize 命令的语法很简单，基本上同 lvcreate 一样，也通过选项-l 或-L 指定要增加的容量。这里使用该卷组所有剩余空间对逻辑卷扩容，也可改用选项-l 的参数 100%FREE 来实现。

（5）再次使用 vgdisplay 命令查验卷组 testvg 的情况，下面列出部分信息，发现 PE 都已用尽。

```
  Total PE             637
  Alloc PE / Size      637 / <19.91 GiB
  Free  PE / Size      0 / 0
```

（6）使用 lvdisplay 命令显示逻辑卷 testlv 的详细情况，下面列出部分信息。

```
  LV Size              <19.91 GiB              # 逻辑卷的容量
  Current LE           637                     # 逻辑卷分配的 PE 数量
  Segments             3                       # 物理卷个数
```

（7）执行以下命令检查该逻辑卷文件系统的磁盘空间使用情况，可以发现虽然逻辑卷容量增加了，但是文件系统容量并没有增加，还需要进一步操作。

```
gly@linuxsrv:~$ df -lhT /mnt/testlvm
Filesystem              Type  Size  Used Avail Use% Mounted on
/dev/mapper/testvg-testlv ext4  15G   24K   14G   1% /mnt/testlvm
```

（8）调整文件系统容量。

对于 ext 系列文件系统，需要使用 resize2fs 命令来动态调整文件系统容量。基本用法如下。

```
resize2fs [选项] 设备名 [新的容量大小]
```

如果不指定容量大小，那么将扩充为整个逻辑卷的容量。

```
gly@linuxsrv:~$ sudo resize2fs /dev/testvg/testlv
resize2fs 1.46.5 (30-Dec-2021)
Filesystem at /dev/testvg/testlv is mounted on /mnt/testlvm; on-line resizing
required
old_desc_blocks = 2, new_desc_blocks = 3
The filesystem on /dev/testvg/testlv is now 5218304 (4k) blocks long.
```

对于 XFS，可以执行 xfs_growfs 命令调整容量。

再次检查逻辑卷文件系统的容量，发现容量已增加：

```
gly@linuxsrv:~$ df -lhT /mnt/testlvm
Filesystem              Type  Size  Used Avail Use% Mounted on
/dev/mapper/testvg-testlv ext4  20G   24K   19G   1% /mnt/testlvm
```

上述操作表明，将新添加的物理存储器用于扩充逻辑卷容量，要首先将它转换为物理卷，然后使用 vgextend 命令扩充卷组，接着才是使用 lvresize 命令基于卷组剩余空间扩充逻辑卷，最后调整文件系统容量。

5. 删除逻辑卷

由于磁盘分区融入逻辑卷，删除逻辑卷并恢复磁盘分区，不能简单地执行逻辑卷删除命令，而是建立逻辑卷的逆过程，需要按照以下流程来处理。

（1）卸载挂载的 LVM 文件系统。

（2）使用 lvremove 命令删除相应的逻辑卷。

（3）使用命令 vgchange -a n 停用相应的卷组。

（4）使用命令 vgremove 删除相应的卷组。

（5）使用命令 pvremove 删除相应的物理卷。

（6）将相应磁盘分区 ID 改回 83 或 8300（Linux 分区）。

12.2　LAMP 平台安装和配置管理

正式的 Internet 应用都要部署到服务器上，Ubuntu 服务器版就是不错的选择。LAMP 是 Web 网络应用和环境的优秀组合，它仍然是 Linux 服务器端最重要的应用平台之一。在 Ubuntu 服务器上可以方便地构建 LAMP 平台。早期的 Ubuntu 服务器版默认安装有 Taskel 工具，而且在安装过程中可以选择安装 LAMP 平台来搭建 Web 发布平台。Ubuntu 22.04 官方软件源支持 LAMP 平台的安装，可以直接安装。安装之后，根据实际需要进行相应的配置，重点是 Apache 和 MySQL 服务器的配置。

12.2.1　在 Ubuntu 服务器上安装 LAMP 平台

第 11 章已经示范了在 Ubuntu 桌面版上安装 LAMP 平台的过程，Ubuntu 服务器上的安装过程是一样的。为便于以 Web 方式在线管理 MySQL 数据库，通常安装 phpMyAdmin 工具。

12.2.2　在 Ubuntu 上配置 Apache

配置 Apache 服务器的关键是对配置文件进行设置。Apache 服务器启动时自动读取配置文件，根据配置指令决定 Apache 服务器的运行。可以直接使用文本编辑器修改该配置文件。配置文件改变后，只有下次启动 Apache，或重新启动 Apache 才能生效。

1. Apache 配置文件体系

Ubuntu 系统的 Apache 配置文件将各个设置项分布在不同的配置文件中，形成一个配置文件体系。Apache 主配置文件是/etc/apache2/apache2.conf，Apache 在启动时会自动读取这个文件的配置信息。该配置文件中列举了所有 Apache 配置文件，并给出其层级结构：

```
/etc/apache2/
|-- apache2.conf
|    -- ports.conf
|-- mods-enabled
|    |-- *.load
|    -- *.conf
|-- conf-enabled
|    -- *.conf
 -- sites-enabled
     -- *.conf
```

Apache 在启动时由主配置文件 apache2.conf 将所有其他 Apache 配置文件整合在一起。而其他一些配置文件，如 ports.conf 等，则是通过 Include 指令包含进来的。

ports.conf 配置文件用于设置 Apache 使用的端口。

位于 mods-enabled、conf-enabled 和 sites-enabled 目录中的配置文件分别包含用于管理模块、全局配置和虚拟主机配置的特别配置片段。

在/etc/apache2 目录下还有一个 sites-available 目录，它实际上是与 sites-enabled 目录对应的。虚拟主机实际上是通过位于 sites-available 目录中的站点配置文件来配置的，而在 sites-enabled 目录中放置的是指向 sites-available 目录中对应站点配置文件的符号链接。如果 Apache 上配置了多个虚拟主机，每个虚拟主机的配置文件都放在 sites-available 下，那么对于虚拟主机的停用、启用就非常方便，当在 sites-enabled 下建立一个指向某个虚拟主机配置文件的链接时，就启用了该虚拟主机；如果要关闭某个虚拟主机，只需删除相应的链接即可，这样就不用去修改配置文件。

与之类似的还有用于管理模块的 mods-enabled 与 mods-available 目录，前者用于存放链接文件，后者用于存放实际的配置文件。

2. Apache 配置文件语法格式

Apache 配置文件每行放置一个指令，其格式如下。

```
指令名称　参数
```

指令名称不区分大小写，但参数通常区分大小写。如果要续行，可在行尾加上"\"。以"#"开头的行是注释行。

参数中的文件名需要用"/"代替"\"。以"/"打头的文件名，服务器将视为绝对路径。如果文件名不以"/"打头，将使用相对路径。文件路径可以加上引号作为字符串，也可以不加引号。

配置文件中也使用容器来封装一组指令，用作限制指令的条件或指令的作用域。容器语句成对出现，格式如下。

```
<容器名　参数>
    一组指令
<容器名>
```

<Directory>、<Files>和<Location>分别用于限定作用域为目录、文件和 URL，通过一组封装指令对它们实现控制。<VirtualHost>用于定义虚拟主机。

在主配置文件中，通过 Include 或 IncludeOptional 指令将其他配置文件包含进来。在/etc/apache2/

apache2.conf 中默认定义有以下 Include 语句：

```
# Include module configuration:
IncludeOptional mods-enabled/*.load
IncludeOptional mods-enabled/*.conf
# Include list of ports to listen on
Include ports.conf
# Include generic snippets of statements
IncludeOptional conf-enabled/*.conf
# Include the virtual host configurations:
IncludeOptional sites-enabled/*.conf
```

Include 和 IncludeOptional 两个指令的区别在于，如果参数使用了通配符却不能匹配任何文件，前者会报错，而后者则会忽略此错误。

3. Apache 全局配置

主配置文件 apache2.conf 用于定义全局配置，设置 Apache 服务器整体运行的环境变量。

常见的全局配置是设置连接参数。一般情况下，每个 HTTP 请求和响应都使用一个单独的 TCP 连接，服务器每次接收一个请求时，都会打开一个 TCP 连接并在请求结束后关闭该连接。若能对多个处理重复使用同一个连接，即持久连接（允许同一个连接上传输多个请求），则可减少打开 TCP 连接和关闭 TCP 连接的负担，从而提高服务器的效率。Apache 设置持久连接的指令如下。

- TimeOut：设置连接请求超时的时间，单位为秒。默认设置值为 300。
- KeepAlive：设置是否启用持久连接功能。默认设置为 On。
- MaxKeepAliveRequests：设置在一个持久连接期间所允许的最大 HTTP 请求数目。默认设置为 100，可以将该值适当加大，以提高服务器的性能。设置为 0 则表示没有限制。
- KeepAliveTimeout：设置一个持久连接所允许的最长时间。默认设置为 5（单位为 s）。对于高负荷的服务器，该值设置过大会引起性能问题。

配置目录访问控制也很重要，使用<Directory>容器封装一组指令，使其对指定的目录及其子目录有效。该指令不能嵌套使用，其命令用法如下。

```
<Directory  目录名>
    一组指令
</Directory>
```

目录名可以采用文件系统的绝对路径，也可以是包含通配符的表达式。Apache 提供访问控制指令（如 Allow、Deny、Order 等）来限制对目录、文件或 URL 地址的访问。Apache 可以对每个目录设置访问控制，下面是对"/"（文件系统根目录）的默认设置。

```
<Directory />
# 允许使用符号链接
    Options FollowSymLinks
# 禁止使用 htaccess 文件
    AllowOverride None
# 拒绝所有访问
    Require all denied
</Directory>
```

对网站目录/var/www 的默认设置如下。

```
<Directory /var/www/>
# 允许目录浏览和使用符号链接
    Options Indexes FollowSymLinks
# 禁止使用 htaccess 文件
    AllowOverride None
# 允许所有访问
    Require all granted
</Directory>
```

4. Apache 虚拟主机配置

微课 12-8　在 Ubuntu 服务器上配置 Apache 虚拟主机

　　Apache 支持虚拟主机，以让同一 Apache 服务器进程能够运行多个 Web 网站。在 Ubuntu 中配置 Apache 虚拟主机与其他操作系统有所不同，Apache 默认会读取/etc/apache2/sites-enabled 中的站点配置文件。默认情况下，该目录下只有一个名为 000-default.conf 的链接文件，指向/etc/apache2/sites-available 中的站点配置文件 000-default.conf，该文件的主要内容如下。

```
<VirtualHost *:80>
ServerAdmin webmaster@localhost
DocumentRoot /var/www/html

ErrorLog ${APACHE_LOG_DIR}/error.log
CustomLog ${APACHE_LOG_DIR}/access.log combined

</VirtualHost>
```

　　使用<VirtualHost>容器定义虚拟主机。VirtualHost 指令的参数用于提供 Web 服务器的 IP 地址和端口。默认端口为 80。如果将服务器上的任何 IP 地址都用于虚拟主机，可以使用参数"*"。如果使用多个端口，应当明确指定端口（如*:80）。

　　配置文件 000-default.conf 中默认提供的 IP 地址和端口为"*:80"，这表示没有指定具体的 IP 地址，凡是使用该主机上的任何有效地址，且端口为 80 的都可以访问此处指定的 HTTP 内容。

　　在<VirtualHost>容器中使用 DocumentRoot 指令定义网站根目录。例中为/var/www/html。每个网站必须有一个主目录。主目录位于发布的网页的中央位置，包含主页或索引文件以及到所在网站其他网页的链接。主目录是网站的根目录，映射为网站的域名或服务器名。用户使用不带文件名的 URL 访问 Web 网站时，请求将指向主目录。

　　对于要使用多个虚拟主机的情况，需要在/etc/apache2/sites-available 目录中为每个虚拟主机创建一个站点配置文件，然后在/etc/apache2/sites-enabled 创建相应的链接文件。虚拟主机配置文件的内容可以参考 000-default.conf 的内容，主要是使用<VirtualHost>容器定义虚拟主机，其中使用指令 ServerName 设置服务器用于识别自己的主机名和端口，使用 DocumentRoot 设置主目录的路径。

　　基于 IP 地址的虚拟主机使用多 IP 地址来实现，将每个网站绑定到不同的 IP 地址。如果使用域名，则每个网站域名对应独立的 IP 地址。例如两个虚拟主机配置文件中的主要内容分别如下。

```
<VirtualHost 192.168.10.11>
    ServerName info.abc.com
    DocumentRoot /var/www/info
</VirtualHost>
```

以及：

```
<VirtualHost 192.168.10.12>
    ServerName sales.abc.com
    DocumentRoot /var/www/sales
</VirtualHost>
```

　　基于名称的虚拟主机方案将多个域名绑定到同一 IP 地址。多个虚拟主机共享同一个 IP 地址，各虚拟主机之间通过域名进行区分。例如两个虚拟主机配置文件中的主要内容分别如下。

```
<VirtualHost *:80>
    ServerName info.abc.com
    DocumentRoot /var/www/info
</VirtualHost>
```

以及：

```
<VirtualHost *:80>
    ServerName sales.abc.com
    DocumentRoot /var/www/sales
</VirtualHost>
```

在/etc/apache2/sites-available 和/etc/apache2/sites-enabled 目录创建好虚拟主机配置文件和相应的链接文件之后，重启 Apache 即可使配置生效。也可以使用 Apache 提供的专门工具 a2ensite 和 a2dissite 来启用和停用相应配置文件所定义的虚拟主机。这两个工具实际上是根据站点配置文件名称在/etc/apache2/sites-enabled 目录中创建或删除指向/etc/apache2/sites-available 目录相应站点配置文件的符号链接。例如：

```
sudo a2dissite 000-default.conf
sudo a2ensite info-abc-com.conf
sudo a2ensite info-abc-sales.conf
```

然后执行以下命令重启 Apache 即可生效：

```
sudo systemctl restart apache2
```

12.2.3 在 Ubuntu 上配置 PHP

Ubuntu 系统的 PHP 配置文件也是将各个设置项分布在不同的配置文件中，形成配置文件体系的。

1. PHP 配置文件体系

本例安装的 LAMP 平台中，PHP 版本为 8.1（读者安装的版本有可能不同），相应的 PHP 配置文件默认放在/etc/php/8.1 目录下。

```
gly@linuxsrv:~$ ls /etc/php/8.1
apache2 cli mods-available
```

在该目录下有 3 个子目录 apache2、cli 和 mods-available。apache2 和 cli 目录下都有 php.ini 文件且彼此独立。这两个目录还有 conf.d 子目录，且均是指向/etc/php/8.1/mods-available/目录相应配置文件的符号链接。

不同的 SAPI（Server Application Program Interface，服务器端应用程序接口）使用不同的配置文件。SAPI 提供一个与外部通信的接口，该接口是 PHP 与其他应用交互的接口。PHP 脚本执行有多种方式，可以通过 Web 服务器执行，也可以直接在命令行下执行，还可以嵌入其他程序。如果是 Apache，则使用 etc/php/8.1/apache2 目录下的配置文件；如果是命令行，则使用/etc/php/8.1/cli 目录下的配置文件。/etc/php/8.1/mods-available 目录下存放的则是针对某一扩展的额外配置文件，并且对 Apache 和命令行都是通用的。

在 Windows 系统中，PHP 的配置文件通常只有一个 php.ini。Ubuntu 中的 PHP 分类配置使配置信息更加清晰和模块化。修改 PHP 配置文件要视具体情况而定，作为 Apache 模块运行 Web 服务就要修改 apache2 目录下的 php.ini，作为 Shell 脚本运行则修改 cli 目录下的 php.ini。

2. PHP 配置文件格式

PHP 配置文件每行放置一个设置项，格式如下。

```
指令名称 = 值
```

指令名称区分大小写，值可以是一个字符串、一个数字、一个 PHP 常量（如 E_ALL）、一个表达式（如 E_ALL & ~E_NOTICE），或用引号标识的字符串（如" foo"）。

表达式仅限于位运算符和圆括号。&、|、^、~ 和! 分别表示 AND、OR、XOR（异或）、NOT（二进制非）和 NOT（逻辑非）。

12.2.4 在 Ubuntu 上配置和管理 MySQL

MySQL 是 LAMP 平台的后台数据库，对它的配置和管理很重要。

微课 12-9 在
Ubuntu 服务器上配
置和管理 MySQL

1. MySQL 配置文件

Ubuntu 上的 MySQL 主配置文件为/etc/mysql/my.cnf，该文件默认嵌入两个配置子目录。基本配置在/etc/mysql/mysql.conf.d/mysqld.cnf 文件中，每行一个设置项，格式如下。

```
参数 = 值
```

例如，下面一行用于定义 MySQL 服务运行时的端口号，默认为 3306。

```
port            = 3306
```

出于安全考虑，需要将 MySQL 绑定至本地主机 IP 地址上。可以在配置文件中检查 bind-address 参数的设置。

```
bind-address            = 127.0.0.1
```

默认配置只让 MySQL 客户端从本地登录，要让 MySQL 客户端可以从其他主机远程登录，可以将 bind-address 的值修改为 0.0.0.0。

要使修改的配置文件生效，先保存该文件，然后执行以下命令重启 MySQL。

```
sudo systemctl restart mysql
```

2. 设置 MySQL 用户名和密码

安装 LAMP 平台的过程中，在安装数据库服务器 MySQL 8 时未提示输入密码，为默认管理员账户 debian-sys-maint 自动生成的密码保存在/etc/mysql/debian.cnf 文件中：

```
[client]
host     = localhost
user     = debian-sys-maint
password = icFJVQUTfRHOHcXW                    #自动生成的密码
socket   = /var/run/mysqld/mysqld.sock
[mysql_upgrade]
host     = localhost
user     = debian-sys-maint
password = icFJVQUTfRHOHcXW                    #自动生成的密码
socket   = /var/run/mysqld/mysqld.sock
```

通过用户名 debian-sys-maint 和自动生成的密码就可以直接登录 MySQL 进行操作：

```
gly@linuxsrv:~$ mysql -u debian-sys-maint -p
Enter password:
Welcome to the MySQL monitor.  Commands end with ; or \g.
Your MySQL connection id is 12
Server version: 8.0.32-0ubuntu0.22.04.2 (Ubuntu)
（此处省略）
mysql>
```

登录之后可以设置新的用户名和密码。要注意 MySQL 8 没有 password 字段，密码存储在 authentication_string 字段中。下面示范新建管理员账户 root 并设置密码的过程。

```
mysql> use mysql;                 # 切换当前数据库为 MySQL
Reading table information for completion of table and column names
You can turn off this feature to get a quicker startup with -A
Database changed
# 先清除 root 的密码
mysql> update user set authentication_string='' where user='root';
Query OK, 0 rows affected (0.00 sec)
Rows matched: 1 Changed: 0 Warnings: 0
# 再为 root 设置密码（加密方式为 mysql_native_password）
mysql> alter user 'root'@'localhost' identified with mysql_native_password by
'abc_123';
Query OK, 0 rows affected (0.00 sec)
# 新设置用户名或更改密码后需刷新 MySQL 的系统权限表
```

```
mysql> flush privileges;
Query OK, 0 rows affected (0.00 sec)
# 退出 MySQL 交互登录
mysql> quit;
Bye
```

3. 使用 MySQL 命令行管理工具

可以使用 mysql 命令连接到 MySQL 服务器上执行简单的管理任务，基本语法如下。

```
mysql -h 主机地址 -u 用户名  -p 密码
```

登录本地主机可以省略主机地址。例如，执行以下命令，输入 root 密码，即可登录 MySQL 服务器。

```
gly@linuxsrv:~$ mysql -u root -p
（此处省略）
mysql> show databases;
+--------------------+
| Database           |
+--------------------+
| information_schema |
| mysql              |
| performance_schema |
| phpmyadmin         |
| sys                |
+--------------------+
5 rows in set (0.01 sec)
mysql> quit;
Bye
```

登录成功后，显示相应提示信息，可输入 MySQL 命令或 SQL 语句，结束符使用分号或 "\g"。例如，执行 show databases 命令显示已有数据库。注意命令末尾一定要使用结束符。

还可以在系统中使用命令行工具 mysqladmin 来完成 MySQL 服务器的管理任务。基本语法格式如下。

```
mysqladmin -u[用户名] -p[密码] 子命令
```

4. 使用 phpMyAdmin 管理 MySQL

除通过命令行访问 MySQL 服务器，实际应用中更倾向于使用基于 Web 的管理工具。phpMyAdmin 是用 PHP 语言编写的 MySQL 管理工具，可实现数据库、表、字段及其数据的管理，功能非常强大。例如，以管理员身份登录之后，管理数据库表的界面如图 12-10 所示。

图 12-10　使用 phpMyAdmin 管理数据库表

12.3 习题

1. 简述 netplan 工具。
2. Ubuntu 服务器的远程管理主要有哪几种方式？
3. 简述 LVM 机制。
4. 简述 Ubuntu 系统中的 Apache 配置文件体系。
5. 简述 Ubuntu 系统中的 PHP 配置文件体系。
6. 安装 Ubuntu 服务器，在安装过程中安装 OpenSSH 服务器。
7. 为 Ubuntu 服务器配置静态 IP 地址。
8. 尝试通过 SSH 远程登录 Ubuntu 服务器进行操作。
9. 在 Ubuntu 服务器上安装 Webmin 并进行远程管理操作测试。
10. 添加一块磁盘并创建两个分区，基于磁盘分区建立一个逻辑卷。
11. 在 Ubuntu 服务器上一键安装 LAMP 平台并进行测试。
12. 为 MySQL 服务器添加一个管理员账户 root。